Oracle 12c
从入门到精通 视频教学超值版

王英英 李小威 编著

清华大学出版社
北京

内 容 简 介

本书分为22章，内容主要包括Oracle 12c的安装与配置、数据库的创建、数据表的创建、数据类型和运算符、Oracle函数、查询数据、数据表的操作（插入、更新与删除数据）、视图、PL/SQL编程、存储过程、触发器、用户管理、数据备份与还原、日志、性能优化、Java操作Oracle数据库等。最后通过3个综合案例的数据库设计，进一步讲述Oracle在实际工作中的应用。

本书共有328个实例，还有大量的经典习题。随书配套的下载包中赠送培训班形式的视频教学录像，详细讲解了书中每一个知识点与每一个数据库操作方法和技巧；同时还提供了本书所有例子的源代码，读者可以直接查看和调用。

本书适合Oracle数据库初学者、Oracle数据库开发人员和Oracle数据库管理员阅读，同时也能作为高等院校和培训学校相关专业师生的教学参考书。

本书封面贴有清华大学出版社防伪标签，无标签者不得销售
版权所有，侵权必究。侵权举报电话：010-62782989　13701121933

图书在版编目（CIP）数据

Oracle 12c从入门到精通：视频教学超值版 / 王英英，李小威编著. — 北京：清华大学出版社，2018
（2019.9重印）
ISBN 978-7-302-50288-3

Ⅰ. ①O… Ⅱ. ①王… ②李… Ⅲ. ①关系数据库系统 Ⅳ. ①TP311.138

中国版本图书馆CIP数据核字（2018）第112467号

责任编辑：夏毓彦
封面设计：王　翔
责任校对：闫秀华
责任印制：刘祎淼

出版发行：清华大学出版社
网　　址：http://www.tup.com.cn, http://www.wqbook.com
地　　址：北京清华大学学研大厦A座　　**邮　编**：100084
社 总 机：010-62770175　　　　　　　**邮　购**：010-62786544
投稿与读者服务：010-62776969，c-service@tup.tsinghua.edu.cn
质量反馈：010-62772015，zhiliang@tup.tsinghua.edu.cn
印 装 者：三河市君旺印务有限公司
经　　销：全国新华书店
开　　本：190mm×260mm　　**印　张**：23.5　　**字　数**：602千字
版　　次：2018年7月第1版　　　　　　**印　次**：2019年9月第3次印刷
定　　价：89.00元

产品编号：076381-01

前　言

本书是面向 Oracle 数据库管理系统初学者的一本高质量的书籍。目前国内 Oracle 需求旺盛，各大知名企业高薪招聘技术能力强的 Oracle 开发人员和管理人员。本书根据这样的需求，针对初学者量身订做，内容注重实战，通过实例的操作与分析，引领读者快速学习和掌握 Oracle 管理和开发技术。

本书从简单的知识点着手，结合实际工作过程中的案例内容，以浅显易懂的方式把 Oracle 技术基础内容进行全面的介绍，并且帮助读者了解如今 Oracle 技术领域的技术特点，以及相关的高新技术，努力使技术内容新颖、突出。通过本书的学习，可以让读者快速掌握 Oracle 的相关基础知识和操作技巧，力求帮助解决实际工作中相关的疑问与难点；同时也为 Oracle 数据库初学者进一步深入学习 Oracle 高级知识打下坚实的基础。

本书内容

第 1 章主要介绍数据库的技术构成和什么是 Oracle，包括数据库基本概念和 Oracle 工具。

第 2 章介绍 Oracle 的安装和配置，主要包括 Windows 平台下的安装和配置、如何启动 Oracle 服务、如何卸载 Oracle 等。

第 3 章介绍 Oracle 数据库的基本操作，包括创建数据库、删除数据库、Oracle 数据表的基本操作，主要包括创建数据表、查看数据表结构、修改数据表和删除数据表。

第 4 章介绍 Oracle 中的数据类型和运算符，主要包括 Oracle 数据类型介绍、如何选择数据类型和常见运算符介绍。

第 5 章介绍 Oracle 函数，包括数学函数、字符串函数、日期和时间函数、转换函数、系统信息函数等。

第 6 章介绍如何查询数据表中的数据，主要包括基本查询语句、单表查询、使用集合函数查询、连接查询、子查询、合并查询结果、为表和字段取别名以及使用正则表达式查询。

第 7 章介绍如何插入、更新与删除数据，主要包括插入数据、更新数据、删除数据。

第 8 章介绍 Oracle 视图，主要介绍视图的概念、创建视图、查看视图、修改视图、更新视图和删除视图。

第 9 章介绍 PL/SQL 编程，主要包括 PL/SQL 的基本概念、使用常量和变量、使用表达式、控制结构和语句、异常和函数。

第 10 章介绍 Oracle 中的存储过程，包括存储过程的创建、调用、查看、修改和删除。

第 11 章介绍 Oracle 触发器，包括创建触发器、查看触发器、使用触发器、修改触发器和删除触发器。

第 12 章介绍游标的基本概念、显式游标、隐式游标和游标的综合应用等。

第 13 章介绍表空间的基本概念、查看表空间、管理表空间、管理临时表空间、管理数据文件。

第 14 章介绍事务的基本知识、事务的管理方法和应用案例、锁的基本知识、锁的应用案例等。

第 15 章介绍 Oracle 安全管理，主要包括 Oracle 中账户管理、权限管理、角色管理和管理概要文件。

第 16 章介绍控制文件的基本知识、控制文件的应用案例、日志的基本知识、管理日志文件的方法。

第 17 章介绍 Oracle 数据库的备份和还原，主要包括数据备份、数据还原和数据表的导出和导入。

第 18 章介绍如何对 Oracle 进行性能优化，包括优化简介、优化查询、优化数据库结构和优化 Oracle 服务器。

第 19 章介绍 Java 操作 Oracle 数据库，包括 JDBC 的基本概念、Java 连接数据库、Java 操作 Oracle 数据库。

第 20 章介绍新闻发布系统数据库的设计方法和实现过程。

第 21 章介绍论坛系统数据库的设计方法和实现过程。

第 22 章介绍综合购物网站系统的开发，包括在线购物网站系统分析、在线购物网站系统功能分析、数据库与数据表设计、系统主要功能实现和项目的打包发行。

本书特色

- 内容全面：涵盖了所有 Oracle 的基础知识点，由浅入深地掌握 Oracle 数据库开发技术。
- 图文并茂：注重操作，在介绍案例的过程中，每一个操作均有对应步骤和过程说明。这种图文结合的方式使读者在学习过程中能够直观、清晰地看到操作的过程以及效果，便于读者更快地理解和掌握。
- 易学易用：颠覆传统"看"书的观念，变成一本能"操作"的图书。
- 案例丰富：把知识点融汇于系统的案例实训当中，并且结合综合案例进行讲解和拓展，进而达到"知其然，并知其所以然"的效果。
- 提示技巧：本书对读者在学习过程中可能会遇到的疑难问题以"提示"和"技巧"的形式进行说明，以免读者在学习的过程中走弯路。
- 超值配套：本书共有 328 个详细实例源代码，能让读者在实战应用中掌握 Oracle 的每一项技能。随书赠送培训班形式的视频教学录像，使本书真正体现"自学无忧"，令其物超所值。

源码、课件、视频

本书配套源码、课件、视频及附送材料可以通过扫描右边二维码下载。

如果有问题,请联系 booksaga@163.com,邮件主题为"Oracle12c 从入门到精通"。

或者联系技术支持QQ群:389543972。

读者对象

本书是一本完整介绍 Oracle 数据库技术的基础教程,内容丰富、条理清晰、实用性强,适合以下读者学习使用:

- Oracle 数据库初学者。
- 对数据库开发有兴趣,希望快速、全面掌握 Oracle 的人员。
- 对其他数据库有一定的了解,想转到 Oracle 平台上的开发者。
- 高等院校和培训学校相关专业的师生。

鸣谢

本书主要由王英英和李小威编著,另外包惠利、张工厂、陈伟光、胡同夫、梁云亮、刘海松、刘玉萍、刘增产、孙若淞、王攀登、王维维、肖品和李园等人也参与了编写工作。虽然倾注了编者的努力,但由于水平有限,书中难免有疏漏之处,请读者谅解。如果遇到问题或有意见和建议,敬请与我们联系,技术支持QQ群:389543972,我们将全力提供帮助。

编 者
2018 年 6 月

目 录

第 1 章 初识 Oracle 1
1.1 数据库基础 1
1.1.1 什么是数据库 1
1.1.2 表 2
1.1.3 数据类型 2
1.1.4 主键 2
1.2 数据库技术构成 3
1.2.1 数据库系统 3
1.2.2 SQL 语言 3
1.2.3 数据库访问技术 4
1.3 熟悉新版 Oracle 12c 5
1.3.1 Oracle 的发展历程 5
1.3.2 Oracle 12c 版本的新功能 6
1.3.3 Oracle 的优势 8
1.4 了解 Oracle 工具 8
1.4.1 SQL Plus 9
1.4.2 Oracle SQL Developer 10
1.5 如何快速掌握 Oracle 10

第 2 章 Oracle 12c 的安装与配置 12
2.1 安装 Oracle 12c 12
2.2 启动服务并登录 Oracle 数据库 18
2.2.1 启动 Oracle 服务 18
2.2.2 登录 Oracle 数据库 19
2.3 卸载 Oracle 12c 23
2.4 疑难解惑 26
2.5 经典习题 29

第 3 章 数据库和数据表的基本操作 30
3.1 创建数据库 30
3.2 删除数据库 34
3.3 创建数据表 37

	3.3.1	创建表的语法形式	37
	3.3.2	使用主键约束	38
	3.3.3	使用外键约束	40
	3.3.4	使用非空约束	42
	3.3.5	使用唯一性约束	43
	3.3.6	使用默认约束	44
	3.3.7	使用检查约束	44
	3.3.8	设置表的属性值自动增加	45

- 3.4 查看数据表结构 ... 46
- 3.5 修改数据表 ... 47
  - 3.5.1 修改表名 ... 47
  - 3.5.2 修改字段的数据类型 ... 48
  - 3.5.3 修改字段名 ... 49
  - 3.5.4 添加字段 ... 49
  - 3.5.5 删除字段 ... 50
- 3.6 删除数据表 ... 51
  - 3.6.1 删除没有被关联的表 ... 51
  - 3.6.2 删除被其他表关联的主表 ... 52
- 3.7 综合案例——数据表的基本操作 ... 53
- 3.8 疑难解惑 ... 58
- 3.9 经典习题 ... 60

第4章 数据类型和运算符 ... 61

- 4.1 Oracle 数据类型介绍 ... 61
  - 4.1.1 数值数据类型 ... 61
  - 4.1.2 日期与时间类型 ... 63
  - 4.1.3 字符串类型 ... 65
- 4.2 如何选择数据类型 ... 66
- 4.3 常见运算符介绍 ... 67
  - 4.3.1 运算符概述 ... 67
  - 4.3.2 算术运算符 ... 67
  - 4.3.3 比较运算符 ... 69
  - 4.3.4 逻辑运算符 ... 70
  - 4.3.5 运算符的优先级 ... 71
- 4.4 疑难解惑 ... 72
- 4.5 经典习题 ... 72

第5章 Oracle 函数 ... 73

- 5.1 Oracle 函数简介 ... 73
- 5.2 数学函数 ... 73
  - 5.2.1 绝对值函数 ABS(x) ... 73
  - 5.2.2 算术平方根函数 SQRT(x)和求余函数 MOD(x,y) ... 74

- 5.2.3 获取整数的函数 CEIL(x)和 FLOOR(x) 74
- 5.2.4 获取随机数的函数 DBMS_RANDOM.RANDOM 和 DBMS_RANDOM.RANDOM (x, y) 75
- 5.2.5 四舍五入函数 ROUND(x)、ROUND(x,y)和 TRUNC(x,y) 75
- 5.2.6 符号函数 SIGN(x) 76
- 5.2.7 幂运算函数 POWER(x,y)和 EXP(x) 77
- 5.2.8 对数运算函数 LOG(x, y)和 LN(x) 77
- 5.2.9 正弦函数 SIN(x)和反正弦函数 ASIN(x) 78
- 5.2.10 余弦函数 COS(x)和反余弦函数 ACOS(x) 78
- 5.2.11 正切函数、反正切函数和余切函数 78

5.3 字符串函数 79
- 5.3.1 计算字符串长度的函数 79
- 5.3.2 合并字符串函数 CONCAT(s1,s2) 79
- 5.3.3 字符串搜索函数 INSTR (s,x) 80
- 5.3.4 字母大小写转换函数 80
- 5.3.5 获取指定长度的字符串的函数 substr(s,m,n) 81
- 5.3.6 替换字符串的函数 REPLACE(s1,s2,s3) 81
- 5.3.7 删除字符串首尾指定字符的函数 LTRIM(s,n)和 RTRIM(s,n) 81
- 5.3.8 删除指定字符串的函数 TRIM() 82
- 5.3.9 字符集名称和 ID 互换函数 82

5.4 日期和时间函数 83
- 5.4.1 获取当前日期和时间的函数 83
- 5.4.2 获取时区的函数 83
- 5.4.3 获取指定月份最后一天函数 84
- 5.4.4 获取指定日期后一周的日期函数 84
- 5.4.5 获取指定日期特定部分的函数 84
- 5.4.6 获取两个日期之间的月份数 85

5.5 转换函数 85
- 5.5.1 字符串转 ASCII 类型字符串函数 85
- 5.5.2 二进制转十进制函数 85
- 5.5.3 数据类型转换函数 86
- 5.5.4 数值转换为字符串函数 86
- 5.5.5 字符转日期函数 86
- 5.5.6 字符串转数字函数 87

5.6 系统信息函数 87
- 5.6.1 返回登录名函数 87
- 5.6.2 返回会话以及上下文信息函数 87

5.7 综合案例——Oracle 函数的使用 88
5.8 疑难解惑 90
5.9 经典习题 91

第 6 章 查询数据 92
6.1 基本查询语句 92

6.2	单表查询	94
	6.2.1 查询所有字段	95
	6.2.2 查询指定字段	96
	6.2.3 查询指定记录	97
	6.2.4 带 IN 关键字的查询	99
	6.2.5 带 BETWEEN AND 的范围查询	100
	6.2.6 带 LIKE 的字符匹配查询	101
	6.2.7 查询空值	102
	6.2.8 带 AND 的多条件查询	104
	6.2.9 带 OR 的多条件查询	104
	6.2.10 查询结果不重复	105
	6.2.11 对查询结果排序	106
	6.2.12 分组查询	110
	6.2.13 使用 ROWNUM 限制查询结果的数量	115
6.3	使用集合函数查询	115
	6.3.1 COUNT()函数	116
	6.3.2 SUM()函数	117
	6.3.3 AVG()函数	117
	6.3.4 MAX()函数	118
	6.3.5 MIN()函数	119
6.4	连接查询	120
	6.4.1 内连接查询	120
	6.4.2 外连接查询	123
	6.4.3 复合条件连接查询	125
6.5	子查询	126
	6.5.1 带 ANY、SOME 关键字的子查询	126
	6.5.2 带 ALL 关键字的子查询	127
	6.5.3 带 EXISTS 关键字的子查询	127
	6.5.4 带 IN 关键字的子查询	128
	6.5.5 带比较运算符的子查询	130
6.6	合并查询结果	131
6.7	为表和字段取别名	134
	6.7.1 为表取别名	134
	6.7.2 为字段取别名	135
6.8	使用正则表达式查询	137
	6.8.1 查询以特定字符或字符串开头的记录	137
	6.8.2 查询以特定字符或字符串结尾的记录	138
	6.8.3 用符号"."来替代字符串中的任意一个字符	139
	6.8.4 使用"*"和"+"来匹配多个字符	139
	6.8.5 匹配指定字符串	139
	6.8.6 匹配指定字符中的任意一个	140
	6.8.7 匹配指定字符以外的字符	141
	6.8.8 使用{n,}或者{n,m}来指定字符串连续出现的次数	142
6.9	综合案例——数据表查询操作	142

6.10 疑难解惑 149
6.11 经典习题 149

第 7 章 插入、更新与删除数据 150

7.1 插入数据 150
　　7.1.1 为表的所有字段插入数据 150
　　7.1.2 为表的指定字段插入数据 152
　　7.1.3 同时插入多条记录 153
　　7.1.4 将查询结果插入到表中 154
7.2 更新数据 156
7.3 删除数据 158
7.4 综合案例——记录的插入、更新和删除 160
7.5 疑难解惑 164
7.6 经典习题 164

第 8 章 视 图 166

8.1 视图概述 166
　　8.1.1 视图的含义 166
　　8.1.2 视图的作用 167
8.2 创建视图 168
　　8.2.1 创建视图的语法形式 168
　　8.2.2 在单表上创建视图 168
　　8.2.3 在多表上创建视图 169
　　8.2.4 创建视图的视图 170
　　8.2.5 创建没有源表的视图 170
8.3 查看视图 171
8.4 修改视图 171
　　8.4.1 CREATE OR REPLACE VIEW 语句修改视图 171
　　8.4.2 ALTER 语句修改视图的约束 172
8.5 更新视图 173
8.6 删除视图 175
8.7 限制视图的数据操作 175
　　8.7.1 设置视图的只读属性 175
　　8.7.2 设置视图的检查属性 175
8.8 综合案例——视图应用 176
8.9 疑难解惑 181
8.10 经典习题 182

第 9 章 PL/SQL 编程 183

9.1 PL/SQL 概述 183

  9.1.1 PL/SQL 是什么 183
  9.1.2 PL/SQL 的结构 184
  9.1.3 PL/SQL 的编程规范 186
 9.2 使用常量和变量 188
 9.3 使用表达式 189
 9.4 PL/SQL 的控制结构与语句 190
  9.4.1 基本处理流程 191
  9.4.2 IF 条件控制语句 191
  9.4.3 CASE 条件控制语句 195
  9.4.4 LOOP 循环控制语句 198
 9.5 PL/SQL 中的异常 199
  9.5.1 异常概述 199
  9.5.2 异常处理 200
 9.6 PL/SQL 中的函数 201
 9.7 疑难解惑 202
 9.8 经典习题 202

第 10 章 存储过程 203

 10.1 创建存储过程 203
  10.1.1 什么是存储过程 203
  10.1.2 创建存储过程 204
 10.2 调用存储过程 204
 10.3 查看存储过程 206
 10.4 存储过程的参数 206
  10.4.1 无参数的存储过程 206
  10.4.2 有参数的存储过程 207
 10.5 修改存储过程 208
 10.6 删除存储过程 209
 10.7 查看存储过程的错误 209
 10.8 综合案例——综合运用存储过程 210
 10.9 疑难解惑 211
 10.10 经典习题 212

第 11 章 Oracle 触发器 213

 11.1 创建触发器 213
  11.1.1 触发器是什么 213
  11.1.2 创建只有一个执行语句的触发器 214
  11.1.3 创建有多个执行语句的触发器 214
 11.2 查看触发器 216
  11.2.1 查看触发器的名称 217

11.2.2　查看触发器的内容信息 217
11.3　触发器的使用 217
11.4　修改触发器 218
11.5　删除触发器 219
11.6　综合案例——触发器使用 219
11.7　疑难解惑 221
11.8　经典习题 221

第12章　游　标 222

12.1　认识游标 222
　　12.1.1　游标的概念 222
　　12.1.2　游标的优点 223
　　12.1.3　游标的分类 223
12.2　显式游标 223
　　12.2.1　显式游标的语法 223
　　12.2.2　打开游标 224
　　12.2.3　读取游标中的数据 224
　　12.2.4　关闭游标 224
　　12.2.5　使用显式游标的案例 224
　　12.2.6　使用显式游标的LOOP语句 225
　　12.2.7　使用BULK COLLECT和FOR语句的游标 226
　　12.2.8　使用CURSOR FOR LOOP语句的游标 227
　　12.2.9　显式游标的属性 227
12.3　隐式游标 230
　　12.3.1　使用隐式游标 230
　　12.3.2　隐式游标的属性 231
　　12.3.3　游标中使用异常处理 233
12.4　综合案例——游标的综合应用 234
12.5　疑难解惑 235
12.6　经典习题 235

第13章　管理表空间 236

13.1　什么是表空间 236
13.2　查看表空间 237
13.3　管理表空间 238
　　13.3.1　创建表空间 238
　　13.3.2　设置表空间的可用状态 239
　　13.3.3　设置表空间的读写状态 240
　　13.3.4　重命名表空间 240
　　13.3.5　删除表空间 240
　　13.3.6　建立大文件表空间 241

13.4 管理临时表空间 241
13.4.1 创建临时表空间 241
13.4.2 查看临时表空间 242
13.4.3 创建临时表空间组 242
13.4.4 查看临时表空间组 243
13.4.5 删除临时表空间组 243
13.5 管理数据文件 243
13.5.1 移动数据文件 243
13.5.2 删除数据文件 244
13.6 疑难解惑 244
13.7 经典习题 244

第 14 章 事务与锁 245
14.1 事务管理 245
14.1.1 事务是什么 245
14.1.2 事务的属性 246
14.1.3 事务管理的常用语句 246
14.1.4 事务的类型 246
14.1.5 事务的应用实例 247
14.1.6 事务的保存点 248
14.2 锁 249
14.2.1 锁是什么 249
14.2.2 锁的分类 250
14.2.3 锁的类型 251
14.2.4 锁等待和死锁 251
14.3 综合案例——死锁的案例 253
14.4 疑难解惑 254
14.5 经典习题 254

第 15 章 Oracle 的安全管理 255
15.1 账户管理 255
15.1.1 管理账号概述 255
15.1.2 新建普通用户 256
15.1.3 修改用户信息 257
15.1.4 删除用户 257
15.2 权限管理 258
15.2.1 授权 258
15.2.2 收回权限 259
15.2.3 查看权限 260
15.3 角色管理 260
15.3.1 角色概述 261
15.3.2 创建角色 261

15.3.3　设置角色 261
　　15.3.4　修改角色 262
　　15.3.5　查看角色 262
　　15.3.6　删除角色 263
15.4　管理概要文件 PROFILE 263
　　15.4.1　PROFILE 概述 263
　　15.4.2　创建概要文件 263
　　15.4.3　修改概要文件 264
　　15.4.4　删除概要文件 264
15.5　疑难解惑 264
15.6　经典习题 265

第 16 章　控制文件和日志 266

16.1　控制文件简介 266
16.2　控制文件的应用案例 267
　　16.2.1　查看控制文件的内容 267
　　16.2.2　更新控制文件的内容 267
　　16.2.3　使用 init.ora 多路复用控制文件 268
　　16.2.4　使用 SPFILE 多路复用控制文件 268
　　16.2.5　创建控制文件 269
16.3　日志简介 271
16.4　管理日志文件 272
　　16.4.1　新建日志文件组 272
　　16.4.2　添加日志文件到日志文件组 273
　　16.4.3　删除日志文件组和日志文件 273
　　16.4.4　查询日志文件组和日志文件 274
16.5　疑难解惑 275
16.6　经典习题 275

第 17 章　数据备份与还原 276

17.1　数据备份 276
　　17.1.1　冷备份 276
　　17.1.2　热备份 277
17.2　数据还原 278
17.3　表的导出和导入 279
　　17.3.1　用 EXP 工具导出数据 279
　　17.3.2　用 EXPDP 导出数据 280
　　17.3.3　用 IMP 导入数据 281
　　17.3.4　用 IMPDP 导入数据 281
17.4　疑难解惑 282
17.5　经典习题 282

第 18 章　Oracle 性能优化...283

18.1　优化简介...283
18.1.1　修改系统全局区...283
18.1.2　修改进程全局区...285

18.2　优化查询...286
18.2.1　分析查询语句的执行计划...286
18.2.2　索引对查询速度的影响...288
18.2.3　使用索引查询...288
18.2.4　优化子查询...289

18.3　优化数据库结构...289
18.3.1　将字段很多的表分解成多个表...289
18.3.2　增加中间表...290
18.3.3　增加冗余字段...292
18.3.4　优化插入记录的速度...292

18.4　优化 Oracle 服务器...293
18.4.1　优化服务器硬件...294
18.4.2　优化 Oracle 的参数...294

18.5　疑难解惑...296
18.6　经典习题...296

第 19 章　Java 操作 Oracle 数据库...297

19.1　JDBC 概述...297
19.2　Java 连接数据库...299
19.2.1　加载数据库驱动程序...299
19.2.2　以 Thin 方式连接 Oracle 数据库...301
19.2.3　以 JDBC-ODBC 桥方式连接 Oracle 数据库...302

19.3　Java 操作 Oracle 数据库...305
19.3.1　创建 Statement 对象...305
19.3.2　使用 SELECT 语句查询数据...306
19.3.3　插入、更新和删除数据...306
19.3.4　执行任意 SQL 语句...307
19.3.5　关闭创建的对象...308

19.4　疑难解惑...308
19.5　经典习题...309

第 20 章　设计新闻发布系统数据库...310

20.1　系统概述...310
20.2　系统功能...311
20.3　数据库设计和实现...311
20.3.1　设计表...312
20.3.2　设计索引...316

	20.3.3 设计视图	317
	20.3.4 设计触发器	317
20.4	小结	318

第 21 章 设计论坛管理系统数据库ㅤ319

21.1	系统概述	319
21.2	系统功能	320
21.3	数据库设计和实现	321
	21.3.1 设计方案图表	321
	21.3.2 设计表	323
	21.3.3 设计索引	326
	21.3.4 设计视图	327
	21.3.5 设计触发器	327
21.4	小　结	329

第 22 章 开发综合购物网站系统ㅤ330

22.1	在线购物网站系统分析	330
	22.1.1 系统总体设计	330
	22.1.2 系统界面设计	331
22.2	在线购物网站系统功能分析	331
	22.2.1 系统主要功能	331
	22.2.2 系统文件结构图	332
22.3	数据库与数据表设计	333
	22.3.1 数据库分析	333
	22.3.2 创建数据库和数据表	333
22.4	系统主要功能实现	336
	22.4.1 实体类创建	336
	22.4.2 数据库访问类	338
	24.4.3 控制器实现	339
	24.4.4 业务数据处理	342
22.5	系统的测试	343
	22.5.1 系统运行	343
	22.5.2 项目开发及导入步骤	347
22.6	项目的打包发行	353

第1章 初识Oracle

学习目标 | Objective

Oracle 是以关系数据库的数据存储和管理作为构架基础，构建出的数据库管理系统。Oracle 是世界上第一个支持 SQL 语言的商业数据库，定位于高端工作站，以及作为服务器的小型计算机，如 IBM P 系列服务器、HP 的 Integrity 服务器和 Sun Fire 服务器等。本章主要介绍数据库的基础知识，通过本章的学习，读者可以了解数据库的基本概念、数据库的构成和 Oracle 的基本知识。

内容导航 | Navigation

- 了解什么是数据库
- 掌握什么是表、数据类型和主键
- 熟悉数据库的技术构成
- 熟悉什么是 Oracle
- 掌握常见的 Oracle 工具
- 了解如何学习 Oracle

1.1 数据库基础

数据库由一批数据构成有序的集合，这些数据被存放在结构化的数据表里。数据表之间相互关联，反映了客观事物间的本质联系。数据库系统提供对数据的安全控制和完整性控制。本节将介绍数据库中的一些基本概念，包括：数据库的定义、数据表的定义和数据类型等。

1.1.1 什么是数据库

数据库的概念诞生于 60 年前，随着信息技术和市场的快速发展，数据库技术层出不穷，随着应用的拓展和深入，数据库的数量和规模越来越大，其诞生和发展给计算机信息管理带来了一场巨大的革命。

数据库的发展大致划分为如下几个阶段：人工管理阶段、文件系统阶段、数据库系统阶段、高级数据库阶段。其种类大概有 3 种：层次式数据库、网络式数据库和关系式数据库。不同种类的数据库按不同的数据结构来联系和组织。

对于数据库的概念，没有一个完全固定的定义，随着数据库历史的发展，定义的内容也有很大的差异，其中一种比较普遍的观点认为，数据库（DataBase，DB）是一个长期存储在计算机内的、有组织的、有共享的、统一管理的数据集合。它是一个按数据结构来存储和管理数据的计算机软件系统。即数据库包含两层含义：保管数据的"仓库"，以及数据管理的方法和技术。

数据库的特点包括：实现数据共享，减少数据冗余；采用特定的数据类型；具有较高的数据独立性；具有统一的数据控制功能。

1.1.2 表

在关系数据库中，数据库表是一系列二维数组的集合，用来存储数据和操作数据的逻辑结构。它由纵向的列和横向的行组成，行被称为记录，是组织数据的单位。列被称为字段，每一列表示记录的一个属性，都有相应的描述信息，如数据类型、数据宽度等。

例如一个有关作者信息的名为 authors 的表中，每个列包含所有作者的某个特定类型的信息，比如"姓名"，而每行则包含了某个特定作者的所有信息：编号、姓名、性别、专业，如图1-1 所示。

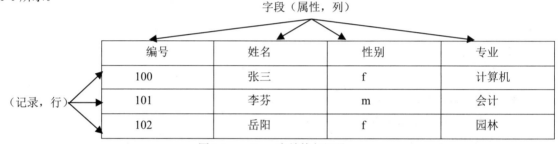

图 1-1 authors 表结构与记录

1.1.3 数据类型

数据类型决定了数据在计算机中的存储格式，代表不同的信息类型。常用的数据类型有：整数数据类型、浮点数数据类型、精确小数类型、二进制数据类型、日期/时间数据类型、字符串数据类型。

表中的每一个字段就是某种指定的数据类型，比如图 1-1 中"编号"字段为整数数据，"性别"字段为字符型数据。

1.1.4 主键

主键（PRIMARY KEY）又称主码，用于唯一地标识表中的每一条记录。可以定义表中的一列或多列为主键，主键列上不能有两行相同的值，也不能为空值。假如，定义 authors 表，该表给每一个作者分配一个"作者编号"，该编号作为数据表的主键，如果出现相同的值，将提示错误，系统不能确定查询的究竟是哪一条记录。如果把作者的"姓名"作为主键，则不能出现重复的名字，这与现实不相符合，因此"姓名"字段不适合作为主键。

1.2 数据库技术构成

数据库系统由硬件部分和软件部分共同构成,硬件主要用于存储数据库中的数据,包括计算机、存储设备等。软件部分则主要包括 DBMS、支持 DBMS 运行的操作系统,以及支持多种语言进行应用开发的访问技术等。本节将介绍数据库的技术构成。

1.2.1 数据库系统

数据库系统有 3 个主要的组成部分。

- 数据库:用于存储数据的地方。
- 数据库管理系统:用于管理数据库的软件。
- 数据库应用程序:为了提高数据库系统的处理能力所使用的管理数据库的软件补充。

数据库(Database System)提供了一个存储空间用以存储各种数据,可以将数据库视为一个存储数据的容器。一个数据库可能包含许多文件,一个数据库系统中通常包含许多数据库。

数据库管理系统(DataBase Management System,DBMS)是用户创建、管理和维护数据库时所使用的软件,位于用户与操作系统之间,对数据库进行统一管理。DBMS 能定义数据存储结构,提供数据的操作机制,维护数据库的安全性、完整性和可靠性。

数据库应用程序(DataBase Application)虽然已经有了 DBMS,但是在很多情况下,DBMS 无法满足对数据管理的要求。数据库应用程序的使用可以满足对数据管理的更高要求,还可以使数据管理过程更加直观和友好。数据库应用程序负责与 DBMS 进行通信,访问和管理 DBMS 中存储的数据,允许用户插入、修改、删除 DB 中的数据。

数据库系统如图 1-2 所示。

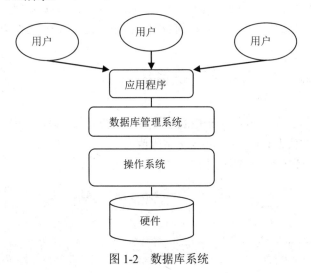

图 1-2 数据库系统

1.2.2 SQL 语言

对数据库进行查询和修改操作的语言叫做 SQL。SQL 的含义是结构化查询语言（Structured Query Language）。SQL 有许多不同的类型，有 3 个主要的标准：ANSI（美国国家标准机构）SQL，对 ANSI SQL 修改后在 1992 年采纳的标准，称为 SQL-92 或 SQL2。最近的 SQL-99 标准，SQL-99 标准从 SQL2 扩充而来并增加了对象关系特征和许多其他新功能。其次，各大数据库厂商提供不同版本的 SQL，这些版本的 SQL 不但能包括原始的 ANSI 标准，而且在很大程度上支持新推出的 SQL-92 标准。

SQL 语言包含以下 4 个部分。

（1）数据定义语言（DDL）：DROP、CREATE、ALTER 等语句。

（2）数据操作语言（DML）：INSERT（插入）、UPDATE（修改）、DELETE（删除）语句。

（3）数据查询语言（DQL）：SELECT 语句。

（4）数据控制语言（DCL）：GRANT、REVOKE、COMMIT、ROLLBACK 等语句。

下面是一条 SQL 语句的例子，该语句声明创建一个叫 students 的表：

```
CREATE TABLE students
(
student_id number(11),
name VARCHAR2(30),
sex CHAR(2),
PRIMARY KEY (student_id)
);
```

该表包含 3 个字段，分别为 student_id、name、sex，其中 student_id 定义为表的主键。

现在只是定义了一张表格，但并没有任何数据，接下来这条 SQL 声明语句，将在 students 表中插入一条数据记录：

```
INSERT INTO students (student_id, name, sex)
VALUES (41048101, 'Lucy Green', '1');
```

执行完该 SQL 语句之后，students 表中就会增加一行新记录，该记录中字段 student_id 的值为 41048101，name 字段的值为 Lucy Green，sex 字段值为 1。

再使用 SELECT 查询语句获取刚才插入的数据，如下：

```
SELECT name FROM students WHERE student_id = 41048101;

NAME
------------------------------
Lucy Green
```

上面简单列举了常用的数据库操作语句，在这里给读者一个直观的印象，读者可能还不能理解，接下来会在学习 Oracle 的过程中详细介绍这些知识。

1.2.3 数据库访问技术

不同的程序设计语言会有各自不同的数据库访问技术，程序语言通过这些技术，执行 SQL 语句，进行数据库管理。主要的数据库访问技术有：

1. ODBC

Open Database Connectivity（开放数据库互连）技术为访问不同的 SQL 数据库提供了一个共同的接口。ODBC 使用 SQL 作为访问数据的标准。这一接口提供了最大限度的互操作性：一个应用程序可以通过共同的一组代码访问不同的 SQL 数据库管理系统（DBMS）。

一个基于 ODBC 的应用程序对数据库的操作不依赖任何 DBMS，不直接与 DBMS 打交道，所有的数据库操作由对应的 DBMS 的 ODBC 驱动程序完成。也就是说，不论是 Access、MySQL 还是 Oracle 数据库，均可用 ODBC API 进行访问。由此可见，ODBC 的最大优点是能以统一的方式处理所有的数据库。

2. JDBC

Java Database Connectivity（Java 数据库连接）用于 Java 应用程序连接数据库的标准方法，是一种用于执行 SQL 语句的 Java API，可以为多种关系数据库提供统一访问，它由一组用 Java 语言编写的类和接口组成。

3. ADO.NET

ADO.NET 是微软在.NET 框架下开发设计的一组用于和数据源进行交互的面向对象类库。ADO.NET 提供了对关系数据、XML 和应用程序数据的访问，允许和不同类型的数据源以及数据库进行交互。

4. PDO

PDO（PHP Data Object）为 PHP 访问数据库定义了一个轻量级的、一致性的接口，它提供了一个数据访问抽象层，这样，无论使用什么数据库，都可以通过一致的函数执行查询和获取数据。PDO 是 PHP 5 新加入的一个重大功能。

1.3 熟悉新版 Oracle 12c

Oracle 数据库是积聚了众多领先性的数据库系统，在集群技术、高可用性、商业智能、安全性、系统管理等方面都领跑业界。Oracle 是一个大型关系数据库管理系统，目前已经成为企业级开发首选。本章节主要介绍 Oracle 数据库的发展历程和 Oracle 12c 的新功能。

1.3.1 Oracle 的发展历程

Oracle 是由甲骨文公司开发出来的，并于 1989 年正式进入中国市场，成为第一家进入中国的世界软件巨头。Oracle 大致发展历程如下：

1977 年，Larry Ellison、Bob Miner 和 Ed Oates 等人组建了 Relational 软件公司（Relational Software Inc.，RSI）。他们决定使用 C 语言和 SQL 界面构建一个关系数据库管理系统（Relational Database Management System，RDBMS），并很快发布了第一个版本（仅是原型系统）。

1979年，RSI首次向客户发布了产品，即第2版。该版本的RDBMS可以在装有RSX-11操作系统的PDP-11机器上运行，后来又移植到了DEC VAX系统。

1983年，发布的第3个版本中加入了SQL语言，而且性能也有所提升，其他功能也得到增强。与前几个版本不同的是，这个版本是完全用C语言编写的。同年，RSI更名为Oracle Corporation，也就是今天的Oracle公司。

1984年，Oracle的第4版发布。该版本既支持VAX系统，也支持IBM VM操作系统。这也是第一个加入了读一致性（Read-consistency）的版本。

1985年，Oracle的第5版发布。该版本可称作是Oracle发展史上的里程碑，因为它通过SQL*Net引入了客户端/服务器的计算机模式，同时它也是第一个打破640KB内存限制的MS-DOS产品。

1988年，Oracle的第6版发布。该版本除了改进性能、增强序列生成与延迟写入（Deferred Writes）功能以外，还引入了底层锁。除此之外，该版本还加入了PL/SQL和热备份等功能。这时Oracle已经可以在许多平台和操作系统上运行。

1991年，Oracle RDBMS的6.1版在DEC VAX平台中引入了Parallel Server选项，很快该选项也可用于许多其他平台。

1992年，Oracle 7发布。Oracle 7在对内存、CPU和I/O的利用方面做了许多体系结构上的变动，这是一个功能完整的关系数据库管理系统，在易用性方面也做了许多改进，引入了SQL*DBA工具和Database角色。

1997年，Oracle 8发布。Oracle 8除了增加许多新特性和管理工具以外，还加入了对象扩展（Object Extension）特性（在Windows系统下开始使用，以前的版本都是在UNIX环境下运行）。

2001年，Oracle 9i release 1发布。这是Oracle 9i的第一个发行版，包含RAC（Real Application Cluster）等新功能。

2002年，Oracle 9i release 2发布，它在release 1的基础上增加了集群文件系统（Cluster File System）等特性。

2004年，针对网格计算的Oracle 10g发布。该版本中Oracle的功能、稳定性和性能的实现都达到一个新的水平。

2007年7月12日，甲骨文公司推出的最新数据库软件Oracle 11g，Oracle 11g有400多项功能，经过了1500万个小时的测试，开发工作量达到了3.6万人/月。相对过往版本而言，Oracle 11g具有与众不同的特性。

2013年6月26日，Oracle Database 12c版本正式发布，12c里面的c是cloud，也就是代表云计算的意思。

与Oracle数据库基本同时期的还有informix数据库系统。两者使用的用户有所侧重。Oracle数据库系统银行业使用较多，Informix数据库系统，通信业使用较多。由于Oracle数据库产品是当前数据库技术的典型代表，除了数据库系统外，还有应用系统和开发工具等。

1.3.2 Oracle 12c版本的新功能

新版Oracle Database 12c汇集了参会者最多的目光，Larry Ellison也在开幕演讲中重点介绍了12c的一些新特性。在学习Oracle Database 12c之前，数据库管理员希望能够提前了解它的一些新功能、新特性。

（1）PL/SQL 性能增强：类似在匿名块中定义过程，现在可以通过 WITH 语句在 SQL 中定义一个函数，采用这种方式可以提高 SQL 调用的性能。

（2）改善 Defaults：包括序列作为默认值、自增列。当明确插入 NULL 时指定默认值；metadata-only default 值指的是增加一个新列时指定的默认值，和 11g 中的区别在于，11g 的 default 值要求 NOT NULL 列。

（3）放宽多种数据类型长度限制：增加了 VARCHAR2、NVARCHAR2 和 RAW 类型的长度到 32KB，要求兼容性设置为 12.0.0.0 以上，且设置了初始化参数 MAX_SQL_STRING_SIZE 为 EXTENDED，这个功能不支持 CLUSTER 表和索引组织表。最后这个功能并不是真正改变了 VARCHAR2 的限制，而是通过 OUT OF LINE 的 CLOB 实现。

（4）TOP N 的语句实现：在 SELECT 语句中使用"FETCH next N rows"或者"OFFSET"，可以指定前 N 条或前百分之多少的记录。

（5）行模式匹配：类似分析函数的功能，可以在行间进行匹配判断并进行计算。在 SQL 中新的模式匹配语句是"match_recognize"。

（6）分区改进：Oracle Database 12c 中对分区功能做了较多的调整，其中共分成下面 6 个部分。

- INTERVAL-REFERENCE 分区：把 11g 的 interval 分区和 reference 分区结合，这样主表自动增加一个分区后，所有的子表、孙子表、重孙子表、重重孙子表等都可以自动随着外接列新数据增加，自动创建新的分区。
- TRUNCATE 和 EXCHANGE 分区及子分区。无论是 TRUNCATE 还是 EXCHANGE 分区，在主表上执行，都可以级联地作用在子表、孙子表、重孙子表、重重孙子表……。对于 TRUNCATE 而言，所有表的 TRUNCATE 操作在同一个事务中，如果中途失败，会回滚到命令执行之前的状态。这两个功能通过关键字 CASCADE 实现。
- 在线移动分区：通过 MOVE ONLINE 关键字实现在线分区移动。在移动的过程中，对表和被移动的分区可以执行查询、DML 语句以及分区的创建和维护操作。整个移动过程对应用透明。这个功能极大地提高了整体可用性，缩短了分区维护窗口。
- 多个分区同时操作：可以对多个分区同时进行维护操作，比如将一年的 12 个分区 MERGE 到 1 个新的分区中，比如将一个分区 SPLIT 成多个分区。可以通过 FOR 语句指定操作的每个分区，对于 RANGE 分区而言，也可以通过 TO 来指定处理分区的范围。多个分区同时操作自动并行完成。
- 异步全局索引维护：对于非常大的分区表而言，UPDATE GLOBAL INDEX 不再是痛苦。Oracle 可以实现异步全局索引、异步维护的功能，即使是几亿条记录的全局索引，在分区维护操作，比如 DROP 或 TRUNCATE 后，仍然是 VALID 状态，索引不会失效，不过索引的状态是包含 OBSOLETE 数据，当维护操作完成，索引状态恢复。
- 部分本地和全局索引：Oracle 的索引可以在分区级别定义。无论全局索引还是本地索引都可以在分区表的部分分区上建立，其他分区上则没有索引。当通过索引列访问全表数据时，Oracle 通过 UNION ALL 实现，一部分通过索引扫描，另一部分通过全分区扫描。这可以减少对历史数据的索引量，极大地增加了灵活性。

（7）Adaptive 执行计划：拥有学习功能的执行计划，Oracle 会把实际运行过程中读取到的返回结果作为进一步执行计划判断的输入，因此统计信息不准确或查询真正结果与计算结果不准时，可以得到更好的执行计划。

（8）统计信息增强：动态统计信息收集增加第 11 层，使得动态统计信息收集的功能更强；增加了混合统计信息用以支持包含大量不同值，且个别值数据倾斜的情况；添加了数据加载过程收集统计信息的能力；对于临时表增加了会话私有统计信息。

（9）临时 UNDO：将临时段的 UNDO 独立出来，放到 TEMP 表空间中，优点包括减少 UNDO 产生的数量，减少 REDO 产生的数量，在 ACTIVE DATA GUARD 上允许对临时表进行 DML 操作。

（10）数据优化：新增了 ILM（数据生命周期管理）功能，添加了"数据库热图"（Database Heat Map），在视图中直接看到数据的利用率，找到哪些数据是最"热"的数据。可以自动实现数据在线压缩和数据分级，其中数据分级可以在线将定义时间内的数据文件转移到归档存储，也可以将数据表定时转移至归档文件，还可以实现在线数据压缩。

（11）应用连续性：Oracle Database 12c 之前 RAC 的 FAILOVER 只做到 SESSION 和 SELECT 级别，对于 DML 操作无能为力，当设置为 SESSION，进行到一半的 DML 自动回滚；而对于 SELECT，虽然 FAILOVER 可以不中断查询，但是对于 DML 的问题更甚之，必须要手工回滚。而 Oracle Database 12c 中 Oracle 终于支持事务的 FAILOVER。

（12）Oracle Pluggable Database：Oracle PDB 体系结构由一个容器数据库（CDB）和多个可组装式数据库（PDB）构成，PDB 包含独立的系统表空间和 SYSAUX 表空间等，但是所有 PDB 共享 CDB 的控制文件、日志文件和 UNDO 表空间。

1.3.3　Oracle 的优势

Oracle 的主要优势如下。

（1）速度：运行速度快。

（2）稳定性：Oracle 是目前数据库中稳定性非常好的数据库。

（3）共享 SQL 和多线索服务器体系结构：Oracle 7.X 以来引入了共享 SQL 和多线索服务器体系结构。这减少了 Oracle 的资源占用，并增强了 Oracle 的能力，使之在低档软硬件平台上用较少的资源就可以支持更多的用户，而在高档平台上可以支持成百上千个用户。

（4）可移植性：能够工作在不同的系统平台上，例如：Windows 和 Linux 等。

（5）安全性强：提供了基于角色（ROLE）分工的安全保密管理。在数据库管理功能、完整性检查、安全性、一致性方面都有良好的表现。

（6）支持类型多：支持大量多媒体数据，如二进制图形、声音、动画以及多维数据结构等。

（7）方面管理数据：提供了新的分布式数据库能力。可通过网络较方便地读写远端数据库里的数据，并有对称复制的技术。

1.4　了解 Oracle 工具

Oracle 数据库管理系统提供了许多命令行工具，这些工具可以用来管理 Oracle 服务器、对数据库进行访问控制、管理 Oracle 用户以及数据库备份和恢复工具等。而且 Oracle 提供图形化的管理工具，这使得对数据库的操作更加简单。本节将为读者介绍这些工具的作用。

1.4.1 SQL Plus

SQL Plus 这客户端工具。在 SQL Plus 中，可以运行 SQL Plus 命令与 SQL 语句。

通常所说的 DML、DDL、DCL 语句都是 SQL 语句，它们执行完后，都可以保存在一个被称为 sql buffer 的内存区域中，并且只能保存一条最近执行的 SQL 语句，可以对保存在 SQL Buffer 中的 SQL 语句进行修改，然后再次执行，SQL Plus 一般都与数据库打交道。

除了 SQL 语句，在 SQL Plus 中执行的其他语句称之为 SQL Plus 命令。它们执行完后，不保存在 sql buffer 的内存区域中，它们一般用来对输出的结果进行格式化显示，以便于制作报表。

SQL Plus 是目前最常用的工具，具有很强的功能，主要功能包含如下：

（1）数据库的维护，如启动，关闭等，这一般在服务器上操作。
（2）执行 SQL 语句。
（3）执行 SQL 脚本。
（4）数据导出为报表。
（5）应用程序开发、测试 SQL。
（6）生成新的 SQL 脚本。
（7）供应用程序调用，如安装程序中进行脚本的安装。
（8）用户管理及权限维护等。

SQL Plus 的运行界面如图 1-3 所示。

图 1-3　SQL Plus 运行界面

1.4.2 Oracle SQL Developer

Oracle SQL Developer 是 Oracle 公司出品的一个免费的集成开发环境。使用 SQL Developer 可以浏览数据库对象、运行 SQL 语句和脚本、编辑和调试 PL/SQL 语句。另外还可以创建执行和保存报表。Oracle SQL Developer 可以连接任何 Oracle 9.2.0.1 或者以上版本的 Oracle 数据库，支持 Windows、Linux 和 Mac OS X 系统。

Oracle 12c 系统自带 SQL Developer 开发工具，操作主界面如图 1-4 所示。

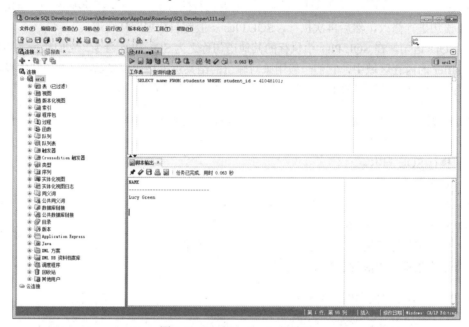

图 1-4 SQL Developer 主界面

1.5 如何快速掌握 Oracle

在学习 Oracle 数据库之前，很多读者都会问如何才能学习好 Oracle 的相关技能呢？下面就来讲述学习 Oracle 的方法。

1. 培养兴趣

兴趣是最好的老师，不论学习什么知识，兴趣都可以极大地提高学习效率。当然学习 Oracle 也不例外。

2. 夯实基础

计算机领域的技术非常强调基础，刚开始学习可能还认识不到这一点，随着技术应用的深入，只有有着扎实的基础功底，才能在技术的道路上走得更快、更远。对于 Oracle 的学习来说，SQL 语句是其中最为基础的部分，很多操作都是通过 SQL 语句来实现的。所以在学习的过程中，读者要多编写 SQL 语句，对于同一个功能，使用不同的实现语句来完成，从而深刻理解其不同之处。

3. 及时学习新知识

正确、有效地利用搜索引擎，可以搜索到很多关于 Oracle 5.6 的相关知识。同时，参考别人解决问题的思路，也可以吸取别人的经验，及时获取最新的技术资料。

4. 多实践操作

数据库系统具有极强的操作性，需要多上机操作，在实际操作的过程中发现问题，并思考解决问题的方法和思路，只有这样才能提高实战的操作能力。

第2章　Oracle 12c的安装与配置

学习目标│Objective

在 Windows 平台下安装 Oracle 12c，图形化的安装包提供了详细的安装向导。通过向导，读者可以一步一步地完成对 Oracle 的安装。本章将主要讲述 Windows 平台下 Oracle 的安装和配置过程，最后讲解 Oracle 的完全卸载方法。

内容导航│Navigation

- 掌握如何在 Windows 平台下安装和配置 Oracle 12c
- 掌握启动服务并登录 Oracle 12c 数据库
- 掌握 Oracle 的完全卸载方法

2.1　安装 Oracle 12c

安装 Oracle 12c 之前，需要到 Oracle 官方网站（www.oracle.com）去下载该数据库软件，根据不同的系统，下载不同的 Oracle 版本，这里选择 Windows X64 系统的版本，如图 2-1 所示。当然在下载前，需要选择【Accept License Agreement】单选按钮。

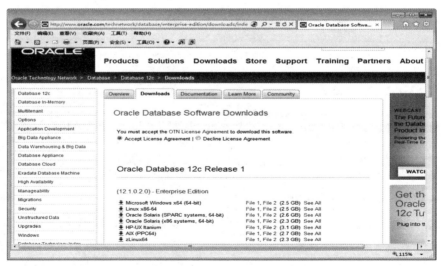

图 2-1　Oracle 下载界面

Oracle 12c 的安装与配置 第 2 章

要想在 Windows 中运行 Oracle12c 的 64 位版，需要 64 位 Windows 操作系统。本书的操作系统为 Windows7 的 64 位版本。Windows 可以将 Oracle 服务器作为服务来运行。通常，在安装时需要具有系统的管理员权限。

Oracle 下载完成后，找到下载文件，双击进行安装，具体操作步骤如下。

01 双击下载的 setup.exe 文件，软件会加载并初步校验系统是否可以达到数据库安装的最低配置，如图 2-2 所示。

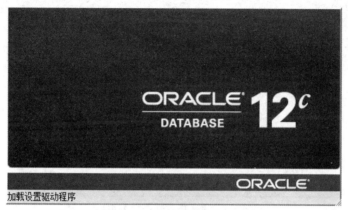

图 2-2 检查操作系统

02 弹出 Oracle 12c 的【配置安全更新】窗口，如图 2-3 所示，取消【我希望通过 My Oracle Support 接受安全更新（W）】复选框，单击【下一步】按钮。

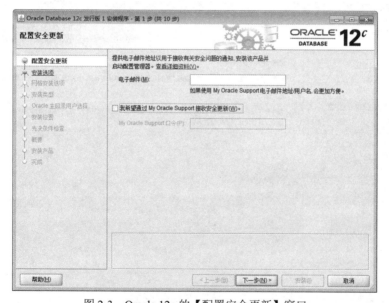

图 2-3 Oracle 12c 的【配置安全更新】窗口

 安装时操作系统需要连接网络，如果提示软件更新，可以选择软件更新即可。

03 打开【选择安装选项】窗口，选中【创建和配置数据库】单选按钮，单击【下一步】按钮，如图2-4所示。

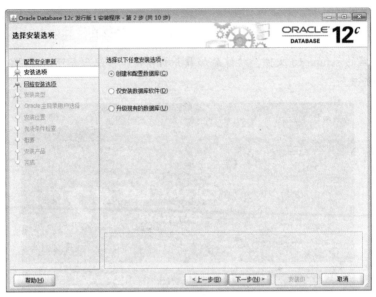

图2-4 【选择安装选项】窗口

04 打开【系统类】窗口，这里选中【桌面类（D）】单选按钮，单击【下一步】按钮，如图2-5所示。

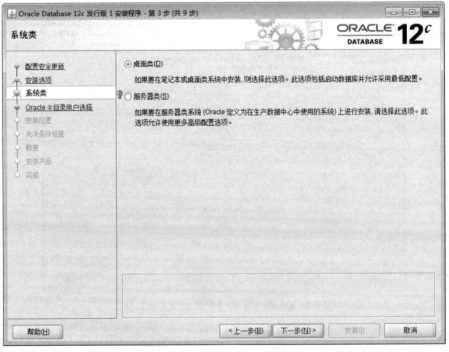

图2-5 【系统类】窗口

Oracle 12c 的安装与配置 第 2 章

 如果选择【服务器类（S）】单选按钮，则用户需要高级的设置。

05 打开【指定 Oracle 主目录用户】窗口，这一步是其他版本没有的，主要的作用是更安全地管理数据库，防止登录 Window 操作系统的用户误删除了 Oracle 文件。这里选择【创建新 Windows 用户】单选按钮，然后输入用户名和口令，专门管理 Oracle 文件，然后单击【下一步】按钮，如图 2-6 所示。

图 2-6　【指定 Oracle 主目录用户】窗口

06 打开【典型安装配置】窗口，选择 Oracle 的基目录，选择【企业版】和【默认值】，并输入统一的管理口令，单击【下一步】按钮，如图 2-7 所示。

图 2-7　【典型安装配置】窗口

Oracle 为了安全起见，要求密码强度比较高，Oracle 建议的标准密码组合为：小写字母+数字+大写字母，当然字符长度还必须保持在 Oracle 12c 数据库要求的范围之内。

07 打开【执行先决条件检查】窗口，开始检查目标环境是否满足最低安装和配置要求，如图 2-8 所示。

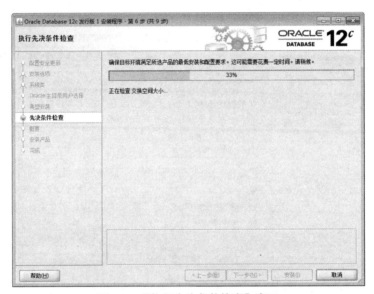

图 2-8 【执行先决条件检查】窗口

08 检查完成后进入【概要】窗口，单击【安装】按钮，如图 2-9 所示。

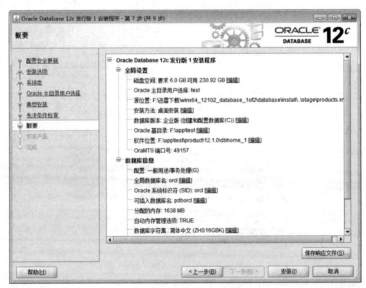

图 2-9 【概要】窗口

09 进入【安装产品】窗口，开始安装 Oracle 文件，并显示具体内容和进度，如图 2-10 所示。

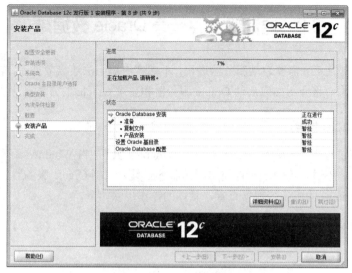

图 2-10 【安装产品】窗口

10 数据库实例安装成功后，打开【口令管理】窗口，单击【口令管理】按钮，即可修改管理员的密码，本实例修改管理员 SYSTEM 的密码为"Tianyi123456"、超级管理员 SYS 的密码为"TIAN_yi123"，设置完成后，单击【确定】按钮即可，如图 2-11 所示。

图 2-11 【口令管理】窗口

11 安装完成后，单击【关闭】按钮，如图 2-12 所示。

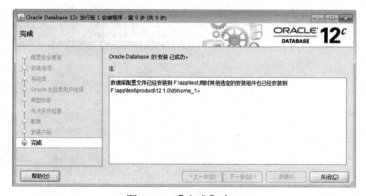

图 2-12 【完成】窗口

2.2 启动服务并登录 Oracle 数据库

Oracle 安装完毕之后，需要启动服务器进程，不然客户端无法连接数据库，客户端通过命令行工具登录数据库。本节将介绍如何启动 Oracle 服务器和登录 Oracle 的方法。

2.2.1 启动 Oracle 服务

在前面的配置过程中，已经将 Oracle 安装为 Windows 服务，当 Windows 启动、停止时，Oracle 也自动启动、停止。不过，用户还可以使用图形服务工具来控制 Oracle 服务器。

可以通过 Windows 的服务管理器查看，具体的操作步骤如下。

01 单击【开始】菜单，在弹出的菜单中选择【运行】命令，打开【运行】对话框，如图 2-13 所示。

图 2-13 【运行】对话框

02 在【打开】文本框中输入"services.msc"，单击【确定】按钮，打开 Windows 的【服务管理器】，在其中可以看到服务名以"Oracle"开头的 5 个服务项，其右边状态全部为"已启动"，表明该服务已经启动，如图 2-14 所示。

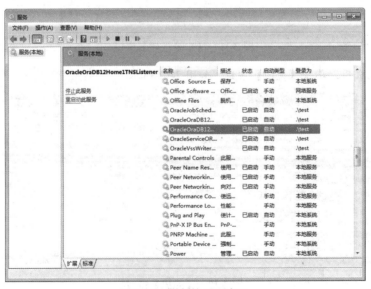

图 2-14 服务管理器窗口

Oracle 12c 的安装与配置　第 2 章

由于设置了 Oracle 为自动启动，在这里可以看到，服务已经启动，而且启动类型为自动。如果没有"已启动"字样，说明 Oracle 服务未启动。此时可以选择服务右击，在弹出的快捷菜单中选择【启动】菜单命令即可，如图 2-15 所示。

图 2-15　启动 Oracle 服务

也可以直接双击 Oracle 服务，在打开的对话框中通过单击【启动】或【停止】按钮来更改服务状态，如图 2-16 所示。

图 2-16　Oracle 服务属性对话框

2.2.2　登录 Oracle 数据库

当 Oracle 服务启动完成后，便可以通过客户端来登录 Oracle 数据库。在 Windows 操作系统下，可以通过两种方式登录 Oracle 数据库。

1. 以 SQL Plus 命令行方式登录

通过 SQL Plus 命令行方式登录方法很多，常见的方式是通过 DOS 窗口的方式、直接利用 SQL Plus 登录。

（1）通过 DOS 窗口的方式。具体的操作步骤如下。

01 单击【开始】菜单，在弹出的菜单中选择【运行】菜单命令，打开【运行】对话框，在其中输入命令"cmd"，如图 2-17 所示。

图 2-17　运行对话框

02 单击【确定】按钮，打开 DOS 窗口，输入以下命令并按【Enter】键确认，如图 2-18 所示。

```
sqlplus "/as sysdba"
```

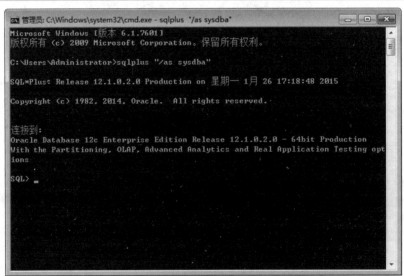

图 2-18　DOS 窗口

（2）直接利用 SQL Plus 登录，具体操作步骤如下：

01 依次选择【开始】|【所有程序】|【Oracle OraDB12Home1】|【应用程序开发】|【SQL Plus】菜单命令，如图 2-19 所示。

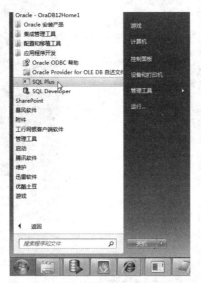

图 2-19　选择【SQL Plus】菜单命令

02 打开 SQL Plus 窗口，输入用户名和口令并按【Enter】键确认，如图 2-20 所示。

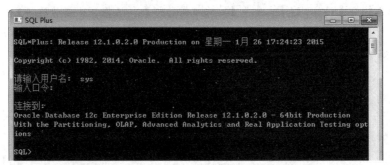

图 2-20　SQL Plus 窗口

当窗口中出现如图 2-20 所示的说明信息，命令提示符变为 "SQL>" 时，表明已经成功登录 Oracle 服务器了，可以开始对数据库进行操作。

2. 使用 SQL Developer 登录

具体操作步骤如下：

01 依次选择【开始】|【所有程序】|【Oracle OraDB12Home1】|【应用程序开发】|【SQL Developer】菜单命令，如图 2-21 所示。

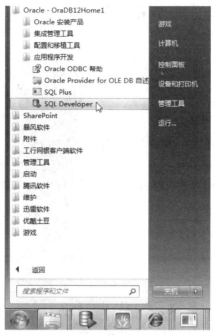

图 2-21　选择【SQL Developer】菜单命令

02 打开【新建/选择数据库连接】对话框，输入【连接名】，选择【连接类型】为【本地/继承】，选择【角色】为【SYSDBA】，选择【操作系统验证】复选框，单击【连接】按钮，如图 2-22 所示。

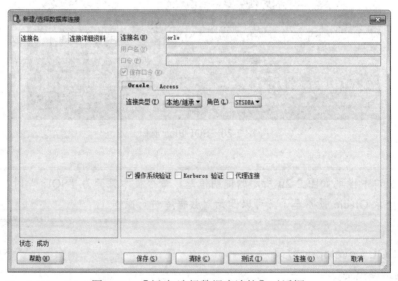

图 2-22　【新建/选择数据库连接】对话框

03 打开 SQL Developer 主界面窗口，在打开的窗口中输入 SQL 命令进行相关的操作即可，如图 2-23 所示。

图 2-23 SQL Developer 主界面窗口

2.3 卸载 Oracle 12c

卸载 Oracle 和卸载普通软件是不一样的，本节主要讲述如何完全卸载 Oracle 12c。主要分为以下几个步骤。

1. 停止服务列表的 5 个服务

单击【开始】菜单，在弹出的菜单中选择【运行】命令，在【打开】文本框中输入"services.msc"，单击【确定】按钮，打开 Windows 的【服务管理器】窗口，如图 2-24 所示。在其中可以看到服务名以"Oracle"开头的 5 个服务项，分别选中 Oracle 的 5 个服务名称，右击并在弹出快捷菜单中选择【停止】菜单命令。

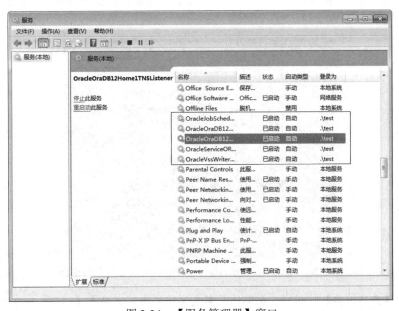

图 2-24 【服务管理器】窗口

2. 卸载 Oracle 软件

具体操作步骤如下：

01 依次选择【开始】>【所有程序】>【Oracle OraDB12Home1】>【Oracle 安装产品】>【Universal Installer】菜单命令，如图 2-25 所示。

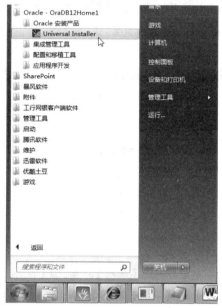

图 2-25　选择【Universal Installer】菜单命令

02 打开【Oracle Universal Installer：欢迎使用】对话框，单击【卸载产品】按钮，如图 2-26 所示。

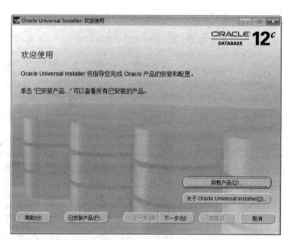

图 2-26　【Oracle Universal Installer：欢迎使用】对话框

03 打开【产品清单】对话框，全部选择需要删除的内容，单击【删除】按钮即可开始卸载，如图 2-27 所示。

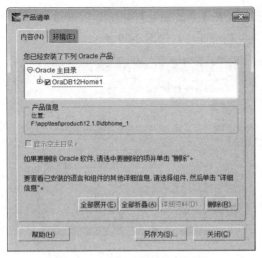

图 2-27 【产品清单】对话框

3. 删除注册表项

在【运行】对话框中输入"regedit",启动注册表。要彻底删除 Oracle 12c,还需要把注册表中关于 Oracle 的相关信息删除。需要删除的注册表包含如下:

(1) HKEY_LOCAL_MACHINE\SOFTWARE\ORACLE 项。

(2) HKEY_LOCAL_MACHINE\SYSTEM\CurrentControlSet\Services 节点下的所有 Oracle 项。

(3) HKEY_LOCAL_MACHINE\SYSTEM\CurrentControlSet\Services\Eventlog\Application 节点下的所有 Oracle.VSSWriter.ORCL 项。

4. 删除环境变量

右击【我的电脑】,在弹出的快捷菜单中选择【属性】菜单命令,弹出【系统属性】对话框,选择【高级】选项卡,单击【环境变量】按钮,如图 2-28 所示。

图 2-28 【系统属性】对话框

打开【环境变量】对话框，在【系统变量】中查找【Path】变量，然后删除即可。另外如果发现有关于 Oracle 的选项，一并删除即可，如图 2-29 所示。

图 2-29　【环境变量】对话框

2.4　疑难解惑

计算机技术具有很强的操作性，Oracle 的安装和配置是一件非常简单的事，但是在操作过程中也可能出现问题，读者需要多实践、多总结。

疑问 1：无法安装 Oracle 12c 软件安装包，提示对话框如图 2-30 所示，如何解决？

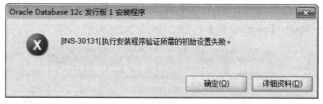

图 2-30　无法安装提示对话框

解决上述问题的具体操作步骤如下：

右击【我的电脑】，在弹出的快捷菜单中选择【管理】菜单命令，弹出【计算机管理】对话框，在左侧列表中选择【系统工具】>【共享文件夹】，选择【共享】并右击，在弹出的快捷菜单中选择【新建共享】菜单命令，如图 2-31 所示。

Oracle 12c 的安装与配置 第 2 章

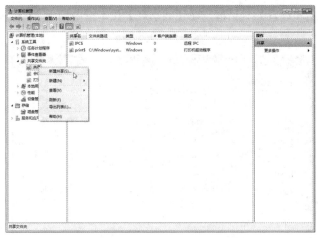

图 2-31 【计算机管理】对话框

打开【创建共享文件夹向导】对话框，单击【下一步】按钮，如图 2-32 所示。

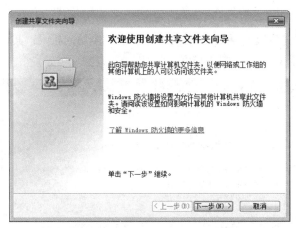

图 2-32 【创建共享文件夹向导】对话框

打开【文件夹路径】对话框，选择 C 盘为文件夹的路径，如图 2-33 所示。

图 2-33 【文件夹路径】对话框

打开【名称、描述和设置】对话框，在【共享名】文本框中输入"C$"，单击【下一步】按钮，如图 2-34 所示。

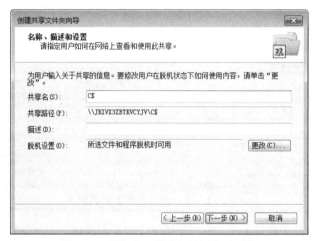

图 2-34　【名称、描述和设置】对话框

打开【共享文件夹的权限】对话框，选择【管理员有完全访问权限；其他用户有只读权限（R）】单选按钮，单击【完成】按钮，如图 2-35 所示。

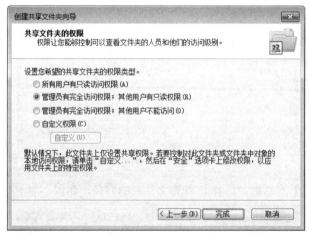

图 2-35　【共享文件夹的权限】对话框

疑问 2：Oracle 12c 卸载完成后，仍然无法安装 Oracle 12c 怎么办？

用 Oracle 12c 安装书中的 4 个步骤去卸载时，为了更加彻底删除 Oracle，还需要把安装目录下的内容全部删除，删除后还需要重新启动计算机，这样就可以把 Oracle 完全删除了，最后才能重新安装 Oracle。

2.5 经典习题

（1）下载并安装 Oracle。

（2）使用配置向导配置 Oracle 为系统服务，在系统服务对话框中，手动启动或者关闭 Oracle 服务。

（3）启动或者关闭 Oracle 服务。

第3章 数据库和数据表的基本操作

学习目标 | Objective

Oracle 安装好以后,用户可以创建数据库和删除数据库。在数据库中,数据表是数据库中最重要、最基本的操作对象,是数据存储的基本单位。数据表被定义为列的集合,数据在表中是按照行和列的格式来存储的。每一行代表一条唯一的记录,每一列代表记录中的一个域。

本章将详细介绍数据表的基本操作,主要内容包括:创建数据表、查看数据表结构、修改数据表、删除数据表。通过本章的学习,读者能够熟练掌握数据表的基本概念,理解约束、默认和规则的含义并且学会运用;能够在图形界面模式和命令行模式下熟练地完成有关数据表的常用操作。

内容导航 | Navigation

- 掌握如何创建数据库
- 熟悉数据库的删除操作
- 掌握如何创建数据表
- 掌握查看数据表结构的方法
- 掌握如何修改数据表
- 熟悉删除数据表的方法
- 熟练操作综合案例数据表的基本操作

3.1 创建数据库

Oracle 12c 安装过程中已经创建了名称为 orle 的数据库。用户也可以在安装完成后重新创建数据库,具体操作步骤如下:

01 依次选择【开始】>【所有程序】>【Oracle OraDB12Home1】>【配置和移植工具】>【Database Configuration Assistant】菜单命令,如图 3-1 所示。

数据库和数据表的基本操作 第3章

图 3-1　选择【Database Configuration Assistant】菜单命令

02　打开【数据库操作】窗口，选择【创建数据库】单选按钮，然后单击【下一步】按钮，如图 3-2 所示。

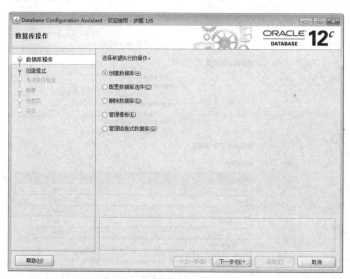

图 3-2　【数据库操作】窗口

03　打开【创建模式】窗口，输入全局数据库的名称、设置数据库文件的位置、输入管理口令和 test 用户口令，然后单击【下一步】按钮，如图 3-3 所示。

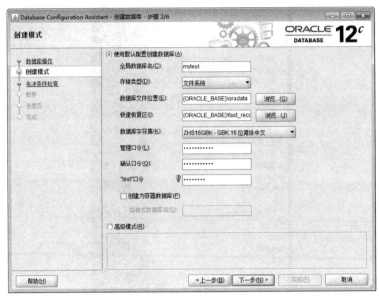

图 3-3 【创建模式】窗口

04 打开【摘要】窗口,查看创建数据库的详细信息,检查无误后,单击【完成】按钮,如图 3-4 所示。

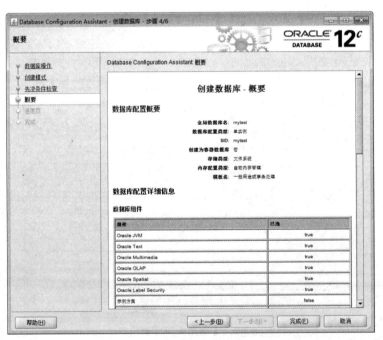

图 3-4 【摘要】窗口

05 系统开始自动创建数据库,并显示数据库的创建过程和创建的详细信息,如图 3-5 所示。

数据库和数据表的基本操作 第3章

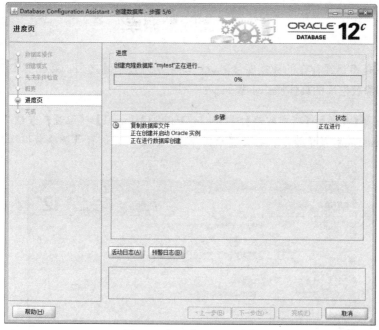

图 3-5 创建数据库的过程

06 数据库创建完成后，打开【完成】窗口，查看数据库创建的最终信息，单击【关闭】按钮即可完成数据库的创建操作，如图 3-6 所示。

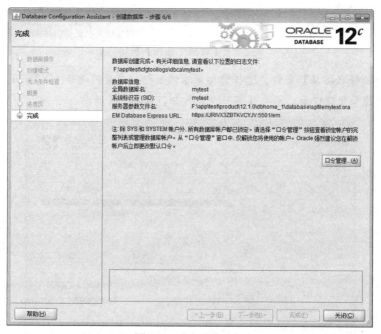

图 3-6 【完成】窗口

3.2 删除数据库

删除数据库是将已经存在的数据库从磁盘空间上清除，清除之后，数据库中的所有数据也将一同被删除。删除数据库的具体操作步骤如下：

01 依次选择【开始】>【所有程序】>【Oracle OraDB12Home1】>【配置和移植工具】>【Database Configuration Assistant】菜单命令，打开【数据库操作】窗口，选择【删除数据库】单选按钮，如图3-7所示。

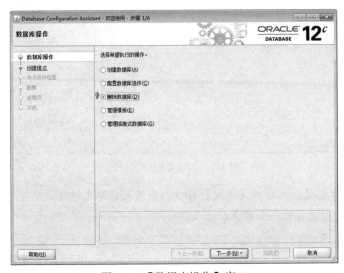

图 3-7 【数据库操作】窗口

02 打开【删除数据库】窗口，选择需要删除的数据，本实例选择MYTEST数据库，输入数据库管理员的名称和管理口令，单击【下一步】按钮，如图3-8所示。

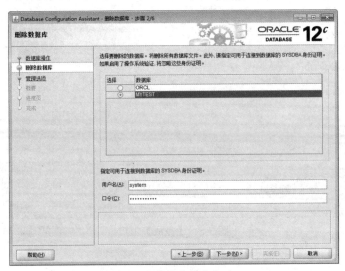

图 3-8 【数据库操作】窗口

03 打开【管理选项】窗口，单击【下一步】按钮，如图3-9所示。

图3-9 【管理选项】窗口

04 打开【概要】窗口，查看删除数据库的详细信息，检查无误后，单击【完成】按钮，如图3-10所示。

图3-10 【概要】窗口

05 弹出警告对话框，单击【是】按钮，如图3-11所示。

图3-11 警告对话框

06 系统开始自动删除数据库，并显示数据库的删除过程和删除的详细信息，如图3-12所示。

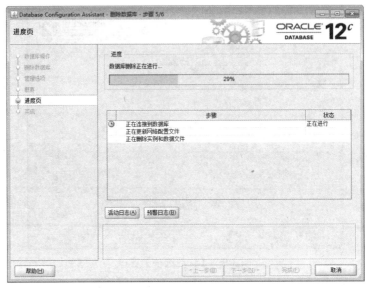

图 3-12　删除数据库的过程

07 删除数据库完成后，打开【完成】窗口，单击【关闭】按钮即可完成数据库的删除操作，如图3-13所示。

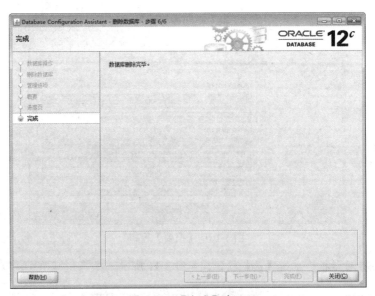

图 3-13　【完成】窗口

执行删除数据库时要非常谨慎，在执行该操作后，数据库中存储的所有数据表和数据也将一同被删除，而且不能恢复。

3.3 创建数据表

在创建完数据库之后，接下来的工作就是创建数据表。所谓创建数据表，指的是在已经创建好的数据库中建立新表。创建数据表的过程是规定数据列的属性的过程，同时也是实施数据完整性（包括实体完整性、引用完整性和域完整性等）约束的过程。本节将介绍创建数据表的语法形式、如何添加主键约束、外键约束、非空约束等。

3.3.1 创建表的语法形式

创建数据表的语句为 CREATE TABLE，语法规则如下：

```
CREATE  TABLE <表名>
(
字段名1，数据类型 [列级别约束条件] [默认值]，
字段名2，数据类型 [列级别约束条件] [默认值]，
……
[表级别约束条件]
);
```

使用 CREATE TABLE 创建表时，必须指定以下信息：

（1）要创建的表的名称，不区分大小写，不能使用 SQL 语言中的关键字，如 DROP、ALTER、INSERT 等。

（2）数据表中每一个列（字段）的名称和数据类型，如果创建多个列，要用逗号隔开。

【例 3.1】创建员工表 tb_emp1，结构如表 3-1 所示。

表 3-1 tb_emp1 表结构

字段名称	数据类型	备注
id	NUMBER(11)	员工编号
name	VARCHAR2(25)	员工名称
deptId	NUMBER(11)	所在部门编号
salary	NUMBER(9,2)	工资

创建 tb_emp1 表，SQL 语句为：

```
CREATE TABLE tb_emp1
(
id       NUMBER(11),
name     VARCHAR2(25),
deptId   NUMBER(11),
salary   NUMBER(9,2)
);
```

语句执行后，便创建了一个名称为 tb_emp1 的数据表，使用 DESC 语句查看数据表是否创建

成功，SQL 语句如下：

```
SQL> DESC tb_emp1;
名称      是否 类型
------    -- ------------
ID          NUMBER(11)
NAME        VARCHAR2(25)
DEPTID      NUMBER(11)
SALARY      NUMBER(9,2)
```

可以看到，数据库中已经有了数据表 tb_tmp1，数据表创建成功。

3.3.2 使用主键约束

主键，又称主码，是表中一列或多列的组合。主键约束（Primary Key Constranumber）要求主键列的数据唯一，并且不允许为空。主键能够唯一地标识表中的一条记录，可以结合外键来定义不同数据表之间的关系，并且可以加快数据库查询的速度。主键和记录之间的关系如同身份证和人之间的关系，它们之间是一一对应的。主键分为两种类型：单字段主键和多字段联合主键。

1. 单字段主键

主键由一个字段组成，SQL 语句格式分为以下两种情况。

（1）在定义列的同时指定主键，语法规则如下：

```
字段名 数据类型 PRIMARY KEY [默认值]
```

【例 3.2】定义数据表 tb_emp 2，其主键为 id，SQL 语句如下：

```
CREATE TABLE tb_emp2
(
id       NUMBER(11) PRIMARY KEY,
name     VARCHAR2(25),
deptId   NUMBER(11),
salary   NUMBER(9,2)
);
```

（2）在定义完所有列之后指定主键。

```
[CONSTRAINT <约束名>] PRIMARY KEY [字段名]
```

【例 3.3】定义数据表 tb_emp 3，其主键为 id，SQL 语句如下：

```
CREATE TABLE tb_emp3
(
id NUMBER(11),
name VARCHAR2(25),
deptId NUMBER(11),
salary NUMBER(9,2),
PRIMARY KEY(id)
);
```

上述两个例子执行后的结果是一样的,都会在 id 字段上设置主键约束。

2. 多字段联合主键

主键由多个字段联合组成,语法规则如下:

```
PRIMARY KEY [字段1,字段2,..,字段n]
```

【例 3.4】定义数据表 tb_emp4,假设表中间没有主键 id,为了唯一确定一个员工,可以把 name、deptId 联合起来做为主键,SQL 语句如下:

```
CREATE TABLE tb_emp4
(
name VARCHAR2(25),
deptId NUMBER(11),
salary NUMBER(9,2),
PRIMARY KEY(name,deptId)
);
```

语句执行后,便创建了一个名称为 tb_emp4 的数据表,name 字段和 deptId 字段组合在一起成为 tb_emp4 的多字段联合主键。

3. 使用 ALTER TABLE 语句为表添加主键约束

在创建表时如果没有添加主键约束,可以在修改表时为表添加主键约束。添加主键约束的语法格式如下:

```
ALTER TABLE 数据表名称
ADD CONSTRAINTS 约束名称 PRIMARY KEY (字段名称)
```

【例 3.5】定义数据表 tb1_emp 1,修改其主键为 id,创建数据表 SQL 语句如下:

```
CREATE TABLE tb1_emp1
(
id NUMBER(11),
name VARCHAR2(25),
deptId NUMBER(11),
salary NUMBER(9,2),
);
```

通过 ALTER TABLE 修改 id 为主键,SQL 语句如下:

```
ALTER TABLE tb1_emp1
ADD CONSTRAINTS pk_id PRIMARY KEY (id);
```

4. 移除主键约束

对于不需要的主键约束,可以将其移除,具体的语法格式如下:

```
ALTER TABLE 数据表名称
DROP CONSTRAINTS 约束名称
```

【例 3.6】移除数据表 tb1_emp 1 的主键约束 pk_id,SQL 语句如下:

```
ALTER TABLE tb1 emp1
DROP CONSTRAINTS pk_id;
```

上述语句执行完成后，即可成功移除主键约束 pk_id。

3.3.3 使用外键约束

外键用来在两个表的数据之间建立链接，它可以是一列或者多列。一个表可以有一个或多个外键。外键对应的是参照完整性，一个表的外键可以为空值，若不为空值，则每一个外键值必须等于另一个表中主键的某个值。

- **外键**：首先它是表中的一个字段，它可以不是本表的主键，但对应另外一个表的主键。外键主要作用是保证数据引用的完整性，定义外键后，不允许删除在另一个表中具有关联关系的行。外键的作用是保持数据的一致性、完整性。例如，部门表 tb_dept1 的主键是 id，在员工表 tb_emp5 中有一个键 deptId 与这个 id 关联。
- **主表（父表）**：对于两个具有关联关系的表而言，相关联字段中主键所在的那个表即是主表。
- **从表（子表）**：对于两个具有关联关系的表而言，相关联字段中外键所在的那个表即是从表。

1. 创建外键

创建外键的语法规则如下：

```
[CONSTRAINT <外键名>] FOREIGN KEY 字段名1 [ ,字段名2,…]
REFERENCES <主表名> 主键列1 [ ,主键列2,…]
```

"外键名"为定义的外键约束的名称，一个表中不能有相同名称的外键。"字段名"表示子表需要添加外键约束的字段列。"主表名"即被子表外键所依赖的表的名称。"主键列"表示主表中定义的主键列，或者列组合。

【例 3.7】定义数据表 tb_emp5，并在 tb_emp5 表上创建外键约束。

创建一个部门表 tb_dept1，表结构如表 3-2 所示，SQL 语句如下：

```
CREATE TABLE tb_dept1
(
id        NUMBER(11) PRIMARY KEY,
name      VARCHAR2(22) NOT NULL,
location  VARCHAR2(50)
);
```

表 3-2 tb_dept1 表结构

字段名称	数据类型	备注
id	NUMBER(11)	部门编号
name	VARCHAR2(22)	部门名称
location	VARCHAR2(50)	部门位置

定义数据表 tb_emp5，让它的键 deptId 作为外键关联到 tb_dept1 的主键 id，SQL 语句为：

```
CREATE TABLE tb_emp5
(
id       NUMBER(11) PRIMARY KEY,
name     VARCHAR2(25),
deptId   NUMBER(11),
salary   NUMBER(9,2),
CONSTRAINT fk_emp_dept1 FOREIGN KEY(deptId) REFERENCES tb_dept1(id)
);
```

以上语句执行成功之后，在表 tb_emp5 上添加了名称为 fk_emp_dept1 的外键约束，外键名称为 deptId，其依赖于表 tb_dept1 的主键 id。

 关联指的是在关系型数据库中，相关表之间的联系。它是通过相容或相同的属性或属性组来表示的。子表的外键必须关联父表的主键，且关联字段的数据类型必须匹配，如果类型不一样，则创建子表时，就会出现错误。

2. 在修改数据表时添加外键约束

在创建表时如果没有添加外键约束，可以在修改表时为表添加外键约束。添加外键约束的语法格式如下：

```
ALTER TABLE 数据表名称
ADD CONSTRAINTS 约束名称 FOREIGN KEY（外键约束的字段名称）
PEFERENCE 数据表名称（字段名称）
ON DELETE CASCADE;
```

【例 3.8】在 tb_emp5 表上添加外键约束。SQL 语句如下：

```
ALTER TABLE tb_emp5
ADD CONSTRAINTS fk_emp_dept1 FOREIGN KEY（deptId）
PEFERENCE tb_dept1(id)
ON DELETE CASCADE;
```

语句执行完成后，即为 tb_emp5 表的 deptId 字段添加了外键约束。

3. 移除外键约束

对于不需要的外键约束，可以将其移除，具体的语法格式如下：

```
ALTER TABLE 数据表名称
DROP CONSTRAINTS 约束名称
```

【例 3.9】移除数据表 tb_emp5 的外键约束 fk_emp_dept1，SQL 语句如下：

```
ALTER TABLE tb_emp5
DROP CONSTRAINTS fk_emp_dept1;
```

上述语句执行完成后，即可成功移除 tb_emp5 的外键约束。

3.3.4 使用非空约束

非空约束（Not Null Constraint）指字段的值不能为空。对于使用了非空约束的字段，如果用户在添加数据时没有指定值，数据库系统会报错。

1. 创建非空约束

非空约束的语法规则如下：

```
字段名 数据类型 not null
```

【例 3.10】定义数据表 tb_emp6，指定员工的名称不能为空，SQL 语句如下：

```
CREATE TABLE tb_emp6
(
id      NUMBER(11) PRIMARY KEY,
name    VARCHAR2(25) NOT NULL,
deptId  NUMBER(11),
salary  NUMBER(9,2)
);
```

执行后，在 tb_emp6 中创建了一个 name 字段，其插入值不能为空（NOT NULL）。

2. 修改表时添加非空约束

在创建表时如果没有添加非空约束，可以在修改表时为表添加非空约束。添加非空约束的语法格式如下：

```
ALTER TABLE 数据表名称
MODIFY 字段名称 NOT NULL;
```

【例 3.11】将 tb_emp5 表上的字段 name 指定为不能为空。SQL 语句如下：

```
ALTER TABLE tb_emp5
MODIFY name NOT NULL;
```

语句执行完成后，即为 tb_emp5 表的 name 字段添加了非空约束。

3. 移除非空约束

对于不需要的非空约束，可以将其移除，具体的语法格式如下：

```
ALTER TABLE 数据表名称
MODIFY 字段名称 NULL;
```

【例 3.12】移除数据表 tb_emp5 的非空约束，SQL 语句如下：

```
ALTER TABLE tb_emp5
```

MODIFY name NULL;

上述语句执行完成后，即可成功移除非空约束。

3.3.5 使用唯一性约束

唯一性约束（Unique Constraint）要求该列唯一，允许为空，但只能出现一个空值。唯一性约束可以确保一列或者几列不出现重复值。

1. 创建非空约束

非空约束的语法规则如下：

（1）在定义完列之后直接指定唯一约束，语法规则如下：

字段名 数据类型 UNIQUE

【例 3.13】定义数据表 tb_dept2，指定部门的名称唯一，SQL 语句如下：

```
CREATE TABLE tb_dept2
(
id       NUMBER(11) PRIMARY KEY,
name     VARCHAR2(22) UNIQUE,
location VARCHAR2(50)
);
```

（2）在定义完所有列之后指定唯一约束，语法规则如下：

[CONSTRAINT <约束名>] UNIQUE(<字段名>)

【例 3.14】定义数据表 tb_dept3，指定部门的名称唯一，SQL 语句如下：

```
CREATE TABLE tb_dept3
(
id       NUMBER(11) PRIMARY KEY,
name     VARCHAR2(22),
location VARCHAR2(50),
CONSTRAINT STH UNIQUE(name)
);
```

UNIQUE 和 PRIMARY KEY 的区别：一个表中可以有多个字段声明为 UNIQUE，但只能有一个 PRIMARY KEY 声明。声明为 PRIMAY KEY 的列不允许有空值，但是声明为 UNIQUE 的字段允许空值（NULL）的存在。

2. 在修改表时添加唯一性约束

修改表时也可以添加唯一性约束，具体 SQL 语法格式如下：

```
ALTER TABLE 数据表名称
ADD CONSTRAINT 约束名称UNIQUE（ 字段名称);
```

【例 3.15】将 tb_emp5 表上的字段 name 添加唯一性约束。SQL 语句如下：

```
ALTER TABLE tb_emp5
ADD CONSTRAINT unq_name UNIQUE (name);
```

语句执行完成后,即为 tb_emp5 表的 name 字段添加了唯一性约束。

3. 移除唯一性约束

对于不需要的唯一性约束,可以将其移除,具体的语法格式如下:

```
ALTER TABLE 数据表名称
DROP CONSTRAINTS 约束名称;
```

【例 3.16】移除数据表 tb_emp5 的唯一性约束,SQL 语句如下:

```
ALTER TABLE tb_emp5
DROP CONSTRAINTS unq_name;
```

上述语句执行完成后,即可成功移除唯一性约束。

3.3.6 使用默认约束

默认约束(Default Constraint)指定某列的默认值。如男性同学较多,性别就可以默认为"男"。如果插入一条新的记录时没有为这个字段赋值,那么系统会自动为这个字段赋值为"男"。

默认约束的语法规则如下:

```
字段名 数据类型 DEFAULT 默认值
```

【例 3.17】定义数据表 tb_emp7,指定员工的部门编号默认为 1111,SQL 语句如下:

```
CREATE TABLE tb_emp7
(
id       NUMBER(11) PRIMARY KEY,
name     VARCHAR2(25) NOT NULL,
deptId   NUMBER(11) DEFAULT 1111,
salary   NUMBER(9,2)
);
```

以上语句执行成功之后,表 tb_emp7 上的字段 deptId 拥有了一个默认的值 1111,新插入的记录如果没有指定部门编号,则默认都为 1111。

3.3.7 使用检查约束

检查性约束为 CHECK 约束,规定每一列能够输入的值,从而可以确保数值的正确性。例如性别字段中可以规定只能输入男或者女,此时可以用到检查性约束。

1. 创建检查约束

检查约束的语法规则如下:

```
CONSTRAINT 检查约束名称 CHECK (检查条件)
```

数据库和数据表的基本操作 第3章

【例3.18】定义数据表 tb_emp8，指定员工的性别只能输入"男"或者"女"，SQL 语句如下：

```
CREATE TABLE tb_emp8
(
id       NUMBER(11) PRIMARY KEY,
name     VARCHAR2(25) NOT NULL,
gender   VARCHAR2(2),
age      NUMBER(2),
CONSTRAINT CHK_GENDER  CHECK (GENDER='男' or GENDER='女')
);
```

以上语句执行成功之后，表 tb_emp8 上的字段 gender 添加了检查约束，新插入记录时只能输入"男"或者"女"。

2. 在修改表时添加检查约束

修改表时也可以添加检查约束，具体 SQL 语法格式如下：

```
ALTER TABLE 数据表名称
ADD CONSTRAINT 约束名称 CHECK（ 检查条件）；
```

【例3.19】将 tb_emp8 表上的字段 age 添加检查约束，规定年龄输入值为 15~25。SQL 语句如下：

```
ALTER TABLE tb_emp8
ADD CONSTRAINT chk_age  CHECK（age>=15 and age<=25）;
```

语句执行完成后，即为 tb_emp8 表的 age 字段添加了检查约束。

3. 移除检查约束

对于不需要的唯一性约束，可以将其移除，具体的语法格式如下：

```
ALTER TABLE 数据表名称
DROP CONSTRAINTS 约束名称;
```

【例3.20】移除数据表 tb_emp5 的唯一性约束 chk_age，SQL 语句如下：

```
ALTER TABLE tb_emp5
DROP CONSTRAINTS chk_age;
```

上述语句执行完成后，即可成功移除唯一性约束 chk_age。

3.3.8 设置表的属性值自动增加

在数据库应用中，经常希望在每次插入新记录时，系统自动生成字段的主键值。可以通过为表主键添加 GENERATED BY DEFAULT AS IDENTITY 关键字来实现。默认的，在 Oracle 中自增值的初始值值是 1，每新增一条记录，字段值自动加 1。一个表只能有一个字段使用自增约束，且该字段必须为主键的一部分。

设置唯一性约束的语法规则如下：

字段名 数据类型 GENERATED BY DEFAULT AS IDENTITY

【例 3.21】定义数据表 tb_emp9，指定员工的编号自动递增，SQL 语句如下：

```
CREATE TABLE tb_emp9
(
id       NUMBER(11)  GENERATED BY DEFAULT AS IDENTITY
name     VARCHAR2(25) NOT NULL,
deptId   NUMBER(11),
salary   NUMBER(9,2)
);
```

上述例子执行后，会创建名称为 tb_emp9 的数据表。表 tb_emp9 中的 id 字段的值在添加记录的时候会自动增加，在插入记录的时候，默认的自增字段 id 的值从 1 开始，每次添加一条新记录，该值自动加 1。

例如，执行如下插入语句：

```
SQL> INSERT INTO tb_emp9 (name)
VALUES('张三');
SQL> INSERT INTO tb_emp9 (name);
VALUES('程普');
```

语句执行完后，tb_emp9 表中增加 2 条记录，在这里并没有输入 id 的值，但系统已经自动添加该值，使用 SELECT 命令查看记录，如下所示。

```
SQL> SELECT * FROM tb_emp9;
      ID NAME      DEPTID     SALARY
---------- ------------------------- ---------- ----------
       1 张三
       2 程普
```

这里使用 INSERT 声明向表中插入记录的方法，只能一次插入一行数据。如果想一次插入多行数据，需要使用 insert into .... select ...子查询的方式。具体使用方法参考本章后面的章节。

3.4 查看数据表结构

使用 SQL 语句创建好数据表之后，可以查看表结构的定义，以确认表的定义是否正确。在 Oracle 中，查看表结构可以使用 DESCRIBE 语句。

DESCRIBE/DESC 语句可以查看表的字段信息，其中包括：字段名、字段数据类型、是否为主键、是否有默认值等。语法规则如下：

```
DESCRIBE 表名;
```

或者简写为:

```
DESC 表名;
```

【例 3.22】分别使用 DESCRIBE 和 DESC 查看表 tb_dept1 和表 tb_emp1 的表结构。

查看 tb_dept1 表结构,SQL 语句如下:

```
SQL> DESCRIBE tb_dept1;
名称       空值       类型
--------   --------   -------------
ID         NOT NULL   NUMBER(11)
NAME       NOT NULL   VARCHAR2(22)
LOCATION              VARCHAR2(50)
```

查看 tb_emp1 表结构,SQL 语句如下:

```
SQL> DESC tb_emp1;
名称     空值 类型
------   --   -------------
ID            NUMBER(11)
NAME          VARCHAR2(25)
DEPTID        NUMBER(11)
SALARY        NUMBER(9,2)
```

3.5 修改数据表

修改表指的是修改数据库中已经存在的数据表的结构。Oracle 使用 ALTER TABLE 语句修改表。常用的修改表的操作有:修改表名、修改字段数据类型或字段名、增加和删除字段、修改字段的排列位置、更改表的存储引擎、删除表的外键约束等。本节将对和修改表有关的操作进行讲解。

3.5.1 修改表名

Oracle 是通过 ALTER TABLE 语句来实现表名的修改的,具体的语法规则如下:

```
ALTER TABLE <旧表名> RENAME TO <新表名>;
```

【例 3.23】将数据表 tb_dept3 改名为 tb_deptment3。

执行修改表名操作之前,使用数据库表 tb_dept3。

```
SQL> desc tb_dept3;
名称       空值       类型
--------   --------   -------------
ID         NOT NULL   NUMBER(11)
NAME                  VARCHAR2(22)
LOCATION              VARCHAR2(50)
```

使用 ALTER TABLE 将表 tb_dept3 改名为 tb_deptment3,SQL 语句如下:

```
ALTER TABLE tb_dept3 RENAME TO tb_deptment3;
```

语句执行之后,检验表 tb_dept3 是否改名成功。

使用 DESC 查看数据表 tb_dept3 是否还存在,结果如下:

```
SQL> DESC tb_dept3;
ERROR:
ORA-04043: 对象 tb_dept3 不存在
```

使用 DESC 查看数据表 tb_deptment3,结果如下:

```
SQL> DESC tb_deptment3;
名称          空值        类型
--------    --------    ------------
ID          NOT NULL    NUMBER(11)
NAME                    VARCHAR2(22)
LOCATION                VARCHAR2(50)
```

经过比较可以看到,tb_dept3 表已经改名为 tb_deptment3 表。

3.5.2 修改字段的数据类型

修改字段的数据类型,就是把字段的数据类型转换成另一种数据类型。在 Oracle 中修改字段数据类型的语法规则如下:

```
ALTER TABLE <表名> MODIFY <字段名>  <数据类型>
```

其中"表名"指要修改数据类型的字段所在表的名称,"字段名"指需要修改的字段,"数据类型"指修改后字段的新数据类型。

【例 3.24】将数据表 tb_dept1 中 name 字段的数据类型由 VARCHAR2(22)修改成 VARCHAR2(30)。

执行修改表名操作之前,使用 DESC 查看 tb_dept1 表结构,结果如下:

```
SQL> DESC tb_dept1;
名称         空值         类型
--------   --------    ------------
ID         NOT NULL    NUMBER(11)
NAME       NOT NULL    VARCHAR2(22)
LOCATION               VARCHAR2(50)
```

可以看到现在 name 字段的数据类型为 VARCHAR2(22),下面修改其类型。输入如下 SQL 语句并执行:

```
ALTER TABLE tb_dept1 MODIFY name VARCHAR2(30);
```

再次使用 DESC 查看表,结果如下:

```
SQL> DESC tb_dept1;
名称         空值         类型
--------   --------    ------------
```

```
ID       NOT NULL  NUMBER(11)
NAME     NOT NULL  VARCHAR2(30)
LOCATION           VARCHAR2(50)
```

语句执行之后,检验会发现表 tb_dept1 中 name 字段的数据类型已经修改成了 VARCHAR2(30),修改成功。

3.5.3 修改字段名

Oracle 中修改表字段名的语法规则如下:

```
ALTER TABLE <表名> RENAME COLUMN  <旧字段名> TO<新字段名> ;
```

其中,"旧字段名"指修改前的字段名,"新字段名"指修改后的字段名。

【例 3.25】将数据表 tb_dept1 中的 location 字段名称改为 loc,数据类型保持不变,SQL 语句如下:

```
ALTER TABLE tb_dept1 RENAME COLUMN location TO  loc ;
```

使用 DESC 查看表 tb_dept1,会发现字段的名称已经修改成功,结果如下:

```
SQL> DESC tb_dept1;
名称   空值        类型
----   --------   -------------
ID     NOT NULL   NUMBER(11)
NAME   NOT NULL   VARCHAR2(30)
LOC               VARCHAR2(50)
```

由于不同类型的数据在机器中存储的方式及长度并不相同,修改数据类型可能会影响到数据表中已有的数据记录。因此,当数据库表中已经有数据时,不要轻易修改数据类型。

3.5.4 添加字段

随着业务需求的变化,可能需要在已经存在的表中添加新的字段。一个完整字段包括字段名、数据类型、完整性约束。添加字段的语法格式如下:

```
ALTER TABLE <表名> ADD <新字段名> <数据类型>
```

新字段名为需要添加的字段的名称。

1. 添加无完整性约束条件的字段

【例 3.26】在数据表 tb_dept1 中添加一个没有完整性约束的 NUMBER 类型的字段 managerId(部门经理编号),SQL 语句如下:

```
ALTER TABLE tb_dept1 ADD managerId NUMBER(10);
```

使用 DESC 查看表 tb_dept1，会发现在表的最后添加了一个名为 MANAGERID 的 NUMBER 类型的字段，结果如下：

```
SQL> DESC tb_dept1;
名称            空值          类型
---------      --------     -------------
ID             NOT NULL     NUMBER(11)
NAME           NOT NULL     VARCHAR2(30)
LOC                         VARCHAR2(50)
MANAGERID                   NUMBER(10)
```

2. 添加有完整性约束条件的字段

【例 3.27】在数据表 tb_dept1 中添加一个不能为空的 VARCHAR2(12)类型的字段 column1，SQL 语句如下：

```
ALTER TABLE tb_dept1 ADD column1 VARCHAR2(12) not null;
```

使用 DESC 查看表 tb_dept1，会发现在表的最后添加了一个名为 column1 的 VARCHAR2(12) 类型且不为空的字段，结果如下：

```
SQL> DESC tb_dept1;
名称            空值          类型
---------      --------     -------------
ID             NOT NULL     NUMBER(11)
NAME           NOT NULL     VARCHAR2(30)
LOC                         VARCHAR2(50)
MANAGERID                   NUMBER(10)
COLUMN1        NOT NULL     VARCHAR2(12)
```

3.5.5 删除字段

删除字段是将数据表中的某个字段从表中移除，语法格式如下：

```
ALTER TABLE <表名> DROP COLUMN <字段名>;
```

"字段名"指需要从表中删除的字段的名称。

【例 3.28】删除数据表 tb_dept1 中的 column1 字段。

首先，执行删除字段之前，使用 DESC 查看 tb_dept1 表结构，结果如下：

```
SQL> DESC tb_dept1;
名称            空值          类型
---------      --------     -------------
ID             NOT NULL NUMBER(11)
NAME           NOT NULL VARCHAR2(30)
LOC                     VARCHAR2(50)
MANAGERID               NUMBER(10)
COLUMN1        NOT NULL VARCHAR2(12)
```

删除 column1 字段，SQL 语句如下：

```
ALTER TABLE tb_dept1 DROP COLUMN column1;
```

再次使用 DESC 查看表 tb_dept1，结果如下：

```
SQL> DESC tb_dept1;
名称            空值           类型
---------      --------      ------------
ID             NOT NULL      NUMBER(11)
NAME           NOT NULL      VARCHAR2(30)
LOC                          VARCHAR2(50)
MANAGERID                    NUMBER(10)
```

可以看到，tb_dept1 表中已经不存在名称为 column1 的字段，删除字段成功。

 在删除表时，常常在列后添加 CASCADE CIBSTRAINTS，目的是将与该列相关的约束一并删除掉。

3.6 删除数据表

删除数据表就是将数据库中已经存在的表从数据库中删除。注意，在删除表的同时，表的定义和表中所有的数据均会被删除。因此，在进行删除操作前，最好对表中的数据做个备份，以免造成无法挽回的后果。本节将详细讲解数据库表的删除方法。

3.6.1 删除没有被关联的表

在 Oracle 中，使用 DROP TABLE 可以一次删除一个或多个没有被其他表关联的数据表。语法格式如下：

```
DROP TABLE 表名;
```

在前面的例子中，已经创建了名为 tb_dept2 的数据表。如果没有，读者可输入语句，创建该表。下面使用删除语句将该表删除。

【例 3.29】删除数据表 tb_dept2，SQL 语句如下：

```
DROP TABLE tb_dept2;
```

语句执行完毕之后，使用 DESC 命令查看当前数据库中所有的表，SQL 语句如下：

```
SQL> DESC tb_dept2;
ERROR:
--------------------
错误: 对象 TB_DEPT2 不存在
```

执行结果可以看到，数据表列表中已经不存在名称为 tb_dept2 的表，删除操作成功。

3.6.2 删除被其他表关联的主表

数据表之间存在外键关联的情况下，如果直接删除父表，结果会显示失败。原因是直接删除，将破坏表的参照完整性。如果必须要删除，可以先删除与它关联的子表，再删除父表，只是这样同时删除了两个表中的数据。但有的情况下可能要保留子表，这时如要单独删除父表，只需将关联的表的外键约束条件取消，然后就可以删除父表，下面讲解这种方法。

在数据库中创建两个关联表，首先，创建表 tb_dept2，SQL 语句如下：

```
CREATE TABLE tb_dept2
(
id        NUMBER(11) PRIMARY KEY,
name      VARCHAR2(22),
location  VARCHAR2(50)
);
```

接下来创建表 tb_emp，SQL 语句如下：

```
CREATE TABLE tb_emp
(
id       NUMBER(11) PRIMARY KEY,
name     VARCHAR2(25),
deptId   NUMBER(11),
salary   NUMBER(9,2),
CONSTRAINT fk_emp_dept  FOREIGN KEY (deptId) REFERENCES tb_dept2(id)
);
```

可以看到，以上执行结果创建了两个关联表 tb_dept2 和表 tb_emp，其中 tb_emp 表为子表，具有名称为 fk_emp_dept 的外键约束，tb_dept2 为父表，其主键 id 被子表 tb_emp 所关联。

【例 3.30】删除被数据表 tb_emp 关联的数据表 tb_dept2。

首先直接删除父表 tb_dept2，输入删除语句如下：

```
SQL> DROP TABLE tb_dept2;
错误报告：
SQL 错误：ORA-02449：表中的唯一/主键被外键引用
```

可以看到，如前所述，在存在外键约束时，主表不能被直接删除。

接下来，移除 tb_emp 外键约束，SQL 语句如下：

```
ALTER TABLE tb_emp DROP CONSTRAINTS fk_emp_dept;
```

语句成功执行后，将取消表 tb_emp 和表 tb_dept2 之间的关联关系，此时，可以输入删除语句，将原来的父表 tb_dept2 删除，SQL 语句如下：

```
DROP TABLE tb_dept2;
```

最后通过 DESC 语句查看数据表列表，如下所示。

```
SQL> DESC tb_dept2;
ERROR:
--------------------
错误: 对象 TB_DEPT2 不存在
```

可以看到,数据表列表中已经不存在名称为 tb_dept2 的表。

3.7 综合案例——数据表的基本操作

本章全面介绍了 Oracle 中数据表的各种操作,如创建表、添加各类约束、查看表结构,以及修改和删除表。读者应该掌握这些基本的操作,为以后的学习打下坚实的基础。在这里,给出一个综合案例,让读者全面回顾一下本章的知识要点,并通过这些操作来检验自己是否已经掌握了数据表的常用操作。

1. 案例目的

创建、修改和删除表,掌握数据表的基本操作。

按照表 3-3 和表 3-4 给出的表结构在 company 数据库中创建两个数据表 offices 和 employees,按照操作过程完成对数据表的基本操作。

表 3-3 offices 表结构

字段名	数据类型	主键	外键	非空	唯一	自增
officeCode	NUMBER(10)	是	否	是	是	否
city	VARCHAR2(50)	否	否	是	否	否
address	VARCHAR2(50)	否	否	否	否	否
country	VARCHAR2(50)	否	否	是	否	否
postalCode	VARCHAR2(15)	否	否	是	是	否

表 3-4 employees 表结构

字段名	数据类型	主键	外键	非空	唯一	自增
employeeNumber	NUMBER(11)	否	否	是	是	是
lastName	VARCHAR2(50)	否	否	是	否	否
firstName	VARCHAR2(50)	否	否	是	否	否
mobile	VARCHAR2(25)	否	否	否	是	否
officeCode	NUMBER(10)	否	是	是	否	否
jobTitle	VARCHAR2(50)	否	否	是	否	否
birth	DATE	否	否	否	否	否
note	VARCHAR2(255)	否	否	否	否	否
sex	VARCHAR2(5)	否	否	否	否	否

2. 案例操作过程

01 创建表 offices。

创建表 offices 的语句如下：

```
CREATE TABLE offices
(
officeCode   NUMBER(10) NOT NULL,
city         VARCHAR2(50) NOT NULL,
address      VARCHAR2(50) NOT NULL,
country      VARCHAR2(50) NOT NULL,
postalCode   VARCHAR2(15) NOT NULL,
PRIMARY KEY (officeCode)
);
```

执行成功之后，使用 DESC 语句查看数据表 offices，语句如下：

```
SQL> DESC offices;
名称              空值           类型
----------        --------       ------------
OFFICECODE   NOT NULL  NUMBER(10)
CITY         NOT NULL  VARCHAR2(50)
ADDRESS      NOT NULL  VARCHAR2(50)
COUNTRY      NOT NULL  VARCHAR2(50)
POSTALCODE   NOT NULL  VARCHAR2(15)
```

可以看到，数据库中已经有了数据表 offices，创建成功。

02 创建表 employees。

创建表 employees 的语句如下：

```
CREATE TABLE employees
(
employeeNumber  NUMBER(11) GENERATED BY DEFAULT AS IDENTITY,
lastName        VARCHAR2(50) NOT NULL,
firstName       VARCHAR2(50) NOT NULL,
mobile          VARCHAR2(25) NOT NULL,
officeCode      NUMBER(10) NOT NULL,
jobTitle        VARCHAR2(50) NOT NULL,
birth           DATE,
note            VARCHAR2(255),
sex             VARCHAR2(5),
CONSTRAINT office_fk FOREIGN KEY(officeCode)   REFERENCES offices(officeCode)
);
```

执行成功之后，使用 DESC 语句查看数据表 employees，语句如下：

```
SQL>DESC employees;
名称              空值           类型
```

```
---------------- -------- -------------
EMPLOYEENUMBER NOT NULL NUMBER(11)
LASTNAME        NOT NULL VARCHAR2(50)
FIRSTNAME       NOT NULL VARCHAR2(50)
MOBILE          NOT NULL VARCHAR2(25)
OFFICECODE      NOT NULL NUMBER(10)
JOBTITLE        NOT NULL VARCHAR2(50)
BIRTH                    DATE
NOTE                     VARCHAR2(255)
SEX                      VARCHAR2(5)
```

可以看到，现在数据库中已经创建好了 employees 数据表。

03 将表 employees 的 birth 字段改名为 employee_birth。

修改字段名，需要用到 ALTER TABLE 语句，输入语句如下：

```
ALTER TABLE employees RENAME COLUMN birth TO employee_birth ;
table EMPLOYEES已变更。
```

结果显示执行成功，使用 DESC 查看修改后的结果如下：

```
SQL>DESC employees;
名称              空值       类型
--------------- -------- -------------
EMPLOYEENUMBER  OT NULL NUMBER(11)
LASTNAME        NOT NULL VARCHAR2(50)
FIRSTNAME       NOT NULL VARCHAR2(50)
MOBILE          NOT NULL VARCHAR2(25)
OFFICECODE      NOT NULL NUMBER(10)
JOBTITLE        NOT NULL VARCHAR2(50)
EMPLOYEE_BIRTH           DATE
NOTE                     VARCHAR2(255)
SEX                      VARCHAR2(5)
```

可以看到，表中只有 employee_birth 字段，已经没有名称为 birth 的字段了，修改名称成功。

04 修改 sex 字段，数据类型为 VARCHAR2(2)，非空约束。

修改字段数据类型，需要用到 ALTER TABLE 语句，输入语句如下：

```
SQL>ALTER TABLE employees MODIFY sex VARCHAR2(2) NOT NULL;
```

结果显示执行成功，使用 DESC 查看修改后的结果如下：

```
SQL>DESC employees;
名称              空值       类型
--------------- -------- -------------
EMPLOYEENUMBER NOT NULL NUMBER(11)
LASTNAME        NOT NULL VARCHAR2(50)
FIRSTNAME       NOT NULL VARCHAR2(50)
```

```
MOBILE              NOT NULL VARCHAR2(25)
OFFICECODE          NOT NULL NUMBER(10)
JOBTITLE            NOT NULL VARCHAR2(50)
EMPLOYEE_BIRTH               DATE
NOTE                         VARCHAR2(255)
SEX                 NOT NULL VARCHAR2(2)
```

执行结果可以看到，sex 字段的数据类型由前面的 VARCHAR2(5)修改为 VARCHAR2(2)，且其空值列显示为 NOT NULL，表示该列不允许空值，修改成功。

05 删除字段 note。

删除字段，需要用到 ALTER TABLE 语句，输入语句如下：

```
SQL> ALTER TABLE employees DROP COLUMN note;
```

语句执行成功后，使用 DESC employees 查看语句执行后的结果：

```
SQL> desc employees;
名称                 空值       类型
---------------   --------  -------------
EMPLOYEENUMBER    NOT NULL   NUMBER(11)
LASTNAME          NOT NULL   VARCHAR2(50)
FIRSTNAME         NOT NULL   VARCHAR2(50)
MOBILE            NOT NULL   VARCHAR2(25)
OFFICECODE        NOT NULL   NUMBER(10)
JOBTITLE          NOT NULL   VARCHAR2(50)
EMPLOYEE_BIRTH               DATE
SEX               NOT NULL   VARCHAR2(2)
```

可以看到，DESC 语句返回了 8 个列字段，note 字段已经不在表结构中，删除字段成功。

06 增加字段名 favoriate_activity，数据类型为 VARCHAR2(100)。

增加字段，需要用到 ALTER TABLE 语句，输入语句如下：

```
SQL> ALTER TABLE employees ADD favoriate_activity VARCHAR2(100);
table EMPLOYEES已变更。
```

结果显示执行语句成功，使用 DESC employees 查看语句执行后的结果：

```
SQL> desc employees;
名称                 空值       类型
---------------   --------  -------------
EMPLOYEENUMBER    NOT NULL   NUMBER(11)
LASTNAME          NOT NULL   VARCHAR2(50)
FIRSTNAME         NOT NULL   VARCHAR2(50)
MOBILE            NOT NULL   VARCHAR2(25)
OFFICECODE        NOT NULL   NUMBER(10)
JOBTITLE          NOT NULL   VARCHAR2(50)
EMPLOYEE_BIRTH               DATE
```

```
SEX                  NOT NULL   VARCHAR2(2)
FAVORIATE_ACTIVITY              VARCHAR2(100)
```

可以看到，数据表 employees 中增加了一个新的列 favoriate_activity，数据类型为 VARCHAR2(100)，允许空值，添加新字段成功。

07 删除表 offices。

在创建表 employees 时，设置了表的外键，该表关联了其父表的 officeCode 主键。如前面所述，删除关联表时，要先删除子表 employees 的外键约束，才能删除父表。因此，必须先删除 employees 表的外键约束。

（1）删除 employees 表的外键约束，输入如下语句：

```
SQL>ALTER TABLE employees DROP CONSTRAINTS office_fk;
table EMPLOYEES已变更。
```

其中 office_fk 为 employees 表的外键约束的名称，即创建外键约束时 CONSTRAINT 关键字后面的参数，结果显示语句执行成功，现在可以删除 offices 父表。

（2）删除表 offices，输入如下语句：

```
SQL>DROP TABLE offices;
table OFFICES已删除。
```

结果显示执行删除操作成功，使用 DESC 语句查看数据库中的表，结果如下：

```
SQL> DESC offices;
ERROR:
------------------
错误：对象 OFFICES 不存在
```

可以看到，数据库中已经没有名称为 offices 的表了，删除表成功。

08 将表 employees 名称修改为 employees_info。

修改数据表名，需要用到 ALTER TABLE 语句，输入语句如下：

```
SQL>ALTER TABLE employees RENAME TO employees_info;
table EMPLOYEES已变更。
```

结果显示执行语句成功，使用 DESC 语句查看执行结果：

```
SQL>DESC employees_info;
名称              空值        类型
--------------- --------- -------------
EMPLOYEENUMBER  NOT NULL  NUMBER(11)
LASTNAME        NOT NULL  VARCHAR2(50)
FIRSTNAME       NOT NULL  VARCHAR2(50)
MOBILE          NOT NULL  VARCHAR2(25)
```

```
OFFICECODE            NOT NULL    NUMBER(10)
JOBTITLE              NOT NULL    VARCHAR2(50)
EMPLOYEE_BIRTH                    DATE
SEX                   NOT NULL    VARCHAR2(2)
FAVORIATE_ACTIVITY                VARCHAR2(100)
```

3.8 疑难解惑

疑问 1：SQL Plus 中无法进行复制和粘贴操作怎么办？

解答：在 SQL Plus 主界面中右击，在弹出的快捷菜单中选择【属性】菜单命令，如图 3-14 所示。

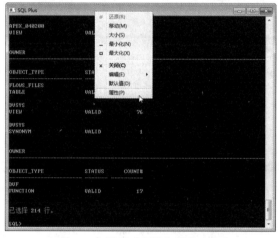

图 3-14 选择【属性】菜单命令

在打开的对话框中选择【选项】选项卡，然后选择【快速编辑模式】复选框，单击【确定】按钮即可，如图 3-15 所示。

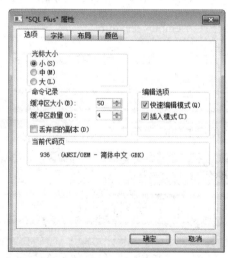

图 3-15 【"SQL Plus"属性】对话框

疑问 2：无法登录 SQL Plus，提示协议适配器错误？

新创建数据库，然后删除新建的数据库，再次登录 SQL Plus 时，提示协议适配器错误，如图 3-16 所示。

图 3-16　错误提示信息

解答：删除数据库后，ORACLE_SID 并没有修改过来，此时需要恢复值为 "orcl"。具体操作方法为：在【运行】中输入 "regedit"，按【Enter】键，打开系统的注册表页面，依次找到 HKEY_LOCAL_MACHINE\SOFTWARE\ORACLE\KEY_OraDB12Home1 项目下的 ORACLE_SID，右击并在弹出的快捷菜单中选择【修改】菜单命令，打开【编辑字符串】对话框，修改数据为 "orcl"，单击【确定】按钮即可，如图 3-17 所示。

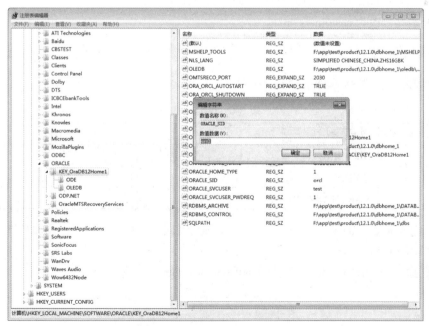

图 3-17　修改 ORACLE_SID 的值

疑问 3：每一个表中都要有一个主键吗？

解答：并不是每一个表中都需要主键，一般的，如果多个表之间进行连接操作时，需要用到主键。因此并不需要为每个表建立主键，而且有些情况最好不使用主键。

3.9 经典习题

1. 创建数据表 customers，customers 表结构如表 3-5 所示，按要求进行操作。

表 3-5　customers 表结构

字段名	数据类型	主键	外键	非空	唯一	自增
c_num	NUMBER(11)	是	否	是	是	是
c_name	VARCHAR2(50)	否	否	否	否	否
c_contact	VARCHAR2(50)	否	否	否	否	否
c_city	VARCHAR2(50)	否	否	否	否	否
c_birth	DATE	否	否	是	否	否

（1）创建数据表 customers，在 c_num 字段上添加主键约束和自增约束，在 c_birth 字段上添加非空约束。

（2）将 c_name 字段数据类型改为 VARCHAR2(70)。

（3）将 c_contact 字段改名为 c_phone。

（4）增加 c_gender 字段，数据类型为 VARCHAR2 (1)。

（5）将表名修改为 customers_info。

（6）删除字段 c_city。

2. 创建数据表 orders，orders 表结构如表 3-6 所示，按要求进行操作。

表 3-6　orders 表结构

字段名	数据类型	主键	外键	非空	唯一	自增
o_num	NUMBER(11)	是	否	是	是	是
o_date	DATE	否	否	否	否	否
c_id	VARCHAR2(50)	否	是	否	否	否

（1）创建数据表 orders，在 o_num 字段上添加自增约束，在 c_id 字段上添加外键约束，关联 customers 表中的主键 c_num。

（2）删除 orders 表的外键约束，然后删除表 customers。

第4章 数据类型和运算符

学习目标 | Objective

数据库表由多列字段构成,每一个字段指定了不同的数据类型。指定字段的数据类型之后,也就决定了向字段插入的数据内容,例如,当要插入数值的时候,可以将它们存储为整数类型,也可以将它们存储为字符串类型。不同的数据类型也决定了 Oracle 在存储它们的时候使用的方式,以及在使用它们的时候选择什么运算符号进行运算。本章将介绍 Oracle 中的数据类型和常见的运算符。

内容导航 | Navigation

- 熟悉常见数据类型的概念和区别
- 掌握如何选择数据类型
- 熟悉常见运算符的概念和区别

4.1 Oracle 数据类型介绍

Oracle 支持多种数据类型,主要有数值类型、日期/时间类型和字符串类型等。

(1) 数值数据类型:包括整数类型和小数类型。
(2) 日期/时间类型:包括 DATE 和 TIMESTAMP。
(3) 字符串类型:包括 CHAR、VARCHAR2、NVARCHAR2、NCHAR 和 LONG 5 种。

4.1.1 数值数据类型

数值型数据类型主要用来存储数字,Oracle 提供了多种数值数据类型,不同的数据类型提供不同的取值范围,可以存储的值范围越大,其所需要的存储空间也会越大。Oracle 的数值类型主要通过 number(m,n)类型来实现。使用的语法格式如下:

```
number(m,n)
```

其中 m 的取值范围为 1~38,n 的取值范围为-84~127。

number(m,n)是可变长的数值列,允许 0、正值及负值,m 是所有有效数字的位数,n 是小数点以后的位数。如:

```
number(5,3)
```

则这个字段的最大值是 99.999，如果数值超出了位数限制就会被截取多余的位数。

如：

```
number(5,2)
```

但在一行数据中的这个字段输入 575.316，则真正保存到字段中的数值是 575.32。

如：

```
number(3,0)
```

输入 575.316，真正保存的数据是 575。对于整数，可以省略后面的 0，直接表示如下：

```
number(3)
```

在第 3 章 "开始创建表" 章节中，有如下创建表的语句：

```
CREATE TABLE tb_emp1
(
id        NUMBER(11),
name      VARCHAR2(25),
deptId    NUMBER(11),
salary    NUMBER(9,2)
);
```

id 字段的数据类型为 NUMBER(11)，注意到后面的数字 11，这表示的是该数据类型指定的最大长度，如果插入数值的位数大于 11，则会弹出以下错误信息：

```
错误报告：
SQL 错误：ORA-01438：值大于为此列指定的允许精度
```

【例 4.1】创建表 tmp1，其中字段 x、y 数据类型依次为 NUMBER(4)、NUMBER(6)，SQL 语句如下：

```
CREATE TABLE tmp1 ( x NUMBER(4),  y NUMBER(6));
```

执行成功之后，便用 DESC 查看表结构，结果如下：

```
SQL> DESC tmp1;
名称 空值 类型
-- -- ------------
X      NUMBER(4)
Y      NUMBER(6)
```

不同的数字类型的长度不同，取值范围不同，并且需要不同的存储空间，因此，应该根据实际需要选择最合适的类型，这样有利于提高查询的效率和节省存储空间。

【例 4.2】创建表 tmp2，其中字段 x、y、z 数据类型依次为 NUMBER (5,1)、NUMBER(5,3) 和 NUMBER (5,2)，向表中插入数据 5.12、5.15 和 5.123，SQL 语句如下：

```
CREATE TABLE tmp2 ( x NUMBER (5,1),  y NUMBER (5,3),  z NUMBER (5,2) );
```

向表中插入数据：

```
SQL>INSERT INTO tmp2 VALUES(5.12, 5.15, 5.123);
```

插入数据后，查下输入的数据信息。SQL 语句如下：

```
SQL> SELECT * FROM tmp2;
         X          Y          Z
---------- ---------- ----------
       5.1       5.15       5.12
```

从结果可以看出 5.12 和 5.123 分别被存储为 5.1 和 5.12。

4.1.2 日期与时间类型

Oracle 中表示日期的数据类型，主要包括 DATE 和 TIMESTAMP。具体含义和区别如表 4-1 所示。

表 4-1 日期与时间数据类型

类型名称	说明
date	用来存储日期和时间，取值范围是公元前 4712 年到公元 9999 年 12 月 31
timestamp	用来存储日期和时间，与 date 类型的区别就是显示日期和时间时更精确，date 类型的时间精确到秒，而 timestamp 的数据类型可以精确到小数秒，timestamp 存放日期和时间还能显示上午、下午和时区

【例 4.3】创建数据表 tmp3，定义数据类型为 date 的字段 d，向表中插入值 "12-5月-2010"，SQL 语句说明如下。

首先创建表 tmp3：

```
CREATE TABLE tmp3( d date );
```

在插入数据之前，需要知道数据库默认的时间格式，查询 SQL 语句如下：

```
SQL> select sysdate from dual;
SYSDATE
---------
30-1月-15
```

向表中插入数据：

```
SQL> INSERT INTO tmp3 values('12-5月-2010');
```

查看结果如下：

```
SQL> SELECT * FROM tmp3;
D
---------
12-5月 -10
```

如果用户想按照指定的格式输入时间，需要修改时间的默认格式。例如输入格式为 "年-月-日"，修改的 SQL 语句如下。

```
SQL> alter session set nls_date_format='yyyy-mm-dd';
```

【例4.4】创建数据表 tmp4，定义数据类型为 DATE 的字段 d，向表中插入 "YYYY-MM-DD" 和 "YYYYMMDD" 字符串格式日期，SQL 语句如下：

首先创建表 tmp4：

```
SQL> CREATE TABLE tmp4(d DATE);
```

修改日期的默认格式，SQL 语句如下。

```
SQL> alter session set nls_date_format='yyyy-mm-dd';
```

向表中插入 "YYYY-MM-DD" 格式日期：

```
SQL> INSERT INTO tmp4 values('1998-08-08');
```

向表中插入 "YYYYMMDD" 格式日期：

```
SQL> INSERT INTO tmp4 values('19980808');
```

查看插入结果：

```
SQL> SELECT * FROM tmp4;
D
----------
1998-08-08
1998-08-08
```

可以看到，各个不同类型的日期值都正确地插入到了数据表中。

【例4.5】向 tmp4 表中插入系统当前日期，SQL 语句如下：

首先删除表中的数据：

```
DELETE FROM tmp4;
```

向表中插入系统当前日期：

```
SQL> INSERT INTO tmp4 values(SYSDATE );
```

查看插入结果：

```
SQL> SELECT * FROM tmp4;
D
----------
2015-01-30
```

【例4.6】向 tmp4 表中插入系统日期和时间并指定格式，SQL 语句如下：

首先删除表中的数据：

```
DELETE FROM tmp4;
```

向表中插入系统当前日期：

```
SQL> INSERT INTO tmp4 values(to_date('2005-01-01 13:14:20','yyyy-MM-dd HH24:mi:ss') );
```

查看插入结果：

```
SQL> SELECT * FROM tmp4;
D
----------
2005-01-01
```

从结果可以看出，只显示日期，时间被省略掉了。

【例 4.7】创建数据表 tmp5，定义数据类型为 TIMESTAMP 的字段 ts，向表中插入值'2013-9-16 17:03:00.9999'，SQL 语句如下：

创建数据表 tmp5：

```
CREATE TABLE tmp5( ts TIMESTAMP);
```

向表中插入数据：

```
INSERT INTO tmp5 values (to timestamp('2013-9-16 17:03:00.9999', 'yyyy-mm-dd hh24:mi:ss:ff');
```

查看插入结果：

```
SQL>SELECT * FROM tmp5;
TS
---------------------------------
16-9月 -13 05.03.00.999900000 下午
```

4.1.3 字符串类型

字符串类型用来存储字符串数据。Oracle 中字符串类型指 CHAR、VARCHAR2、NCHAR、NVARCHAR2 和 LONG。表 4-2 列出了 Oracle 中的字符串数据类型。

表 4-2　Oracle 中字符串数据类型

类型名称	说明	取值范围（字节）
CHAR	用于描述定长的字符型数据	0~2000
NCHAR	用来存储 Unicode 字符集的定长字符型数据	0~1000
VARCHAR2	用于描述可变长的字符型数据	0~4000
NVARCHAR2	用来存储 Unicode 字符集的可变长字符型数据	0~1000
LONG	用来存储变长的字符串	0~2G

VARCHAR2、NVARCHAR2 和 LONG 类型是变长类型，对于其存储需求取决于列值的实际长度，而不是取决于类型的最大可能尺寸。例如，一个 VARCHAR2(10)列能保存最大长度为 10 个字符的一个字符串，实际的存储需要是字符串的长度。

【例 4.8】创建 tmp6 表，定义字段 ch 和 vch 数据类型依次为 CHAR(4)、VARCHAR2(4)，向表中插入数据"ab"，SQL 语句如下：

创建表 tmp6：

```
CREATE TABLE tmp6(
```

```
  ch CHAR(4), vch VARCHAR2(4)
);
```

输入数据：

```
INSERT INTO tmp6 VALUES('ab', 'ab');
```

查询 ch 字段的存储长度，执行 SQL 语句如下：

```
SQL> Select length(ch) from tmp6
LENGTH(CH)
----------
         4
```

查询 vch 字段的存储长度，执行 SQL 语句如下：

```
SQL> Select length(vch) from tmp6
LENGTH(VCH)
----------
         2
```

可见定长字符串在存储时长度是固定的，而变长字符串的存储长度根据实际插入的数据长度而定。

4.2 如何选择数据类型

Oracle 提供了大量的数据类型，为了优化存储，提高数据库性能，在任何情况下均应使用最精确的类型，即在所有可以表示该列值的类型中，该类型使用的存储最少。

1. 整数和小数

数值数据类型只有 NUMBER 型，但是 NUMBER 功能不小，它可以存储正数、负数、零、定点数和精度为 30 位的浮点数。格式为 number(m, n)，其中 m 为精度，表示数字的总位数，它在 1~38；n 为范围，表示小数点右边的数字的位数，它在-84~127。

如果不需要小数部分，则使用整数来保存数据，可以定义为 number(m，0)或者 number(m)。如果需要表示小数部分，则使用 number(m, n)。

2. 日期与时间类型

如果只需要记录日期，则可以使用 DATE 类型。如果需要记录日期和时间，可以使用 IMESTAMP 类型。特别是需要显示上午、下午或者时区时，必须使用 IMESTAMP 类型。

3. CHAR 与 VARCHAR 之间选择

CHAR 和 VARCHAR 的区别：

- CHAR 是固定长度字符，VARCHAR 是可变长度字符。CHAR 会自动补齐插入数据的尾部空格，VARCHAR 不会补齐尾部空格。
- CHAR 是固定长度，所以它的处理速度比 VARCHAR2 的速度要快，但是它的缺点就是浪费存储空间。所以对存储不大，但在速度上有要求的可以使用 CHAR 类型，反之可以使用 VARCHAR2 类型来实现。

VARCHAR2 虽然比 CHAR 节省空间，但是如果一个 VARCHAR2 列经常被修改，而且每次被修改的数据的长度不同，这会引起"行迁移"（Row Migration）现象，而这造成多余的 I/O，是数据库设计和调整中要尽力避免的，在这种情况下用 char 代替 VARCHAR2 会更好一些。当然还有一种情况就是像身份证这种长度几乎不变的字段可以考虑使用 CHAR，以获得更高的效率。

4.3 常见运算符介绍

运算符连接表达式中各个操作数，其作用是用来指明对操作数所进行的运算。常见的运算有数学计算、比较运算、位运算以及逻辑运算。运用运算符可以更加灵活地使用表中的数据，常见的运算符类型有：算术运算符，比较运算符，逻辑运算符，位运算符。本章将介绍各种操作符的特点和使用方法。

4.3.1 运算符概述

运算符是告诉 Oracle 执行特定算术或逻辑操作的符号。Oracle 的内部运算符很丰富，主要有四大类，分别是：算术运算符、比较运算符、逻辑运算符、位操作运算符。

1. 算术运算符

用于各类数值运算，包括加（+）、减（-）、乘（*）、除（/）。

2. 比较运算符

用于比较运算，包括大于（>）、小于（<）、等于（=）、大于等于（>=）、小于等于（<=）、不等于（!=），以及 IN、BETWEEN AND、IS NULL、LIKE 等。

3. 逻辑运算符

逻辑运算符的求值所得结果均为 1（TRUE）、0（FALSE），这类运算符有逻辑非（NOT 或者!）、逻辑与（AND 或者&&）、逻辑或（OR 或者||）、逻辑异或（XOR）。

4. 位操作运算符

参与运算的操作数，按二进制位进行运算，包括位与（&）、位或（|）、位非（~）、位异或（^）、左移（<<）、右移（>>）6 种。

接下来将对 Oracle 中各种运算符的使用进行详细地介绍。

4.3.2 算术运算符

算术运算符是 SQL 中最基本的运算符，Oracle 中的算术运算符如表 4-3 所示。

表 4-3 Oracle 中的算术运算符

运算符	作用
+	加法运算
-	减法运算
*	乘法运算
/	除法运算，返回商

下面分别讨论不同算术运算符的使用方法。

【例 4.9】创建表 tmp7，定义数据类型为 NUMBER 的字段 num，插入值 64，对 num 值进行算术运算。

首先创建表 tmp7，输入语句如下：

```
CREATE TABLE tmp7 ( num NUMBER);
```

向字段 num 插入数据 64：

```
INSERT INTO tmp7 value (64);
```

接下来，对 num 值进行加法和减法运算：

```
SQL> SELECT num, num+10, num-3+5, num+5-3, num+36.5 FROM tmp7;
NUM      NUM+10     NUM-3+5      NUM+5-3      NUM+36.5
---------- -------- ---------- -------------------- ---------- ----------
 64          74         66           66            100.5
```

由计算结果可以看到，可以对 num 字段的值进行加法和减法运算，而且由于"+"和"–"的优先级相同，因此先加后减，或者先减后加之后的结果是相同的。

【例 4.10】对 tmp7 表中的 num 进行乘法、除法运算。

```
SQL> SELECT num, num *2, num /2, num/3 FROM tmp7;
NUM        NUM*2      NUM/2        NUM/3
---------- ---------- ---------- -------------------- ----------
 64         128         32         21.33333333
```

由计算结果可以看到，对 num 进行除法运算时候，由于 64 无法被 3 整除，因此 Oracle 对 num/3 求商的结果保存到了小数点后面 8 位，结果为 21.33333333。

在数学运算时，除数为 0 的除法是没有意义的，因此除法运算中的除数不能为 0，如果被 0 除，则返回错误提示信息。

【例 4.11】用 0 除 num。

```
SQL> SELECT num / 0 FROM tmp7;
错误报告:
SQL 错误: ORA-01476: 除数为 0
```

4.3.3 比较运算符

比较运算符经常在 SELECT 的查询条件子句中使用，用来查询满足指定条件的记录。Oracle 中比较运算符如表 4-4 所示。

表 4-4 Oracle 中的比较运算符

运算符	作用
=	等于
<=>	安全的等于
<> (!=)	不等于
<=	小于等于
>=	大于等于
>	大于
IS NULL	判断一个值是否为 NULL
IS NOT NULL	判断一个值是否不为 NULL
BETWEEN AND	判断一个值是否落在两个值之间
IN	判断一个值是 IN 列表中的任意一个值
NOT IN	判断一个值不是 IN 列表中的任意一个值
LIKE	通配符匹配

下面分别讨论不同比较运算符的含义。

1. 等于运算符 =

等号"="用来判断数字、字符串和表达式是否相等。

2. 不等于运算符!=

"!="用于判断数字、字符串、表达式不相等的判断。

3. 小于或等于运算符 <=

"<="用来判断左边的操作数是否小于或者等于右边的操作数。

4. 小于运算符 <

"<"运算符用来判断左边的操作数是否小于右边的操作数。

5. 大于或等于运算符 >=

">="运算符用来判断左边的操作数是否大于或者等于右边的操作数。

6. 大于运算符 >

">"运算符用来判断左边的操作数是否大于右边的操作数。

7. BETWEEN...AND 运算符

BETWEEN…AND 运算符用于测试是否在指定的范围内。通常和 WHERE 子句一起使用，

BETWEEN…AND 条件返回一个介于指定上限和下限之间的范围值。

例如下面的例子，选出出生在 1980 年~1990 年的学生姓名：

```
SELECT name FROM student
WHERE birth BETWEEN '1980' AND '1990';
```

上述语句包含上限值和下限值，和下面的语句效果一样。

```
SELECT name FROM student
WHERE birth>= '1980' AND birth<= '1990';
```

8. IN 运算符

IN 运算符用来判断操作数是否为 IN 列表中的其中一个值。同样 NOT IN 运算符用来判断操作数是否不是 IN 列表中的其中一个值。

例如选出年龄是 25 和 26 的学生。

```
SELECT name FROM student
WHERE age IN(25,26);
```

9. LIKE

在一个班级中，也许老师只知道某个学生的姓氏，并不知道全部名字。此时就可以使用 LIKE 进行查询。LIKE 运算符用来匹配字符串。

LIKE 运算符在进行匹配时，可以使用下面两种通配符：

（1）"%"：用来代表有零个或者多个字符组成的任意顺序的字符串。

（2）"_"：只能匹配一个字符。

例如选出姓张的所有的学生。

```
SELECT name FROM student
WHERE name LIKE '张%';
```

4.3.4 逻辑运算符

Oracle 中的逻辑运算符如表 4-5 所示。

表 4-5 Oracle 中的逻辑运算符

运算符	作用
NOT	逻辑非
AND	逻辑与
OR	逻辑或

这 3 个运算符的作用如下。

（1）NOT 运算符：又称取反运算符，NOT 通常是单目运算符，即 NOT 右侧才能包含表达式，是对结果取反。如果表达式结果为 True，那么 NOT 的结果就为 False；否则如果表达式的结果为 False，那么 NOT 的结果就为 True。

NOT 运算符后面常常和 IN、LIKE、BETWEEN-AND 和 NULL 等关键字一起使用。

例如选择学生年龄不是 25 或者 26 的学生姓名。

```
SELECT name FROM student
WHERE  age NOT IN(25, 26);
```

（2）AND 运算符：对于 AND 运算符来说，要求两边的表达式结果都为 True，因此通常称为全运算符，如果任何一方的返回结果为 NULL 或 False，那么逻辑运算的结果就为 False，也就是说记录不匹配 WHERE 子句的要求。

例如选择学生年龄是 25 而且是姓张的学生姓名。

```
SELECT name FROM student
WHERE  age=25 AND  name LIKE '张%';
```

（3）OR 运算符：OR 运算符又称或运算符，也就是说只要左右两侧的布尔表达式任何一方为 True，结果就为 True。

例如选择学生年龄是 25 或者姓张的学生姓名。

```
SELECT name FROM student
WHERE  age=25 OR  name LIKE '张%';
```

这样无论年龄为 25 的学生还是姓张的学生，都会被选择出来。

4.3.5 运算符的优先级

运算符的优先级决定了不同的运算符在表达式中计算的先后顺序，表 4-6 列出了 Oracle 中的各类运算符及其优先级。

表 4-6 运算符按优先级由低到高排列

优先级	运算符
最低	=（赋值运算）、:=
	OR
	AND
	NOT
	=（比较运算）、<=>、>=、>、<=、<、<>、!=、IS、LIKE、REGEXP、IN
	&
	<<、>>
	-、+
	*、/
	-（负号）
最高	!

可以看到，不同运算符的优先级是不同的。一般情况下，级别高的运算符先进行计算，如果级

别相同，Oracle 按表达式的顺序从左到右依次计算。当然，在无法确定优先级的情况下，可以使用圆括号"()"来改变优先级，并且这样会使计算过程更加清晰。

4.4 疑难解惑

疑问 1：Oracle 中如何按照指定格式插入日期和时间？

在插入日期和时间之前，用户需要了解 Oracle 系统默认的时间格式，SQL 语句如下：

```
SQL> select sysdate from dual;
SYSDATE
---------
30-1月-15
```

此时如果想插入类似"2015-10-13 12:15:30"格式的日期和时间，可以输入以下 SQL 语句：

```
SQL> alter session set nls_date_format='yyyy-mm-dd HH24:mi:ss ';
```

疑问 2：Oracle 中的图片、声音和视频等类型的文件，使用什么格式的数据？

解答：Oracle 中的 BLOB、CLOB 和 NCLOB 三种大型对象，用来保存较大的图形文件或带格式的文本文件，如 Microsoft Word 文档，以及音频、视频等非文本文件，最大长度是 4GB。

4.5 经典习题

（1）Oracle 中的整数和小数如何表示，不同表示方法之间有什么区别？

（2）CHAR 和 VARCHAR 使用时最大的区别是什么？

（3）日期用什么类型的数据表示？

（4）在 Oracle 中执行如下算术运算：(9-7)*4、8+15/3、17DIV2。

（5）理解 Oracle 中的比较运算：36>27、15>=8、40<50、15<=15、NULL<=>NULL、NULL<=>1、5<=>5 的含义。

（6）理解 Oracle 中逻辑运算：a AND B、a OR b 和 NOT a 的含义。

第5章 Oracle 函数

学习目标 | Objective

Oracle 提供了众多功能强大、方便易用的函数。使用这些函数，可以极大地提高用户对数据库的管理效率。Oracle 中的函数包括：数学函数、字符串函数、日期和时间函数、条件判断函数、系统信息函数等。本章将介绍 Oracle 中的这些函数的功能和用法。

内容导航 | Navigation

- 了解什么是 Oracle 的函数
- 掌握各种数学函数的用法
- 掌握各种字符串函数的用法
- 掌握时间和日期函数的用法
- 掌握转换函数的用法
- 掌握系统信息函数的用法
- 熟练掌握综合案例中函数的操作方法和技巧

5.1 Oracle 函数简介

函数表示对输入参数值返回一个具有特定关系的值，Oracle 提供了大量丰富的函数，在进行数据库管理以及数据的查询和操作时将会经常用到各种函数。通过对数据的处理，数据库功能可以变得更加强大、更加灵活，能满足不同用户的需求。本章将分类介绍不同函数的使用方法。

5.2 数学函数

数学函数主要用来处理数值数据，主要的数学函数有绝对值函数、三角函数（包括正弦函数、余弦函数、正切函数、余切函数等）、对数函数、随机数函数等。在有错误产生时，数学函数将会返回空值 NULL。本节将介绍各种数学函数的功能和用法。

5.2.1 绝对值函数 ABS(x)

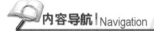

ABS(X)返回 X 的绝对值。

【例5.1】求2，-3.3和-33的绝对值，输入语句如下：

```
SQL> SELECT ABS(2), ABS(-3.3), ABS(-33) FROM dual;
ABS(2)   ABS(-3.3)   ABS(-33)
---------- ---------- ----------
2        3.3         33
```

正数的绝对值为其本身，2的绝对值为2。负数的绝对值为其相反数，-3.3的绝对值为3.3。-33的绝对值为33。

dual 表是一个虚拟表，用来构成 select 的语法规则，oracle 保证 dual 里面永远只有一条记录。

5.2.2 算术平方根函数 SQRT(x)和求余函数 MOD(x,y)

SQRT(x)返回非负数 x 的二次方根。

【例5.2】求9，40和64的算术平方根，输入语句如下：

```
SQL> SELECT SQRT(9), SQRT(40), SQRT(64) FROM dual;
SQRT(9)    SQRT(40)       SQRT(64)
---------- ----------     ----------
3          6.32455532     8
```

3的平方等于9，因此9的算术平方根为3。40的算术平方根为6.32455532。64的算术平方根为8。

MOD(x,y)返回 x 被 y 除后的余数，MOD() 对于带有小数部分的数值也起作用，它返回除法运算后的精确余数。

【例5.3】对 MOD(31,8)、MOD(234, 10)、MOD(45.5,6)进行求余运算，输入语句如下：

```
SQL> SELECT MOD(31,8),MOD(234, 10),MOD(45.5,6) FROM dual;
MOD(31,8)  MOD(234,10)  MOD(45.5,6)
---------- ----------   ----------
7          4            3.5
```

5.2.3 获取整数的函数 CEIL(x)和 FLOOR(x)

CEIL(x)返回不小于 x 的最小整数值。

【例5.4】使用 CEIL 函数返回最小整数，输入语句如下：

```
SQL> SELECT  CEIL(-3.35), CEIL (3.35) FROM dual;
CEIL(-3.35) CEIL(3.35)
---------- ----------
-3          4
```

-3.35 为负数，不小于-3.35 的最小整数为-3，因此返回值为-3。不小于 3.35 的最小整数为 4，因此返回值为 4。

FLOOR(x)返回不大于 x 的最大整数值，返回值转化为一个 BIGINT。

【例 5.5】使用 FLOOR 函数返回最大整数，输入语句如下：

```
SQL> SELECT FLOOR(-3.35), FLOOR(3.35) FROM dual;
FLOOR(-3.35)   FLOOR(3.35)
------------   -----------
          -4             3
```

-3.35 为负数，不大于-3.35 的最大整数为-4，因此返回值为-4。不大于 3.35 的最大整数为 3，因此返回值为 3。

5.2.4 获取随机数的函数 DBMS_RANDOM.RANDOM 和 DBMS_RANDOM.RANDOM (x，y)

DBMS_RANDOM.RANDOM 返回一个随机值。

【例 5.6】使用 DBMS_RANDOM.RANDOM 产生随机数，输入语句如下：

```
SQL>SELECT DBMS_RANDOM.RANDOM , DBMS_RANDOM.RANDOM FROM dual;
RANDOM       RANDOM
----------   ----------
-513927314   652092381
```

可以看到，不带参数的 DBMS_RANDOM.RANDOM 每次产生的随机数值是不同的。

【例 5.7】使用 DBMS_RANDOM.VALUE(x，y)函数产生 1~20 之间随机数，输入语句如下：

```
SQL> SELECT DBMS_RANDOM.VALUE(1,20),DBMS_RANDOM.VALUE(1,20) FROM dual;
DBMS_RANDOM.VALUE(1,20)   DBMS_RANDOM.VALUE(1,20)
-----------------------   -----------------------
           1.871131765                4.727097533
```

结果可以看到，DBMS_RANDOM.VALUE (1，20)产生了 1~20 的随机数。

5.2.5 四舍五入函数 ROUND(x)、ROUND(x,y)和 TRUNC(x,y)

ROUND(x)返回最接近于参数 x 的整数，对 x 值进行四舍五入。

【例 5.8】使用 ROUND(x)函数对操作数进行四舍五入操作，输入语句如下：

```
SQL> SELECT ROUND(-1.14),ROUND(-1.67), ROUND(1.14),ROUND(1.66) FROM dual;
ROUND(-1.14)   ROUND(-1.67)   ROUND(1.14)   ROUND(1.66)
------------   ------------   -----------   -----------
          -1             -2             1             2
```

可以看到，四舍五入处理之后，只保留了各个值的整数部分。

ROUND(x,y)返回最接近于参数 x 的数，其值保留到小数点后面 y 位，若 y 为负值，则将保留 x 值到小数点左边 y 位。

【例 5.9】使用 ROUND(x,y)函数对操作数进行四舍五入操作，结果保留小数点后面指定 y 位，输入语句如下：

```
SQL> SELECT ROUND(1.38, 1), ROUND(1.38, 0), ROUND(232.38, -1), round(232.38,-2)
FROM dual;
ROUND(1.38,1) ROUND(1.38,0) ROUND(232.38,-1) ROUND(232.38,-2)
------------- ------------- ---------------- ----------------
          1.4             1              230              200
```

ROUND(1.38, 1)保留小数点后面 1 位，四舍五入的结果为 1.4。ROUND(1.38, 0) 保留小数点后面 0 位，即返回四舍五入后的整数值。ROUND(23.38, -1)和 ROUND (232.38,-2)分别保留小数点左边 1 位和 2 位。

y 值为负数时，保留的小数点左边的相应位数直接保存为 0，不进行四舍五入。

TRUNC (x,y)返回被舍去至小数点后 y 位的数字 x。若 y 的值为 0，则结果不带有小数点或不带有小数部分。若 y 设为负数，则截去（归零）x 小数点左起第 y 位开始后面所有低位的值。

【例 5.10】使用 TRUNC(x,y)函数对操作数不进行四舍五入操作，结果保留小数点后面指定 y 位，输入语句如下：

```
SQL>SELECT TRUNC(1.31,1), TRUNC (1.99,1), TRUNC (1.99,0), TRUNC (19.99,-1) FROM
dual;
TRUNC(1.31,1) TRUNC(1.99,1) TRUNC(1.99,0) TRUNC(19.99,-1)
------------- ------------- ------------- ---------------
          1.3           1.9             1              10
```

TRUNC (1.31,1)和 TRUNC (1.99,1)都保留小数点后 1 位数字，返回值分别为 1.3 和 1.9。TRUNC (1.99,0)返回整数部分值 1。TRUNC (19.99,-1)截去小数点左边第 1 位后面的值，并将整数部分的 1 位数字置 0，结果为 10。

ROUND(x,y)函数在截取值的时候会四舍五入，而 TRUNC(x,y)直接截取值，并不进行四舍五入。

5.2.6 符号函数 SIGN(x)

SIGN(x)返回参数的符号，x 的值为负、零或正时返回结果依次为-1、0 或 1。
SIGN（n）函数返回参数 n 的符号。正数返回 1，0 返回 0，负数返回-1。

【例 5.11】返回 3，-10 和 0 的符号。输入语句如下：

```
SQL> SELECT SIGN (3), SIGN (-10), SIGN (0) FROM dual;
 SIGN(3)    SIGN(-10)    SIGN(0)
---------- ----------  ----------
1          -1           0
```

SIGN(3)返回 1,SIGN(-10)返回-1,SIGN(0)返回 0。

5.2.7 幂运算函数 POWER(x,y)和 EXP(x)

POWER(x,y)函数返回 x 的 y 次乘方的结果值。

【例 5.12】使用 POWER 函数进行乘方运算,输入语句如下:

```
SQL> SELECT POWER(2,2), POWER(2,-2) FROM dual;
POWER(2,2)   POWER(2,-2)
----------  -----------
4            0.25
```

可以看到,POWER(2,2)返回 2 的 2 次方,是 4。POWER(2,-2)返回 2 的-2 次方,结果为 4 的倒数,即 0.25。

EXP(x)返回 e 的 x 乘方后的值。

【例 5.13】使用 EXP 函数计算 e 的乘方,输入语句如下:

```
SQL> SELECT EXP(3),EXP(-3),EXP(0) FROM dual;
EXP(3)       EXP(-3)            EXP(0)
----------  ----------        ----------
20.08553692  0.04978706837      1
```

EXP(3)返回以 e 为底的 3 次方,结果为 20.08553692。EXP(-3)返回以 e 为底的-3 次方,结果为 0.04978706837。EXP(0)返回以 e 为底的 0 次方,结果为 1。

5.2.8 对数运算函数 LOG(x,y)和 LN(x)

LOG(x,y)返回以 x 为底 y 的对数。

【例 5.14】使用 LOG(x)函数计算自然对数,输入语句如下:

```
SQL>SELECT LOG(10, 100), LOG(7, 49) FROM dual;
LOG(10, 100)   LOG(7, 49)
-----------   ----------
2              2
```

10 的 2 次乘方等于 100,因此 LOG(10,100)返回结果为 2。同样 LOG(7,49)返回结果为 2。
LN(x)返回 x 的自然对数,x 相对于基数 e 的对数,参数 n 要求大于 0。

【例 5.15】使用 LN 计算以 e 为基数的对数,输入语句如下:

```
SQL> SELECT LN(2), LN(100) FROM dual;
LN(2)           LN(100)
```

```
----------    ----------
0.6931471806  4.605170186
```

5.2.9 正弦函数 SIN(x)和反正弦函数 ASIN(x)

SIN(x)返回 x 正弦,其中 x 为弧度值。

【例 5.16】使用 SIN 函数计算正弦值,输入语句如下:

```
SQL> SELECT SIN(1), SIN(3) FROM dual;
SIN(1)        SIN(3)
----------    ----------
0.8414709848  0.1411200081
```

ASIN(x)返回 x 的反正弦,即正弦为 x 的值。x 的取值在-1 到 1 的范围之内。

【例 5.17】使用 ASIN 函数计算反正弦值,输入语句如下:

```
SQL> SELECT ASIN(0.8414709848), ASIN(0.1411200081) FROM dual;
ASIN(0.8414709848)   ASIN(0.1411200081)
------------------   ------------------
1                    3
```

由结果可以看到,函数 ASIN 和 SIN 互为反函数。

5.2.10 余弦函数 COS(x)和反余弦函数 ACOS(x)

COS(x)返回 x 的余弦,其中 x 为弧度值。

【例 5.18】使用 COS 函数计算余弦值,输入语句如下:

```
SQL> SELECT COS(0),COS(1) FROM dual;
COS(0)      COS(1)
----------  ----------
1           0.5403023059
```

由结果可以看到,COS(0)值为 1,COS(1)值为 0.5403023059。
ACOS(x)返回 x 的反余弦,即余弦是 x 的值。X 取值在-1~1 的范围之内。

【例 5.19】使用 ACOS 函数计算反余弦值,输入语句如下:

```
SQL> SELECT ACOS(1),ACOS(0.5403023059) FROM dual;
ACOS(1)    ACOS(0.5403023059)
----------  ------------------
0          1
```

由结果可以看到,函数 ACOS 和 COS 互为反函数。

5.2.11 正切函数、反正切函数和余切函数

TAN(x)返回 x 的正切,其中 x 为给定的弧度值。

【例 5.20】使用 TAN 函数计算正切值，输入语句如下：

```
SQL> SELECT TAN(0.3), TAN( 0.7853981634) FROM dual;
TAN(0.3)            TAN(0.7853981634)
----------          -----------------
0.3093362496                        1
```

ATAN(x)返回 x 的反正切，即正切为 x 的值。

【例 5.21】使用 ATAN 函数计算反正切值，输入语句如下：

```
SQL> SELECT ATAN(0.3093362496), ATAN(1) FROM dual;
ATAN(0.3093362496)    ATAN(1)
------------------    ----------
0.3                   0.7853981634
```

由结果可以看到，函数 ATAN 和 TAN 互为反函数。

5.3　字符串函数

字符串函数主要用来处理数据库中的字符串数据。本节将介绍各种字符串函数的功能和用法。

5.3.1　计算字符串长度的函数

LENGTH(str)返回值为字符串的字节长度。

【例 5.22】使用 LENGTH 函数计算字符串长度，输入语句如下：

```
SQL> SELECT LENGTH('date'), LENGTH('egg') FROM dual ;
LENGTH('DATE')   LENGTH('EGG')
--------------   -------------
4                3
```

5.3.2　合并字符串函数 CONCAT(s1,s2)

CONCAT(s1,s2)返回结果为连接参数产生的字符串。

【例 5.23】使用 CONCAT 函数连接字符串，输入语句如下：

```
SQL> SELECT CONCAT('学习', 'Oracle 12c')  FROM dual;
CONCAT('学习','ORACLE 12c')
---------------------------
学习Oracle 12c
```

CONCAT('学习', 'Oracle 12c')返回两个字符串连接后的字符串。

5.3.3 字符串搜索函数 INSTR (s,x)

INSTR(s,x)返回 x 字符在字符串 s 的位置。

【例 5.24】使用 INSERT 函数进行字符串替代操作，输入语句如下：

```
SQL> SELECT INSTR('hello Oracle', 'c') FROM dual;
INSTR('HELLO ORACLE','C')
-------------------------
10
```

字符 c 位于字符串'hello Oracle'的第 10 个位置，结果输出为 10。

5.3.4 字母大小写转换函数

LOWER (str)可以将字符串 str 中的字母字符全部转换成小写字母。

【例 5.25】使用 LOWER 函数将字符串中所有字母字符转换为小写，输入语句如下：

```
SQL> SELECT LOWER('BEAUTIFUL') FROM dual ;
LOWER('BEAUTIFUL')
------------------
beautiful
```

由结果可以看到，原来所有字母为大写的，全部转换为小写，如"BEAUTIFUL"，转换之后为"beautiful"。

UPPER(str)可以将字符串 str 中的字母字符全部转换成大写字母。

【例 5.26】使用 UPPER 函数将字符串中所有字母字符转换为大写，输入语句如下：

```
SQL> SELECT UPPER('black') FROM dual;
UPPER('BLACK')
--------------
BLACK
```

由结果可以看到，原来所有字母字符为小写的，全部转换为大写，如"black"，转换之后为"BLACK"。

INITCAP(str) 将输入的字符串单词的首字母转换成大写。如果不是两个字母连在一起，则认为是新的单词，例：a_b、a,b、a b，类似前面这些情况，a 和 b 都会转换成大写。

【例 5.27】使用 INITCAP 函数将字符串中首字母转换成大写，输入语句如下：

```
SQL> SELECT INITCAP ('hello beautiful word ') FROM dual;
INITCAP('HELLOBEAUTIFULWORD')
-----------------------------
Hello Beautiful Word
```

由结果可以看到，原来每个单词的首字母，全部转换为大写，如"hello"，转换之后为"Hello"。

5.3.5 获取指定长度的字符串的函数 substr(s,m,n)

SUBSTR(s,m,n)函数获取指定的字符串。其中参数 s 代表字符串，m 代表截取的位置，n 代表截取长度。

【例 5.28】使用 SUBSTR 函数返回字符串中指定的字符，输入语句如下：

```
SQL>SELECT SUBSTR ('abcdf好efgf', 6,2), SUBSTR ('abcdf好efgf',- 6,2) FROM dual;
SUBSTR('ABCDF好EFGF',6,2)  SUBSTR('ABCDF好EFGF',-6,2)
------------------------  -------------------------
好e                        f好
```

当 m 值为正数时，从左边开始数指定的位置；当 m 值为负值时，从右边开始取指定位置的字符。

5.3.6 替换字符串的函数 REPLACE(s1,s2,s3)

REPLACE (s1,s2,s3)是一个替换字符串的函数。其中参数 s1 表示搜索的目标字符串，S2 表示在目标字符串中要搜索的字符串。s3 是可选参数，用它替换被搜索到的字符串，如果该参数不用，表示从 s1 字符串中删除搜索到的字符串。

【例 5.29】使用 REPLACE 函数对字符串进行替换操作，输入语句如下：

```
SQL>SELECT REPLACE ('this is a dog', 'dog','cat') , ('this is a dog', 'dog') FROM dual;
REPLACE('THISISADOG','DOG','CAT')  REPLACE('THISISADOG','DOG')
--------------------------------  ---------------------------
this is a cat                     this is a
```

结果看出，第一个替换的情况是字符串"dog"被替换成"cat"，第二个替换的情况是字符串"dog"被删除掉。

5.3.7 删除字符串首尾指定字符的函数 LTRIM(s,n)和 RTRIM(s,n)

LTRIM(s,n)函数将删除指定的左侧字符，其中 s 是目标字符串，n 是需要查找的字符。如果 n 不指定，则表示删除左侧的空格。

【例 5.30】使用 LTRIM 函数对字符串进行删除操作，输入语句如下：

```
SQL>SELECT LTRIM ('this is a dog', 'this') , LTRIM ('  this is a dog') FROM dual;
LTRIM('THISISADOG','THIS')  LTRIM('THISISADOG')
--------------------------  -------------------
 is a dog                   this is a dog
```

结果看出，第一个删除的情况是字符串的"this"字符被删除，第二个删除的情况是字符串左侧的空格被删除掉。

RTRIM(s,n) 函数将删除指定的右侧字符，其中 s 是目标字符串，n 是需要查找的字符。如果 n 不指定，则表示删除右侧的空格。

【例 5.31】使用 RTRIM 函数对字符串进行删除操作，输入语句如下：

```
SQL>SELECT RTRIM ('this is a dog', 'dog') , RTRIM (' this is a dog      ') FROM dual;
RTRIM('THISISADOG','DOG')   RTRIM('THISISADOG')
------------------------   --------------------
this is a                   this is a dog
```

结果看出，第一个删除的情况是字符串的"dog"字符被删除，第二个删除的情况是字符串右侧的空格被删除掉。

5.3.8 删除指定字符串的函数 TRIM()

TRIM 函数将删除指定的前缀或者后缀的字符，默认删除空格。具体的语法格式如下：

```
TRIM ([LEADING/TRAILING/BOTH][trim_character FROM]trim_source)
```

其中，LEADING 删除 trim_source 的前缀字符；TRAILING 删除 trim_source 的后缀字符；BOTH 删除 trim_source 的前缀和后缀字符；trim_character 删除指定字符，默认删除空格；trim_source 指被操作的源字符串。

【例 5.32】使用 TRIM(s1 FROM s)函数删除字符串中两端指定的字符，输入语句如下：

```
SQL> SELECT TRIM( BOTH 'x' FROM 'xyxbxykyx'), TRIM('    xyxyxy    ') FROM dual;
TRIM(BOTH'X'FROM'XYXBXYKYX')   TRIM('XYXYXY')
----------------------------   ---------------
yxbxyky                        xyxyxy
```

删除字符串"xyxbxykyx"两端的重复字符"x"，而中间的"x"并不删除，结果为"yxbxyky"。

5.3.9 字符集名称和 ID 互换函数

NLS_CHARSET_ID(string)函数可以得到字符集名称对应的 ID。参数 string 表示字符集的名称。

【例 5.33】使用 NLS_CHARSET_ID 函数获取 ID，输入语句如下：

```
SQL>SELECT NLS_CHARSET_ID('US7ASCII') FROM dual;
NLS_CHARSET_ID('US7ASCII')
--------------------------
1
```

NLS_CHARSET_NAME(number)函数可以得到字符集 ID 对应的名称。参数 number 表示字符集的 ID。

【例 5.34】使用 NLS_CHARSET_NAME 函数获取 ID，输入语句如下：

```
SQL>SELECT NLS_CHARSET_NAME(1) FROM dual;
```

```
NLS_CHARSET_NAME(1)
-------------------
US7ASCII
```

5.4 日期和时间函数

日期和时间函数主要用来处理日期和时间值,一般的日期函数除了使用 DATE 类型的参数外,也可以使用 TIMESTAMP 类型的参数,但会忽略这些值的时间部分。本节将介绍各种日期和时间函数的功能和用法。

5.4.1 获取当前日期和时间的函数

SYSDATE()函数获取当前系统日期。

【例 5.35】使用日期函数获取系统当前日期,输入语句如下:

```
SQL> SELECT SYSDATE FROM dual;
SYSDATE
---------
01-2月 -15
```

【例 5.36】使用日期函数获取指定格式的系统当前日期,输入语句如下:

```
SQL> SELECT TO_CHAR(SYSDATE, 'YYYY-MM-DD HH24:MI:SS') FROM dual;
TO_CHAR(SYSDATE,'YYYY-MM-DDHH24:MI:SS')
---------------------------------------
2015-02-01 12:25:28
```

SYSTIMESTAMP()函数获取当前系统时间,该时间包含时区信息,精确到微秒。返回类型为带时区信息的 TIMESTAMP 类型。

【例 5.37】使用日期函数获取系统当前时间,输入语句如下:

```
SQL> SELECT SYSTIMESTAMP FROM dual;
SYSTIMESTAMP
---------------------------------------
01-2月 -15 12.29.55.714000000 下午 +08:00
```

5.4.2 获取时区的函数

DBTIMEZONE 函数返回数据库所在的时区。

【例 5.38】使用 DBTIMEZONE 函数获取数据库所在的时区,输入语句如下:

```
SQL> SELECT DBTIMEZONE FROM dual;
DBTIMEZONE
----------
+00:00
```

SESSIONTIMEZONE 函数返回当前会话所在的时区。

【例 5.39】使用 SESSIONTIMEZONE 函数获取当前会话所在的时区，输入语句如下：

```
SQL> SELECT SESSIONTIMEZONE FROM dual;
SESSIONTIMEZONE
---------------------------------------------------------------------------
Asia/Shanghai
```

5.4.3 获取指定月份最后一天函数

LAST_DAY(date)函数返回参数指定日期对应月份的最后一天。

【例 5.40】使用 LAST_DAY 函数返回指定月份最后一天，输入语句如下：

```
SQL> SELECT LAST_DAY(SYSDATE) FROM dual;
LAST_DAY(SYSDATE)
-----------------
28-2月 -15
```

返回 2 月份的最后一天是 28 日。

5.4.4 获取指定日期后一周的日期函数

NEXT_DAY(date,char)函数获取当前日期向后的一周对应日期，char 表示是星期几，全称和缩写都允许，但必须是有效值。

【例 5.41】使用 NEXT_DAY 函数返回指定日期后一周的日期函数。输入语句如下：

```
SQL> SELECT NEXT_DAY (SYSDATE, '星期日') FROM dual;
SYSDATE    NEXT_DAY(SYSDATE,'星期日')
---------  ------------------------
01-2月-15   08-2月-15
```

NEXT_DAY (SYSDATE,'星期日')返回当前日期后第一个周日的日期。

5.4.5 获取指定日期特定部分的函数

EXTRACT(datetime)函数可以从指定的时间中提取特定部分，例如提取年份、月份或者时等。

【例 5.42】使用 EXTRACT 函数获取年份等特定部分。输入语句如下：

```
SQL> SELECT EXTRACT (YEAR FROM SYSDATE), EXTRACT (MINUTE  FROM TIMESTAMP
'1985-10-8 12:23:40')   FROM dual;

EXTRACT(YEARFROMSYSDATE)  EXTRACT(MINUTEFROMTIMESTAMP'1985-10-812:23:40')
------------------------  -----------------------------------------------
2015                                                                  23
```

从结果可以看出，分别返回了年份和分钟。

5.4.6 获取两个日期之间的月份数

MONTHS_BETWEEN(date1,date2)函数返回 date1 和 date2 之间的月份数。

【例 5.43】使用 MONTHS_BETWEEN 函数获取两个日期之间的月份数。输入语句如下：

```
SQL>SELECT
MONTHS_BETWEEN(TO_DATE('1985-10-8','YYYY-MM-DD'),TO_DATE('1985-8-8','YYYY
-MM-DD') one,
MONTHS_BETWEEN(TO_DATE('1985-05-8','YYYY-MM-DD'),TO_DATE('1985-07-8','YYY
Y-MM-DD') )TEO FROM dual;
ONE         TEO
----------  ----------
2           -2
```

从结果可以看出，当 date1>date2 时，返回数值为一个正数，当 date1<date2 时，返回数值为一个负数。

5.5 转换函数

转换函数主要作用是完成不同数据类型之间的转换。本节将分别介绍各个转换函数的用法。

5.5.1 字符串转 ASCII 类型字符串函数

ASCIISTR(char)函数可以将任意字符串转换为数据库字符集对应的 ASCII 字符串。char 为字符类型。

【例 5.44】使用 ASCIISTR 函数把字符串转为 ASCII 类型。输入语句如下：

```
SQL> SELECT ASCIISTR('从零开始学')  FROM dual;
ASCIISTR('从零开始学')
--------------------------
\4ECE\96F6\5F00\59CB\5B66
```

5.5.2 二进制转十进制函数

BIN_TO_NUM()函数可以实现将二进制转换成对应的十进制。

【例 5.45】使用 BIN_TO_NUM 函数把二进制转为十进制类型。输入语句如下：

```
SQL> SELECT BIN_TO_NUM (1,1,0)  FROM dual;
BIN_TO_NUM(1,1,0)
-----------------
6
```

5.5.3 数据类型转换函数

在 Oracle 中，用户如果想把数字转化为字符或者字符转化为日期，通常使用 CAST(expr as type_name)函数来完成。

【例 5.46】使用 CAST 函数将字符串转换为整型。输入语句如下：

```
SQL> SELECT CAST ('4321' AS int) as result FROM dual;
RESULT
------
  4321
```

5.5.4 数值转换为字符串函数

TO_CHAR 函数将一个数值型参数转换成字符型数据。具体语法格式如下：

```
TO_CHAR(n, [fmt[nlsparam]])
```

其中参数 n 代表数值型数据。参数 ftm 代表要转换成字符的格式。nlsparam 参数代表指定 fmt 的特征，包括小数点字符、组分隔符和本地钱币符号。

【例 5.47】使用 TO_CHAR 函数把数值类型转化为字符串。输入语句如下：

```
SQL> SELECT TO_CHAR (10.13245, '99.999'), TO_CHAR (10.13245) FROM dual;
TO_CHAR(10.13245,'99.999')  TO_CHAR(10.13245)
--------------------------  -----------------
 10.132                     10.13245
```

有结果可知，如果不指定转换的格式，则数值直接转化为字符串，不做任何格式处理。

另外，TO_CHAR 函数还可以将日期类型转换为字符串类型。

【例 5.48】使用 TO_CHAR 函数把日期类型转化为字符串类型。输入语句如下：

```
SQL> SELECT TO_CHAR (SYSDATE, 'YYYY-MM-DD'), TO_CHAR (SYSDATE, 'HH24-MI-SS')
FROM dual;
TO_CHAR(SYSDATE,'YYYY-MM-DD')  TO_CHAR(SYSDATE,'HH24-MI-SS')
-----------------------------  -----------------------------
2015-02-05                     12-06-49
```

5.5.5 字符转日期函数

TO_DATE 函数将一个字符型数据转换成日期型数据。具体语法格式如下：

```
TO_DATE(char[,fmt[,nlsparam]])
```

其中参数 char 代表需要转换的字符串，参数 ftm 代表要转换成字符的格式，nlsparam 参数控制格式化时使用的语言类型。

【例 5.49】使用 TO_DATE 函数把字符串类型转化为日期类型。输入语句如下：

```
SQL> SELECT TO_CHAR(TO_DATE ('1999-10-16', 'YYYY-MM-DD'),'MONTH') FROM dual;
TO_CHAR(TO_DATE('1999-10-16','YYYY-MM-DD'),'MONTH')
-------------------------------------------------------
10月
```

5.5.6 字符串转数字函数

TO_NUMBER 函数将一个字符型数据转换成数字数据。具体语法格式如下:

```
TO_NUMBER (expr[,fmt[,nlsparam]])
```

其中参数 expr 代表需要转换的字符串。参数 ftm 代表要转换成数字的格式,nlsparam 参数指定 fmt 的特征,包括小数点字符、组分隔符和本地钱币符号。

【例 5.50】使用 TO_NUMBER 函数把字符串类型转化为数字类型。输入语句如下:

```
SQL> SELECT TO_NUMBER ('1999.123', '9999.999') FROM dual;
TO_NUMBER('1999.123','9999.999')
--------------------------------
1999.123
```

5.6 系统信息函数

本节将介绍常用的系统信息函数,Oracle 中的系统信息有返回登录名函数和返回会话以及上下文信息函数等。

5.6.1 返回登录名函数

USER 函数返回当前会话的登录名。

【例 5.51】使用 USER 函数返回当前会话的登录名称。输入语句如下:

```
SQL> SELECT USER  FROM dual;
USER
------------------------------
SYS
```

5.6.2 返回会话以及上下文信息函数

USERENV 函数返回当前会话的信息。使用的语法格式如下:

```
USERENV(parameter)
```

当参数为 Language 时,返回会话对应的语言、字符集等。当参数为 SESSION,可返回当前会话的 ID。当参数为 ISDBA,可以返回当前用户是否为 DBA。

【例 5.52】使用 USERENV 函数返回当前会话的对应语言和字符集等信息。输入语句如下:

```
SQL> SELECT USERENV('Language') FROM dual;
USERENV('LANGUAGE')
--------------------------------------------------
SIMPLIFIED CHINESE_CHINA.ZHS16GBK
```

5.7 综合案例——Oracle 函数的使用

本章为读者介绍了大量的 Oracle 函数，包括数学函数、字符串函数、日期和时间函数和系统函数。读者应该在实践过程中深入了解、掌握这些函数。不同版本的 Oracle 之间的函数可能会有微小的差别，使用时需要查阅对应版本的参考手册，但大部分函数功能在不同版本的 Oracle 之间是一致的。接下来，将给出一个使用各种 Oracle 函数的综合案例。

1. 案例目的

使用各种函数操作数据，掌握各种函数的作用和使用方法。

2. 案例操作过程

01 使用数学函数 DBMS_RANDOM.VALUE ()生成 2 个 10 以内的随机数。

数学函数 DBMS_RANDOM.VALUE(x，y)产生 1~10 的随机数，输入语句如下：

```
SQL> SELECT DBMS_RANDOM.VALUE(1,10),DBMS_RANDOM.VALUE(1,10) FROM dual;

DBMS_RANDOM.VALUE(1,10)   DBMS_RANDOM.VALUE(1,10)
-----------------------   -----------------------
7.871131765               2.727097533
```

结果可以看到，DBMS_RANDOM.VALUE (1，10)产生了 1~10 的随机数。

02 使用 SIN()、COS()、TAN()函数计算三角函数值，并将计算结果转换成整数值。

Oracle 中的三角函数可以计算正弦、余弦和正切，执行过程如下：

```
SQL> SELECT SIN(2), COS(1), TAN(0.3), TAN(1.3) FROM dual;
SIN(2)       COS(1)     TAN(0.3)    TAN(1.3)
----------   ----------  ----------  ----------
0.9092974268 0.5403023059 0.3093362496 3.602102448
```

03 创建表，并使用字符串和日期函数，对字段值进行操作。

（1）创建表 member，其中包含 3 个字段，分别为 GENERATED BY DEFAULT AS IDENTITY 约束的 m_id 字段，VARCHAR2 类型的 m_FN 字段，VARCHAR2 类型的 m_LN 字段，DATE 类型的 m_birth 字段和 VARCHAR2 类型的 m_info 字段。

（2）插入一条记录，m_id 值为默认，m_FN 值为"Halen"，m_LN 值为"Park"，m_birth 值为 1970-06-29，m_info 值为"GoodMan"。

（3）返回 m_FN 的长度，返回第一条记录中的人的全名，将 m_info 字段值转换成小写字母。将 m_info 的值反向输出。

（4）计算第一条记录中人的年龄，并计算 m_birth 字段中的值在那一年中的位置，按照"YYYY-MM-DD"格式输出时间值。

（5）插入一条新的记录，m_FN 值为"Samuel"，m_LN 值为"Green"，m_birth 值为系统当前时间，m_info 为 GoodWoman。使用 LAST_INSERT_ID() 查看最后插入的 ID 值。

操作过程如下：

（1）创建表 member，输入语句如下：

```
CREATE TABLE member
(
m_id    NUMBER(11) GENERATED BY DEFAULT AS IDENTITY,
m_FN    VARCHAR2(100),
m_LN    VARCHAR2(100),
m_birth DATE,
m_info  VARCHAR2(255) NULL
);
```

（2）插入一条记录，输入语句如下：

```
INSERT INTO member VALUES (1011, 'Halen ', 'Park', '29-6月-1970', 'GoodMan ');
```

使用 SELECT 语句查看插入结果，

```
SQL> SELECT * FROM member;
M_ID    M_FN    M_LN    M_BIRTH     M_INFO
------- ------- ------- ----------- ----------
1011    Halen   Park    29-6月-70    GoodMan
```

（3）返回 m_FN 的长度，返回第 1 条记录中人的全名，将 m_info 字段值转换成小写字母，将 m_info 的全部改为大写输出。输入 SQL 语句，执行结果如下：

```
SELECT LENGTH(m_FN), CONCAT(m_FN, m_LN),
LOWER(m_info), UPPER (m_info) FROM member;
LENGTH(M_FN)  CONCAT(M_FN,M_LN)   LOWER(M_INFO)   UPPER(M_INFO)
------------  ------------------  --------------  --------------
5             HalenPark           goodman         GOODMAN
```

（4）计算第一条记录中人的年龄，并计算 m_birth 字段中的值在那一年中的位置，按照'YYYY-MM-DD'格式输出时间值。

```
SELECT YEAR(CURDATE())-YEAR(m_birth) AS age, DAYOFYEAR(m_birth) AS year,
TO_CHAR(m_birth, 'YYYY-MM-DD') AS birth FROM member;
```

语句执行结果如下：

```
AGE     year    BIRTH
------- ------- ----------
45      1970    1970-06-29
```

（5）插入一条新的记录，m_FN 值为"Samuel"，m_LN 值为"Green"，m_birth 值为系统当前时间，m_info 值为"GoodWoman"。使用 COUNT(*)查看记录数。

```
INSERT INTO member VALUES (1012, 'Samuel', 'Green', SYSDATE, 'GoodWoman ');
```

使用 SELECT 语句查看插入结果：

```
SQL> SELECT * FROM member;
M_ID   M_FN       M_LN      M_BIRTH       M_INFO
------ ---------- --------- ------------- ----------
1011   Halen      Park      29-6月-70     GoodMan
1012   Samuel     Green     5-2月-15      GoodWoman
```

可以看到，表中现在有两条记录，接下来使用 NLS_CHARSET_ID()函数查看数据表中的记录数，输入语句如下：

```
SQL> SELECT COUNT(*) FROM member;
COUNT(*)
----------
2
```

最后插入的为第二条记录，因此返回值为 2。

5.8 疑难解惑

疑问 1：如何从日期时间值中获取年、月、日等部分日期或时间值？

Oracle 中，日期时间值以字符串形式存储在数据表中，因此可以使用字符串函数分别截取日期时间值的不同部分，例如某个名称为 dt 的字段有值"2010-10-01 12:00:30"，如果只需要获得年值，可以输入 YEAR FROM TIMESTAMP '1985-10-8   12:23:40'。如果只需要获得月份值，可以输入 MONTH FROM TIMESTAMP '1985-10-8   12:23:40'。

疑问 2：如何选择列表中第一个不为空的表达式？

COALESCE(expr)函数返回列表中第一个不为 null 的表达式。如果全部为 null，则返回一个 null。例如以下例子：

```
SQL> SELECT COALESCE (NULL, 3+4,9-8,NULL) value FROM dual;
VALUE
---------
7
```

5.9 经典习题

1. 使用数学函数进行如下运算

（1）计算 18 除以 5 的商和余数。
（2）将弧度值 0.125 转换为角度值。
（3）计算 9 的 4 次方值。
（4）保留浮点值 3.14159 小数点后面 2 位。

2. 使用字符串函数进行如下运算

（1）分别计算字符串"Hello World!"和"University"的长度。
（2）从字符串"Nice to meet you!"中获取子字符串"meet"。
（3）重复输出 3 次字符串"Cheer!"。
（4）将字符串"voodoo"逆序输出。
（5）4 个字符串"Oracle""not""is""great"，按顺序排列，从中选择 1、3 和 4 位置处的字符串组成新的字符串。

3. 使用日期和时间函数进行如下运算

（1）计算当前日期是一年的第几周。
（2）计算当前日期是一周中的第几个工作日。
（3）计算"1929-02-14"与当前日期之间相差的年份。
（4）按"97 Oct 4th Saturday"格式输出当前日期。
（5）从当前日期时间值中获取时间值，并将其转换为秒值。

第6章 查询数据

学习目标|Objective

数据库管理系统的一个最重要的功能就是数据查询,数据查询不应只是简单返回数据库中存储的数据,还应该根据需要对数据进行筛选,以及确定数据以什么样的格式显示。Oracle 提供了功能强大、灵活的语句来实现这些操作,本章将介绍如何使用 SELECT 语句查询数据表中的一列或多列数据、使用集合函数显示查询结果、连接查询、子查询以及使用正则表达式进行查询等。

内容导航|Navigation

- 了解基本查询语句
- 掌握表单查询的方法
- 掌握如何使用几何函数查询
- 掌握连接查询的方法
- 掌握如何使用子查询
- 熟悉合并查询结果
- 熟悉如何为表和字段取别名
- 掌握如何使用正则表达式查询
- 掌握综合案例中数据表的查询操作技巧和方法

6.1 基本查询语句

Oracle 从数据表中查询数据的基本语句为 SELECT 语句。SELECT 语句的基本格式是:

```
SELECT
    {* | <字段列表>}
    [
        FROM <表1>,<表2>...
        [WHERE <表达式>
        [GROUP BY <group by definition>]
        [HAVING <expression> [{<operator> <expression>}...]]
        [ORDER BY <order by definition>]
        [LIMIT [<offset>,] <row count>]
    ]
```

```
SELECT  [字段1,字段2,…,字段n]
FROM  [表或视图]
WHERE  [查询条件];
```

其中,各条子句的含义如下:

- {* | <字段列表>}包含星号通配符选字段列表,表示查询的字段,其中字段列至少包含一个字段名称,如果要查询多个字段,多个字段之间用逗号隔开,最后一个字段后不要加逗号。
- FROM <表 1>,<表 2>…,表 1 和表 2 表示查询数据的来源,可以是单个或者多个。
- WHERE 子句是可选项,如果选择该项,将限定查询行必须满足的查询条件。
- GROUP BY <字段>,该子句告诉 Oracle 如何显示查询出来的数据,并按照指定的字段分组。
- [ORDER BY <字段 >],该子句告诉 Oracle 按什么样的顺序显示查询出来的数据,可以进行的排序有升序(ASC)和降序(DESC)。
- [LIMIT [<offset>,] <row count>],该子句告诉 Oracle 每次显示查询出来的数据条数。

SELECT 的可选参数比较多,读者可能无法一下完全理解,不要紧,接下来将从最简单的开始,一步一步深入学习之后,读者会对各个参数的作用有清晰的认识。

下面以一个例子说明如何使用 SELECT 从单个表中获取数据。

首先定义数据表,输入语句如下:

```
CREATE TABLE fruits
(
f_id     varchar2(10)       NOT NULL,
s_id     number(6)          NOT NULL,
f_name   varchar(255)       NOT NULL,
f_price  number(8,2)        NOT NULL
);
```

为了演示如何使用 SELECT 语句,需要插入如下数据:

```
    INSERT INTO fruits (f_id, s_id, f_name, f_price) VALUES ('a1',
101,'apple',5.2);
    INSERT INTO fruits (f_id, s_id, f_name, f_price) VALUES ('b1',101,'blackberry',
10.2);
    INSERT INTO fruits (f_id, s_id, f_name, f_price) VALUES ('bs1',102,'orange',
11.2);
    INSERT INTO fruits (f_id, s_id, f_name, f_price)
VALUES('bs2',105,'melon',8.2);
    INSERT INTO fruits (f_id, s_id, f_name, f_price) VALUES ('t1',102,'banana',
10.3);
    INSERT INTO fruits (f_id, s_id, f_name, f_price) VALUES ('t2',102,'grape', 5.3);
    INSERT INTO fruits (f_id, s_id, f_name, f_price) VALUES ('o2',103,'coconut',
9.2);
    INSERT INTO fruits (f_id, s_id, f_name, f_price) VALUES  ('c0',101,'cherry',
```

```
3.2);
    INSERT INTO fruits (f_id, s_id, f_name, f_price) VALUES  ('a2',103,
'apricot',2.2);
    INSERT INTO fruits (f_id, s_id, f_name, f_price) VALUES('l2',104,'lemon', 6.4);
    INSERT INTO fruits (f_id, s_id, f_name, f_price) VALUES ('b2',104,'berry', 7.6);
    INSERT INTO fruits (f_id, s_id, f_name, f_price) VALUES ('m1',106,'mango',
15.6);
    INSERT INTO fruits (f_id, s_id, f_name, f_price) VALUES  ('m2',105,'xbabay',
2.6);
    INSERT INTO fruits (f_id, s_id, f_name, f_price) VALUES  ('t4',107,'xbababa',
3.6);
    INSERT INTO fruits (f_id, s_id, f_name, f_price) VALUES  ('m3',105,'xxtt',
11.6);
    INSERT INTO fruits (f_id, s_id, f_name, f_price) VALUES('b5',107,'xxxx', 3.6);
```

使用 SELECT 语句查询 f_id 字段的数据。

```
SQL> SELECT f_id, f_name FROM fruits;
F_ID        F_NAME
----------  ----------
a1          apple
b1          blackberry
bs1         orange
bs2         melon
t1          banana
t2          grape
o2          coconut
c0          cherry
a2          apricot
l2          lemon
b2          berry
m1          mango
m2          xbabay
t4          xbababa
m3          xxtt
b5          xxxx
```

该语句的执行过程是，SELECT 语句决定了要查询的列值，在这里查询 f_id 和 f_name 两个字段的值，FROM 子句指定了数据的来源，这里指定数据表 fruits，因此返回结果为 fruits 表中 f_id 和 f_name 两个字段下所有的数据。其显示顺序为添加到表中的顺序。

6.2 单表查询

单表查询是指从一张表数据中查询所需的数据。本节将介绍单表查询中各种基本的查询方式，主要有：查询所有字段、查询指定字段、查询指定记录、查询空值、多条件查询、对查询结果进行排序等。

6.2.1 查询所有字段

1. 在 SELECT 语句中使用星号"*"通配符查询所有字段

SELECT 查询记录最简单的形式是从一个表中检索所有记录,实现的方法是使用星号(*)通配符指定查找所有列的名称。语法格式如下:

```
SELECT * FROM 表名;
```

【例 6.1】从 fruits 表中检索所有字段的数据,SQL 语句如下:

```
SQL>    SELECT *    FROM fruits;
f_id    s_id        f_name          f_price
a1      101         apple           5.20
a2      103         apricot         2.20
b1      101         blackberry      10.20
b2      104         berry           7.60
b5      107         xxxx            3.60
bs1     102         orange          11.20
bs2     105         melon           8.20
c0      101         cherry          3.20
l2      104         lemon           6.40
m1      106         mango           15.60
m2      105         xbabay          2.60
m3      105         xxtt            11.60
o2      103         coconut         9.20
t1      102         banana          10.30
t2      102         grape           5.30
t4      107         xbababa         3.60
```

可以看到,使用星号(*)通配符时,将返回所有列,列按照定义表时的顺序显示。

2. 在 SELECT 语句中指定所有字段

下面介绍另外一种查询所有字段值的方法。根据前面 SELECT 语句的格式,SELECT 关键字后面的字段名为将要查找的数据,因此可以将表中所有字段的名称跟在 SELECT 子句后面,如果忘记了字段名称,可以使用 DESC 命令查看表的结构。有时,由于表中的字段可能比较多,不一定能记得所有字段的名称,因此该方法会很不方便,不建议使用。例如查询 fruits 表中的所有数据,SQL 语句也可以书写如下:

```
SELECT f_id, s_id ,f_name, f_price FROM fruits;
```

查询结果与【例 6.1】相同。

一般情况下,除非需要使用表中所有的字段数据,最好不要使用通配符"*"。使用通配符虽然可以节省输入查询语句的时间,但是获取不需要的列数据通常会降低查询和所使用的应用程序的效率。通配符的优势是,当不知道所需要的列的名称时,可以通过通配符获取它们。

6.2.2 查询指定字段

1. 查询单个字段

查询表中的某一个字段，语法格式为：

SELECT 列名FROM 表名；

【例6.2】查询 fruits 表中 f_name 列所有水果名称，SQL 语句如下：

SELECT f_name FROM fruits;

该语句使用 SELECT 声明从 fruits 表中获取名称为 f_name 字段下的所有水果名称，指定字段的名称紧跟在 SELECT 关键字之后，查询结果如下：

```
SQL> SELECT f_name FROM fruits;
 f_name
 apple
 apricot
 blackberry
 berry
 xxxx
 orange
 melon
 cherry
 lemon
 mango
 xbabay
 xxtt
 coconut
 banana
 grape
 xbababa
```

输出结果显示了 fruits 表中 f_name 字段下的所有数据。

2. 查询多个字段

使用 SELECT 声明，可以获取多个字段下的数据，只需要在关键字 SELECT 后面指定要查找的字段的名称，不同字段名称之间用逗号（，）分隔开，最后一个字段后面不需要加逗号，语法格式如下：

SELECT 字段名1,字段名2,…,字段名n FROM 表名；

【例6.3】从 fruits 表中获取 f_name 和 f_price 两列，SQL 语句如下：

SELECT f_name, f_price FROM fruits;

该语句使用 SELECT 声明从 fruits 表中获取名称为 f_name 和 f_price 两个字段下的所有水果名称和价格，两个字段之间用逗号分隔开，查询结果如下：

```
SQL> SELECT f_name, f_price FROM fruits;
F_NAME          F_PRICE
--------------- ---------
apple           5.20
apricot         2.20
blackberry     10.20
berry           7.60
xxxx            3.60
orange         11.20
melon           8.20
cherry          3.20
lemon           6.40
mango          15.60
xbabay          2.60
xxtt           11.60
coconut         9.20
banana         10.30
grape           5.30
xbababa         3.60
```

输出结果显示了 fruits 表中 f_name 和 f_price 两个字段下的所有数据。

> Oracle 中的 SQL 语句是不区分大小写的,因此 SELECT 和 select 作用相同,但是,许多开发人员习惯将关键字使用大写,而数据列和表名使用小写,读者也应该养成一个良好的编程习惯,这样写出来的代码更容易阅读和维护。

6.2.3 查询指定记录

数据库中包含大量的数据,根据特殊要求,可能只需要查询表中的指定数据,即对数据进行过滤。在 SELECT 语句中,通过 WHERE 子句可以对数据进行过滤,语法格式为:

```
SELECT 字段名1,字段名2,…,字段名n
FROM 表名
WHERE 查询条件
```

在 WHERE 子句中,Oracle 提供了一系列的条件判断符,查询结果如表 6-1 所示。

表 6-1　WHERE 条件判断符

操作符	说明
=	相等
<> , !=	不相等
<	小于
<=	小于或者等于
>	大于
>=	大于或者等于
BETWEEN	位于两值之间

【例 6.4】 查询价格为 10.2 元的水果的名称,SQL 语句如下:

```
SELECT f_name, f_price
FROM fruits
WHERE f_price = 10.2;
```

该语句使用 SELECT 声明从 fruits 表中获取价格等于 10.2 的水果的数据,从查询结果可以看到,价格是 10.2 的水果的名称是 blackberry,其他的均不满足查询条件,查询结果如下:

```
F_NAME       F_PRICE
----------   ----------
blackberry   10.2
```

本例采用了简单的相等过滤,查询一个指定列 f_price 具有值 10.20。

相等还可以用来比较字符串。

【例 6.5】 查找名称为"apple"的水果的价格,SQL 语句如下:

```
SELECT f_name, f_price
FROM fruits
WHERE f_name = 'apple';
```

执行结果如下。该语句使用 SELECT 声明从 fruits 表中获取名称为"apple"的水果的价格,从查询结果可以看到只有名称为"apple"的行被返回,其他的均不满足查询条件。

```
F_NAME     F_PRICE
----------  ----------
apple       5.20
```

【例 6.6】 查询价格小于 10 的水果的名称,SQL 语句如下:

```
SELECT f_name, f_price
FROM fruits
WHERE f_price < 10;
```

该语句使用 SELECT 声明从 fruits 表中获取价格低于 10 的水果名称,即 f_price 小于 10 的水果信息被返回,查询结果如下:

```
F_NAME       F_PRICE
----------   -----------
apple        5.20
apricot      2.20
berry        7.60
xxxx         3.60
melon        8.20
cherry       3.20
lemon        6.40
xbabay       2.60
coconut      9.20
grape        5.30
xbababa      3.60
```

可以看到查询结果中所有记录的 f_price 字段的值均小于 10.00 元,而大于或等于 10.00 元的记录没有被返回。

6.2.4 带 IN 关键字的查询

IN 操作符用来查询满足指定范围内的条件的记录,使用 IN 操作符,将所有检索条件用括号括起来,检索条件之间用逗号分隔开,只要满足条件范围内的一个值即为匹配项。

【例 6.7】s_id 为 101 和 102 的记录,SQL 语句如下:

```
SELECT s_id,f_name, f_price
FROM fruits
WHERE s_id IN (101,102)
ORDER BY f_name;
```

查询结果如下:

```
 S_ID  F_NAME           F_PRICE
------ ---------------- ---------------
 101   apple            5.20
 102   banana           10.30
 101   blackberry       10.20
 101   cherry           3.20
 102   grape            5.30
 102   orange           11.20
```

相反的,可以使用关键字 NOT 来检索不在条件范围内的记录。

【例 6.8】查询所有 s_id 不等于 101 也不等于 102 的记录,SQL 语句如下:

```
SELECT s_id,f_name, f_price
FROM fruits
WHERE s_id NOT IN (101,102)
ORDER BY f_name;
```

查询结果如下:

```
S_ID  F_NAME      F_PRICE
----- ----------  ---------------
103   apricot     2.20
104   berry       7.60
103   coconut     9.20
104   lemon       6.40
106   mango       15.60
105   melon       8.20
107   xbababa     3.60
105   xbabay      2.60
105   xxtt        11.60
107   xxxx        3.60
```

可以看到，该语句在 IN 关键字前面加上了 NOT 关键字，这使得查询的结果与前面一个的结果正好相反，前面检索了 s_id 等于 101 和 102 的记录，而这里所要求的查询的记录中的 s_id 字段值不等于这两个值中的任何一个。

6.2.5 带 BETWEEN AND 的范围查询

BETWEEN AND 用来查询某个范围内的值，该操作符需要两个参数，即范围的开始值和结束值，如果字段值满足指定的范围查询条件，则这些记录被返回。

【例 6.9】查询价格在 2.00 元到 10.20 元之间的水果名称和价格，SQL 语句如下：

```
SELECT f_name, f_price FROM fruits WHERE f_price BETWEEN 2.00 AND 10.20;
```

查询结果如下：

```
F_NAME            F_PRICE
----------------  ------------
  apple             5.20
  apricot           2.20
  blackberry       10.20
  berry             7.60
  xxxx              3.60
  melon             8.20
  cherry            3.20
  lemon             6.40
  xbabay            2.60
  coconut           9.20
  grape             5.30
  xbababa           3.60
```

可以看到，返回结果包含了价格从 2.00 元到 10.20 元之间的字段值，并且端点值 10.20 也包括在返回结果中，即 BETWEEN 匹配范围中所有值，包括开始值和结束值。

BETWEEN AND 操作符前可以加关键字 NOT，表示指定范围之外的值，如果字段值不满足指定的范围内的值，则这些记录被返回。

【例 6.10】查询价格在 2.00 元到 10.20 元之外的水果名称和价格，SQL 语句如下：

```
SELECT f_name, f_price
FROM fruits
WHERE f_price NOT BETWEEN 2.00 AND 10.20;
```

查询结果如下：

```
F_NAME    F_PRICE
--------  ------------
  orange     11.20
  mango      15.60
  xxtt       11.60
  banana     10.30
```

由结果可以看到，返回的记录只有 f_price 字段大于 10.20 的，其实，f_price 字段小于 2.00 的记录也满足查询条件。因此，如果表中有 f_price 字段小于 2.00 的记录，也应当作为查询结果。

6.2.6 带 LIKE 的字符匹配查询

在前面的检索操作中，讲述了如何查询多个字段的记录，如何进行比较查询或者是查询一个条件范围内的记录，如果要查找所有的包含字符"ge"的水果名称，该如何查找呢？简单的比较操作在这里已经行不通了，在这里，需要使用通配符进行匹配查找，通过创建查找模式对表中的数据进行比较。执行这个任务的关键字是 LIKE。

通配符是一种在 SQL 的 WHERE 条件子句中拥有特殊意思的字符，SQL 语句中支持多种通配符，可以和 LIKE 一起使用的通配符有"%"和"_"。

1. 百分号通配符"%"，匹配任意长度的字符，甚至包括零字符

【例 6.11】查找所有以"b"字母开头的水果，SQL 语句如下：

```
SELECT f_id, f_name
FROM fruits
WHERE f_name LIKE 'b%';
```

查询结果如下：

```
F_ID    F_NAME
------  -------------
b1      blackberry
b2      berry
t1      banana
```

该语句查询的结果返回所有以"b"开头的水果的 id 和 name，"%"告诉 Oracle，返回所有以字母"b"开头的记录，不管"b"后面有多少个字符。

在搜索匹配时通配符"%"可以放在不同位置，如【例 6.12】。

【例 6.12】在 fruits 表中，查询 f_name 中包含字母"g"的记录，SQL 语句如下：

```
SELECT f_id, f_name
FROM fruits
WHERE f_name LIKE '%g%';
```

查询结果如下：

```
F_ID    F_NAME
------  --------
bs1     orange
m1      mango
t2      grape
```

该语句查询字符串中包含字母"g"的水果名称，只要名字中有字符"g"，而前面或后面不管有多少个字符，都满足查询的条件。

【例6.13】查询以"b"开头,并以"y"结尾的水果的名称,SQL语句如下:

```
SELECT f_name
FROM fruits
WHERE f_name LIKE 'b%y';
```

查询结果如下:

```
F_NAME
------------
blackberry
berry
```

通过以上查询结果,可以看到,"%"用于匹配在指定的位置的任意数目的字符。

2. 下划线通配符"_",一次只能匹配任意一个字符

另一个非常有用的通配符是下划线通配符"_",该通配符的用法和"%"相同,区别是"%"可以匹配多个字符,而"_"只能匹配任意单个字符,如果要匹配多个字符,则需要使用相同个数的"_"。

【例6.14】在 fruits 表中,查询以字母"y"结尾,且"y"前面只有4个字母的记录,SQL语句如下:

```
SELECT f_id, f_name FROM fruits WHERE f_name LIKE '_ _ _ _y';
```

查询结果如下:

```
F_ID  F_NAME
-----  --------
 b2    berry
```

从结果可以看到,以"y"结尾且前面只有4个字母的记录只有一条。其他记录的 f_name 字段也有以"y"结尾的,但其总的字符串长度不为5,因此不在返回结果中。

6.2.7 查询空值

数据表创建的时候,设计者可以指定某列中是否可以包含空值(NULL)。空值不同于0,也不同于空字符串。空值一般表示数据未知、不适用或将在以后添加数据。在 SELECT 语句中使用 IS NULL 子句,可以查询某字段内容为空记录。

下面在数据库中创建数据表 customers,该表中包含了本章中需要用到的数据。

```
CREATE TABLE customers
(
  c_id      number(9) NOT NULL,
  c_name    varchar2(50)  NOT NULL,
  c_address varchar2(50)  NULL,
  c_city    varchar2(50)  NULL,
  c_zip     varchar2(10)  NULL,
  c_contact varchar2(50)  NULL,
  c_email   varchar2(255) NULL,
```

```
    PRIMARY KEY (c_id)
);
```

为了演示需要插入数据,请读者执行以下语句:

```
INSERT INTO customers(c_id, c_name, c_address, c_city,
c_zip, c_contact, c_email) VALUES
(10001, 'RedHook', '200 Street ', 'Tianjin',
 '300000', 'LiMing', 'LMing@163.com');
INSERT INTO customers(c_id, c_name, c_address, c_city,
c_zip, c_contact, c_email) VALUES
(10002, 'Stars', '333 Fromage Lane',
 'Dalian', '116000', 'Zhangbo','Jerry@hotmail.com');
INSERT INTO customers(c_id, c_name, c_address, c_city,
c_zip, c_contact, c_email) VALUES
(10003, 'Netbhood', '1 Sunny Place', 'Qingdao', '266000',
 'LuoCong', NULL);
INSERT INTO customers(c_id, c_name, c_address, c_city,
c_zip, c_contact, c_email) VALUES
(10004, 'JOTO', '829 Riverside Drive', 'Haikou',
 '570000', 'YangShan', 'sam@hotmail.com');
```

查询上述 4 条记录是否成功插入,查询插入记录的个数,输入 SQL 语句,执行结果如下:

```
SELECT COUNT(*) AS cust_num FROM customers;
CUST_NUM
----------
4
```

【例 6.15】查询 customers 表中 c_email 为空的记录的 c_id、c_name 和 c_email 字段值,SQL 语句如下:

```
SELECT c_id, c_name,c_email FROM customers WHERE c_email IS NULL;
```

查询结果如下:

```
C_ID   C_NAME    C_EMAIL
------- ----------- ---------
10003  Netbhood
```

可以看到,显示 customers 表中字段 c_email 的值为 NULL 的记录,满足查询条件。
与 IS NULL 相反的是 NOT IS NULL,该关键字查找字段不为空的记录。

【例 6.16】查询 customers 表中 c_email 不为空的记录的 c_id、c_name 和 c_email 字段值,SQL 语句如下:

```
SELECT c_id, c_name,c_email FROM customers WHERE c_email IS NOT NULL;
```

查询结果如下:

```
C_ID   C_NAME     C_EMAIL
------- ------------- ------------------------
10001  RedHook    LMing@163.com
10002  Stars      Jerry@hotmail.com
```

```
10004    JOTO       sam@hotmail.com
```

可以看到，查询出来的记录的 c_email 字段都不为空值。

6.2.8 带 AND 的多条件查询

使用 SELECT 查询时，可以增加查询的限制条件，这样可以使查询的结果更加精确。Oracle 在 WHERE 子句中使用 AND 操作符限定只有满足所有查询条件的记录才会被返回。可以使用 AND 连接两个甚至多个查询条件，多个条件表达式之间用 AND 分开。

【例 6.17】在 fruits 表中查询 s_id = 101，并且 f_price 大于等于 5 的水果价格和名称，SQL 语句如下：

```
SELECT f_id, f_price, f_name FROM fruits WHERE s_id = '101' AND f_price >=5;
```

查询结果如下：

```
F_ID    F_PRICE    F_NAME
------  ---------  ------------
a1      5.20       apple
b1      10.20      blackberry
```

前面的语句检索了 s_id=101 的水果供应商所有价格大于等于 5 元的水果名称和价格。WHERE 子句中的条件分为两部分，AND 关键字指示 Oracle 返回所有同时满足两个条件的行。即使是 id=101 的水果供应商提供的水果，如果价格<5，或者是 id 不等于 101 的水果供应商里的水果不管其价格为多少，均不是要查询的结果。

上述例子的 WHERE 子句中只包含了一个 AND 语句，把两个过滤条件组合在一起。实际上可以添加多个 AND 过滤条件，增加条件的同时增加一个 AND 关键字。

【例 6.18】在 fruits 表中查询 s_id = 101 或者 102，且 f_price 大于 5，并且 f_name= 'apple ' 的水果价格和名称，SQL 语句如下：

```
SELECT f_id, f_price, f_name FROM fruits
WHERE s_id IN('101', '102') AND f_price >= 5 AND f_name = 'apple';
```

查询结果如下：

```
F_ID    F_PRICE    F_NAME
------  ---------  --------
a1      5.20       apple
```

可以看到，符合查询条件的返回记录只有一条。

6.2.9 带 OR 的多条件查询

与 AND 相反，在 WHERE 声明中使用 OR 操作符，表示只需要满足其中一个条件的记录即可返回。OR 也可以连接两个甚至多个查询条件，多个条件表达式之间用 OR 分开。

【例 6.19】查询 s_id=101 或者 s_id=102 的水果供应商的 f_price 和 f_name，SQL 语句如下：

```
SELECT s_id,f_name, f_price FROM fruits WHERE s_id = 101 OR s_id = 102;
```

查询结果如下：

```
S_ID  F_NAME           F_PRICE
----- ----------------- -----------
101   apple              5.20
101   blackberry        10.20
102   orange            11.20
101   cherry             3.20
102   banana            10.30
102   grape              5.30
```

结果显示了 s_id=101 和 s_id=102 的商店里的水果名称和价格，OR 操作符告诉 Oracle，检索的时候只需要满足其中的一个条件，不需要全部都满足。如果这里使用 AND 的话，将检索不到符合条件的数据。

在这里，也可以使用 IN 操作符实现与 OR 相同的功能，下面的例子可进行说明。

【例 6.20】查询 s_id=101 或者 s_id=102 的水果供应商的 f_price 和 f_name，SQL 语句如下：

```
SELECT s_id,f_name, f_price FROM fruits WHERE s_id IN(101,102);
```

查询结果如下：

```
S_ID  F_NAME           F_PRICE
----- ----------------- --------------
101   apple              5.20
101   blackberry         0.20
102   orange            11.20
101   cherry             3.20
102   banana            10.30
102   grape              5.30
```

在这里可以看到，OR 操作符和 IN 操作符使用后的结果是一样的，它们可以实现相同的功能。但是使用 IN 操作符使得检索语句更加简洁明了，并且 IN 执行的速度要快于 OR。更重要的是，使用 IN 操作符，可以执行更加复杂的嵌套查询（后面章节将会讲述）。

> OR 可以和 AND 一起使用，但是在使用时要注意两者的优先级，由于 AND 的优先级高于 OR，因此先对 AND 两边的操作数进行操作，再与 OR 中的操作数结合。

6.2.10 查询结果不重复

从前面的例子可以看到，SELECT 查询返回所有匹配的行。例如，查询 fruits 表中所有的 s_id，

其结果为:

```
S_ID
------
101
103
101
104
107
102
105
101
104
106
105
105
103
102
102
107
```

可以看到查询结果返回了 16 条记录,其中有一些重复的 s_id 值,有时,出于对数据分析的要求,需要消除重复的记录值,如何使查询结果没有重复呢?在 SELECT 语句中,可以使用 DISTINCT 关键字指示 Oracle 消除重复的记录值。语法格式为:

```
SELECT DISTINCT 字段名 FROM 表名;
```

【例 6.21】查询 fruits 表中 s_id 字段的值,返回 s_id 字段值且不得重复,SQL 语句如下:

```
SELECT DISTINCT s_id FROM fruits;
```

查询结果如下:

```
S_ID
------
101
103
104
107
102
105
106
```

可以看到,这次查询结果只返回了 7 条记录的 s_id 值,且不再有重复的值,SELECT DISTINCT s_id 告诉 Oracle 只返回不同的 s_id 行。

6.2.11 对查询结果排序

从前面的查询结果,读者会发现有些字段的值是没有任何顺序的,Oracle 可以通过在 SELECT

语句中使用 ORDER BY 子句，对查询的结果进行排序。

1. 单列排序

例如，查询 f_name 字段，查询结果如下：

```
SQL> SELECT f_name FROM fruits;
F_NAME
----------------
apple
apricot
blackberry
berry
xxxx
orange
melon
cherry
lemon
mango
xbabay
xxtt
coconut
banana
grape
xbababa
```

可以看到，查询的数据并没有以一种特定的顺序显示，如果没有对它们进行排序，它们将根据插入到数据表中的顺序来显示。

下面使用 ORDER BY 子句对指定的列数据进行排序。

【例 6.22】查询 fruits 表的 f_name 字段值，并对其进行排序，SQL 语句如下：

```
SQL> SELECT f_name FROM fruits ORDER BY f_name;
F_NAME
----------------
apple
apricot
banana
berry
blackberry
cherry
coconut
grape
lemon
mango
melon
orange
xbababa
xbabay
xxtt
```

```
xxxx
```

该语句查询的结果和前面的语句相同,不同的是,通过指定 ORDER BY 子句,Oracle 对查询的 name 列的数据,按字母表的顺序进行了升序排序。

2. 多列排序

有时,需要根据多列值进行排序。比如,如果要显示一个学生列表,可能会有多个学生的姓氏是相同的,因此还需要根据学生的名进行排序。对多列数据进行排序,须将需要排序的列之间用逗号隔开。

【例 6.23】查询 fruits 表中的 f_name 和 f_price 字段,先按 f_name 排序,再按 f_price 排序,SQL 语句如下:

```
SELECT f_name, f_price FROM fruits ORDER BY f_name, f_price;
```

查询结果如下:

```
F_NAME          F_PRICE
--------------- --------------
apple           5.20
apricot         2.20
banana          10.30
berry           7.60
blackberry      10.20
cherry          3.20
coconut         9.20
grape           5.30
lemon           6.40
mango           15.60
melon           8.20
orange          11.20
xbababa         3.60
xbabay          2.60
xxtt            11.60
xxxx            3.60
```

> 在对多列进行排序的时候,首先排序的第一列必须有相同的列值,才会对第二列进行排序。如果第一列数据中所有值都是唯一的,将不再对第二列进行排序。

3. 指定排序方向

默认情况下,查询数据按字母升序进行排序(A~Z),但数据的排序并不仅限于此,还可以使用 ORDER BY 对查询结果进行降序排序(Z~A),这可以通过关键字 DESC 实现,下面的例子表明了如何进行降序排列。

【例 6.24】查询 fruits 表中的 f_name 和 f_price 字段,对结果按 f_price 降序方式排序,SQL 语句如下:

```
SELECT f_name, f_price FROM fruits ORDER BY f_price DESC;
```

查询结果如下：

```
F_NAME          F_PRICE
--------------- ---------
mango           15.60
xxtt            11.60
orange          11.20
banana          10.30
blackberry      10.20
coconut         9.20
melon           8.20
berry           7.60
lemon           6.40
grape           5.30
apple           5.20
xxxx            3.60
xbababa         3.60
cherry          3.20
xbabay          2.60
apricot         2.20
```

与 DESC 相反的是 ASC（升序排序），将字段列中的数据按字母表顺序升序排序。实际上，在排序的时候 ASC 是默认的排序方式，所以加不加都可以。

也可以对多列进行不同的顺序排序，如【例 6.25】所示。

【例 6.25】查询 fruits 表，先按 f_price 降序排序，再按 f_name 字段升序排序，SQL 语句如下：

```
SELECT f_price, f_name FROM fruits ORDER BY f_price DESC, f_name;
```

查询结果如下：

```
F_PRICE         F_NAME
--------------- -------------
15.60           mango
11.60           xxtt
11.20           orange
10.30           banana
10.20           blackberry
9.20            coconut
8.20            melon
7.60            berry
6.40            lemon
5.30            grape
5.20            apple
3.60            xbababa
3.60            xxxx
```

```
3.20        cherry
2.60        xbabay
2.20        apricot
```

DESC 排序方式只应用到直接位于其前面的字段上,由结果可以看出。

> DESC 关键字只对其前面的列进行降序排列,在这里只对 f_price 排序,而并没有对 f_name 进行排序,因此,f_price 按降序排序,而 f_name 列仍按升序排序。如果要对多列都进行降序排序,必须要在每一列的列名后面加 DESC 关键字。

6.2.12 分组查询

分组查询是对数据按照某个或多个字段进行分组,Oracle 中使用 GROUP BY 关键字对数据进行分组,基本语法形式为:

```
[GROUP BY 字段] [HAVING <条件表达式>]
```

字段值为进行分组时所依据的列名称。"HAVING <条件表达式>"指定满足表达式限定条件的结果将被显示。

1. 创建分组

GROUP BY 关键字通常和集合函数一起使用,例如 MAX()、MIN()、COUNT()、SUM()、AVG()。例如,要返回每个水果供应商提供的水果种类,这时就要在分组过程中用到 COUNT()函数,把数据分为多个逻辑组,并对每个组进行集合计算。

【例 6.26】根据 s_id 对 fruits 表中的数据进行分组,SQL 语句如下:

```
SELECT s_id, COUNT(*) AS Total FROM fruits GROUP BY s_id;
```

查询结果如下:

```
s_id    Total
------  ------------
101     3
102     3
103     2
104     2
105     3
106     1
107     2
```

查询结果显示,s_id 表示供应商的 ID,Total 字段使用 COUNT()函数计算得出,GROUP BY 子句按照 s_id 排序并对数据分组,可以看到 ID 为 101、102、105 的供应商分别提供 3 种水果,ID 为 103、104、107 的供应商分别提供 2 种水果,ID 为 106 的供应商只提供一种水果。

如果要查看每个供应商提供的水果的种类的名称,该怎么办呢?Oracle 中可以在 GROUP BY

字节中使用 LISTAGG()函数,将每个分组中各个字段的值显示出来。

【例 6.27】根据 s_id 对 fruits 表中的数据进行分组,将每个供应商的水果名称显示出来,SQL 语句如下:

```
SELECT s_id, LISTAGG(f_name,',') within group (order by s_id ) AS Names FROM fruits GROUP BY s_id;
```

查询结果如下:

```
 S_ID   NAMES
------  ------------------------------
  101   apple,blackberry,cherry
  102   grape,banana,orange
  103   apricot,coconut
  104   lemon,berry
  105   xbabay,xxtt,melon
  106   mango
  107   xxxx,xbababa
```

由结果可以看到,LISTAGG()函数将每个分组中的名称显示出来了,其名称的个数与 COUNT()函数计算出来的相同。

2. 使用 HAVING 过滤分组

GROUP BY 可以和 HAVING 一起限定显示记录所需满足的条件,只有满足条件的分组才会被显示。

【例 6.28】根据 s_id 对 fruits 表中的数据进行分组,并显示水果种类大于 1 的分组信息,SQL 语句如下:

```
SELECT s_id, LISTAGG(f_name,',') within group (order by s_id ) AS Names
FROM fruits
GROUP BY s_id HAVING COUNT(f_name) > 1;
```

查询结果如下:

```
 S_ID   NAMES
------  ------------------------------
  101   apple,blackberry,cherry
  102   grape,banana,orange
  103   apricot,coconut
  104   lemon,berry
  105   xbabay,xxtt,melon
  107   xxxx,xbababa
```

由结果可以看到,ID 为 101、102、103、104、105、107 的供应商提供的水果种类大于 1,满足 HAVING 子句条件,因此出现在返回结果中。而 ID 为 106 的供应商的水果种类等于 1,不满足限定条件,因此不在返回结果中。

HAVING 关键字与 WHERE 关键字都是用来过滤数据,两者有什么区别呢?其中重要的一点是,HAVING 在数据分组之后进行过滤来选择分组,而 WHERE 在分组之前用来选择记录。另外,WHERE 排除的记录不再包括在分组中。

3. 在 GROUP BY 子句中使用 ROLLUP

使用 ROLLUP 关键字之后,在所有查询出的分组记录之后增加一条记录,该记录计算查询出的所有记录的总和,即统计记录数量。

【例 6.29】根据 s_id 对 fruits 表中的数据进行分组,并显示记录数量,SQL 语句如下:

```
SELECT s_id, COUNT(*) AS Total
FROM fruits a
GROUP BY ROLLUP(s_id) ;
```

查询结果如下:

```
S_ID    TOTAL
------  ------------
101     3
102     3
103     2
104     2
105     3
106     1
107     2
        16
```

由结果可以看到,通过 GROUP BY 分组之后,在显示结果的最后面新添加了一行,该行 Total 列的值正好是上面所有数值之和。

4. 多字段分组

使用 GROUP BY 可以对多个字段进行分组,GROUP BY 关键字后面跟需要分组的字段,Oracle 根据多字段的值来进行层次分组。分组层次从左到右,即先按第 1 个字段分组,然后在第 1 个字段值相同的记录中,再根据第 2 个字段的值进行分组,以此类推。

【例 6.30】根据 s_id 和 f_name 字段对 fruits 表中的数据进行分组, SQL 语句如下,

```
SQL> SELECT f_id, s_id ,f_name, f_price FROM fruits group by s_id,f_name;
```

查询结果如下:

```
F_ID   S_ID  F_NAME        F_PRICE
------ ----- ------------  ---------
a1     101   apple         5.20
b1     101   blackberry    10.20
```

```
c0    101    cherry       3.20
t1    102    banana      10.30
t2    102    grape        5.30
bs1   102    orange      11.20
a2    103    apricot      2.20
o2    103    coconut      9.20
b2    104    berry        7.60
l2    104    lemon        6.40
bs2   105    melon        8.20
m2    105    xbabay       2.60
m3    105    xxtt        11.60
m1    106    mango       15.60
t4    107    xbababa      3.60
b5    107    xxxx         3.60
```

由结果可以看到，查询记录先按照 s_id 进行分组，再对 f_name 字段按不同的取值进行分组。

5. GROUP BY 和 ORDER BY 一起使用

某些情况下需要对分组进行排序，在前面的介绍中，ORDER BY 用来对查询的记录排序，如果和 GROUP BY 一起使用可以完成对分组的排序。

为了演示效果，首先创建数据表，SQL 语句如下：

```
CREATE TABLE orderitems
(
  o_num       number(9)        NOT NULL,
  o_item      number(6)        NOT NULL,
  f_id        varchar2(10)     NOT NULL,
  quantity    number(6)        NOT NULL,
  item_price  number (8,2) NOT NULL,
  PRIMARY KEY (o_num,o_item)
) ;
```

然后插入演示数据。SQL 语句如下：

```
INSERT INTO orderitems(o_num, o_item, f_id, quantity, item_price)
SELECT 30001, 1, 'a1', 10, 5.2 from dual
Union all
SELECT 30001, 2, 'b2', 3, 7.6 from dual
Union all
SELECT 30001, 3, 'bs1', 5, 11.2 from dual
Union all
SELECT 30001, 4, 'bs2', 15, 9.2 from dual
Union all
SELECT 30002, 1, 'b3', 2, 20.0 from dual
Union all
SELECT 30003, 1, 'c0', 100, 10 from dual
Union all
SELECT 30004, 1, 'o2', 50, 2.50 from dual
Union all
```

```
SELECT 30005, 1, 'c0', 5, 10 from dual
Union all
SELECT 30005, 2, 'b1', 10, 8.99 from dual
Union all
SELECT 30005, 3, 'a2', 10, 2.2 from dual
Union all
SELECT 30005, 4, 'm1', 5, 14.99 from dual;
```

【例 6.31】查询订单价格大于 100 的订单号和总订单价格，SQL 语句如下：

```
SELECT o_num, SUM(quantity * item_price) AS orderTotal
FROM orderitems
GROUP BY o_num
HAVING SUM(quantity*item_price) >= 100;
```

查询结果如下：

```
O_NUM    ORDERTOTAL
-------  ----------
30001    68.8
30003    1000
30004    125
30005    236.85
```

可以看到，返回的结果中 orderTotal 列的总订单价格并没有按照一定顺序显示，接下来，使用 ORDER BY 关键字按总订单价格排序显示结果，SQL 语句如下：

```
SELECT o_num, SUM(quantity * item_price) AS orderTotal
FROM orderitems
GROUP BY o_num
HAVING SUM(quantity*item_price) >= 100
ORDER BY orderTotal;
```

查询结果如下：

```
O_NUM    ORDERTOTAL
-------  ----------
30004    125.00
30005    236.85
30001    268.80
30003    1000.00
```

由结果可以看到，GROUP BY 子句按订单号对数据进行分组，SUM()函数便可以返回总的订单价格，HAVING 子句对分组数据进行过滤，使得只返回总价格大于 100 的订单，最后使用 ORDER BY 子句排序输出。

 当使用 ROLLUP 时，不能同时使用 ORDER BY 子句进行结果排序，即 ROLLUP 和 ORDER BY 是互相排斥的。

6.2.13 使用 ROWNUM 限制查询结果的数量

SELECT 返回所有匹配的行,有可能是表中所有的行,如仅仅需要返回第一行或者前几行,则可以使用 ROWNUM 来限制。

【例 6.32】显示 fruits 表查询结果的前 4 行,SQL 语句如下:

```
SELECT * FROM fruits where ROWNUM< 5;
```

查询结果如下:

```
f_id    s_id   f_name         f_price
------  -----  -------------  --------
a1      101    apple          5.20
a2      103    apricot        2.20
b1      101    blackberry     10.20
b2      104    berry          7.60
```

由结果可以看到,显示结果从第一行开始,"行数"为小于 5 行,因此返回的结果为表中的前 4 行记录。

使用 rownum 时,只支持<、<=和! =符号,不支持>、>=、=和 between...and 符号。

6.3 使用集合函数查询

有时候并不需要返回实际表中的数据,而只是对数据进行总结。Oracle 提供一些查询功能,可以对获取的数据进行分析和报告。这些函数的功能有计算数据表中记录行数的总数。

计算某个字段列下数据的总和,以及计算表中某个字段下的最大值、最小值或者平均值。本节将介绍这些函数以及如何使用它们。这些聚合函数的名称和作用如表 6-2 所示。

表 6-2　Oracle 聚合函数

函数	作用
AVG()	返回某列的平均值
COUNT()	返回某列的行数
MAX()	返回某列的最大值
MIN()	返回某列的最小值
SUM()	返回某列值的和

接下来,将详细介绍各个函数的使用方法。

6.3.1 COUNT()函数

COUNT()函数统计数据表中包含的记录行的总数，或者根据查询结果返回列中包含的数据行数。其使用方法有两种：

- COUNT(*) 计算表中总的行数，不管某列是否有数值或者为空值。
- COUNT(字段名)计算指定列下总的行数，计算时将忽略空值的行。

【例 6.33】查询 customers 表中总的行数，SQL 语句如下：

```
SQL> SELECT COUNT(*) AS cust_num FROM customers;
cust_num
----------
    4
```

由查询结果可以看到，COUNT(*)返回 customers 表中记录的总行数，不管其值是什么，返回的总数的名称为 cust_num。

【例 6.34】查询 customers 表中有电子邮箱的顾客的总数，SQL 语句如下：

```
SQL> SELECT COUNT(c_email) AS email_num FROM customers;
EMAIL_NUM
------------
    3
```

由查询结果可以看到，表中 5 个 customer 只有 3 个有 email，customer 的 email 为空值 NULL 的记录没有被 COUNT()函数计算。

两个例子中不同的数值,说明了两种方式在计算总数的时候对待 NULL 值的方式不同，即指定列的值为空的行被 COUNT()函数忽略，但是如果不指定列，而在 COUNT()函数中使用星号 "*"，则所有记录都不忽略。

前面介绍分组查询的时候，介绍了 COUNT()函数与 GROUP BY 关键字一起使用,用来计算不同分组中的记录总数。

【例 6.35】在 orderitems 表中，使用 COUNT()函数统计不同订单号中订购的水果种类，SQL 语句如下：

```
SQL> SELECT o_num, COUNT(f_id)  FROM orderitems  GROUP BY o_num;
O_NUM  COUNT(F_ID)
---------- --------------
30001      4
30002      1
30003      1
30004      1
30005      4
```

从查询结果可以看到，GROUP BY 关键字先按照订单号进行分组，然后计算每个分组中的总记录数。

6.3.2 SUM()函数

SUM()是一个求总和的函数，返回指定列值的总和。

【例 6.36】在 orderitems 表中查询 30005 号订单一共购买的水果总量，SQL 语句如下：

```
SQL> SELECT SUM(quantity) AS items_totalFROM orderitems  WHERE o_num = 30005;
ITEMS_TOTAL
-----------
     30
```

由查询结果可以看到，SUM(quantity)函数返回订单中所有水果数量之和，WHERE 子句指定查询的订单号为 30005。

SUM()可以与 GROUP BY 一起使用，来计算每个分组的总和。

【例 6.37】在 orderitems 表中，使用 SUM()函数统计不同订单号中订购的水果总量，SQL 语句如下：

```
SQL> SELECT o_num, SUM(quantity) AS items_total FROM orderitems  GROUP BY o_num;

O_NUM  ITEMS_TOTAL
------ ---------------
30001   33
30002   2
30003   100
30004   50
30005   30
```

由查询结果可以看到，GROUP BY 按照订单号 o_num 进行分组，SUM()函数计算每个分组中订购的水果的总量。

 SUM()函数在计算时，忽略列值为 NULL 的行。

6.3.3 AVG()函数

AVG()函数通过计算返回的行数和每一行数据的和，求得指定列数据的平均值。

【例 6.38】在 fruits 表中，查询 s_id=103 的供应商的水果价格的平均值，SQL 语句如下：

```
SQL> SELECT AVG(ALL f_price) AS avg_price FROM fruits   WHERE s_id = 103;

AVG_PRICE
-----------
  5.7
```

该例中,查询语句增加了一个 WHERE 子句,并且添加了查询过滤条件,只查询 s_id = 103 的记录中的 f_price。因此,通过 AVG()函数计算的结果只是指定的供应商水果的价格平均值,而不是市场上所有水果的价格的平均值。

AVG()可以与 GROUP BY 一起使用,来计算每个分组的平均值。

【例 6.39】在 fruits 表中,查询每一个供应商的水果价格的平均值,SQL 语句如下:

```
SQL> SELECT s_id,AVG( ALL f_price) AS avg_price  FROM fruits  GROUP BY s_id;

 S_ID   AVG_PRICE
------  --------------
 101    6.2
 102    8.933333
 103    5.7
 104    7
 105    7.466667
 106    15.6
 107    3.6
```

GROUP BY 关键字根据 s_id 字段对记录进行分组,然后计算出每个分组的平均值,这种分组求平均值的方法非常有用,例如:求不同班级学生成绩的平均值,求不同部门工人的平均工资,求各地的年平均气温等。

AVG()函数使用时,其参数为要计算的列名称,如果要得到多个列的多个平均值,则需要在每一列上使用 AVG()函数。

6.3.4 MAX()函数

MAX()返回指定列中的最大值。

【例 6.40】在 fruits 表中查找市场上价格最高的水果,SQL 语句如下:

```
SQL>SELECT MAX(f_price) AS max_price FROM fruits;

MAX_PRICE
------------
   15.6
```

由结果可以看到,MAX()函数查询出了 f_price 字段的最大值 15.6。

MAX()也可以和 GROUP BY 关键字一起使用,求每个分组中的最大值。

【例 6.41】在 fruits 表中查找不同供应商提供的价格最高的水果,SQL 语句如下:

```
SQL> SELECT s_id, MAX(f_price) AS max_price  FROM fruits  GROUP BY s_id;

S_ID   MAX_PRICE
```

```
------    -----------
101       10.2
102       11.2
103       9.2
104       7.6
105       11.6
106       15.6
107       3.6
```

由结果可以看到，GROUP BY 关键字根据 s_id 字段对记录进行分组，然后计算出每个分组中的最大值。

MAX()函数不仅适用于查找数值类型，也可应用于字符类型。

【例 6.42】在 fruits 表中查找 f_name 的最大值，SQL 语句如下：

```
SQL> SELECT MAX(f_name) FROM fruits;

MAX(f_name)
----------------
xxxx
```

由结果可以看到，MAX()函数可以对字母进行大小判断，并返回最大的字符或者字符串值。

> MAX()函数除了用来找出最大的列值或日期值之外，还可以返回任意列中的最大值，包括返回字符类型的最大值。在对字符类型数据进行比较时，按照字符的 ASCII 码值大小进行比较，从 a~z，a 的 ASCII 码最小，z 的最大。在比较时，先比较第一个字母，如果相等，继续比较下一个字符，一直到两个字符不相等或者字符结束为止。例如，"b"与"t"比较时，"t"为最大值。"bcd"与"bca"比较时，"bcd"为最大值。

6.3.5 MIN()函数

MIN()返回查询列中的最小值。

【例 6.43】在 fruits 表中查找市场上价格最低的水果，SQL 语句如下：

```
SQL>SELECT MIN(f_price) AS min_price FROM fruits;

MIN_PRICE
-----------
   2.2
```

由结果可以看到，MIN ()函数查询出了 f_price 字段的最小值 2.2。

MIN()也可以和 GROUP BY 关键字一起使用，求出每个分组中的最小值。

【例 6.44】在 fruits 表中查找不同供应商提供的价格最低的水果，SQL 语句如下：

```
SQL> SELECT s_id, MIN(f_price) AS min_price FROM fruits  GROUP BY s_id;

S_ID  MIN_PRICE
----  ---------
101    3.2
102    5.3
103    2.2
104    6.4
105    2.6
106    15.6
107    3.6
```

由结果可以看到，GROUP BY 关键字根据 s_id 字段对记录进行分组，然后计算出每个分组中的最小值。

MIN()函数与 MAX()函数类似，不仅适用于查找数值类型，也可应用于字符类型。

6.4 连接查询

连接是关系数据库模型的主要特点。连接查询是关系数据库中最主要的查询，主要包括内连接、外连接等。通过连接运算符可以实现多个表查询。在关系数据库管理系统中，表建立时各数据之间的关系不必确定，常把一个实体的所有信息存放在一个表中。当查询数据时，通过连接操作查询出存放在多个表中的不同实体的信息。当两个或多个表中存在相同意义的字段时，便可以通过这些字段对不同的表进行连接查询。本节将介绍多表之间的内连接查询、外连接查询以及复合条件连接查询。

6.4.1 内连接查询

内连接（INNER JOIN）使用比较运算符进行表间某（些）列数据的比较操作，并列出这些表中与连接条件相匹配的数据行，组合成新的记录，也就是说，在内连接查询中，只有满足条件的记录才能出现在结果关系中。

为了演示的需要，首先创建数据表 suppliers，SQL 语句如下：

```
CREATE TABLE suppliers
(
 s_id      number(9)      NOT NULL,
 s_name    varchar2(50) NOT NULL,
 s_city    varchar2 (50) NULL,
 s_zip     varchar2 (10) NULL,
 s_call    varchar2 (50) NOT NULL,
 PRIMARY KEY (s_id)
) ;
```

插入需要演示的数据，SQL 语句如下：

```
INSERT INTO suppliers(s_id, s_name,s_city, s_zip, s_call)
```

```
SELECT 101,'FastFruit Inc.','Tianjin','300000','48075' from dual
Union all
SELECT 102,'LT Supplies','Chongqing','400000','44333' from dual
Union all
SELECT 103,'ACME','Shanghai','200000','90046' from dual
Union all
SELECT 104,'FNK Inc.','Zhongshan','528437','11111' from dual
Union all
SELECT 105,'Good Set','Taiyuang','030000', '22222' from dual
Union all
SELECT 106,'Just Eat Ours','Beijing','010', '45678' from dual
Union all
SELECT 107,'DK Inc.','Zhengzhou','450000', '33332' from dual;
```

【例 6.45】在 fruits 表和 suppliers 表之间使用内连接查询。

查询之前，查看两个表的结构：

```
SQL> DESC fruits;

名称        空值        类型
-------  --------   ------------
F_ID       NOT NULL  VARCHAR2(10)
S_ID       NOT NULL  NUMBER(6)
F_NAME   NOT NULL  VARCHAR2(255)
F_PRICE  NOT NULL  NUMBER(8,2)


SQL> DESC suppliers;

名称        空值        类型
------   --------   ------------
S_ID       NOT NULL  NUMBER(9)
S_NAME   NOT NULL  VARCHAR2(50)
S_CITY               VARCHAR2(50)
S_ZIP                VARCHAR2(10)
S_CALL     NOT NULL  VARCHAR2(50)
```

由结果可以看到，fruits 表和 suppliers 表中都有相同数据类型的字段 s_id，两个表通过 s_id 字段建立联系。接下来从 fruits 表中查询 f_name、f_price 字段，从 suppliers 表中查询 s_id、s_name，SQL 语句如下：

```
SQL> SELECT suppliers.s_id, s_name,f_name, f_price FROM fruits ,suppliers
WHERE fruits.s_id = suppliers.s_id;

S_ID  S_NAME            F_NAME         F_PRICE
----- ---------------   -------------  -------------
101   FastFruit Inc.    apple          5.20
```

```
103    ACME                    apricot         2.20
101    FastFruit Inc.          blackberry     10.20
104    FNK Inc.                berry           7.60
107    DK Inc.                 xxxx            3.60
102    LT Supplies             orange         11.20
105    Good Set                melon           8.20
101    FastFruit Inc.          cherry          3.20
104    FNK Inc.                lemon           6.40
106    Just Eat Ours           mango          15.60
105    Good Set                xbabay          2.60
105    Good Set                xxtt           11.60
103    ACME                    coconut         9.20
102    LT Supplies             banana         10.30
102    LT Supplies             grape           5.30
107    DK Inc.                 xbababa         3.60
```

在这里，SELECT 语句与前面所介绍的一个最大的差别是：SELECT 后面指定的列分别属于两个不同的表，（f_name, f_price）在表 fruits 中，而另外两个字段在表 supplies 中。同时 FROM 子句列出了两个表 fruits 和 suppliers。WHERE 子句在这里作为过滤条件，指明只有两个表中的 s_id 字段值相等的时候才符合连接查询的条件。从返回的结果可以看到，显示的记录是由两个表中的不同列值组成的新记录。

因为 fruits 表和 suppliers 表中有相同的字段 s_id，因此在比较的时候，需要完全限定表名（格式为"表名.列名"），如果只给出 s_id，Oracle 将不知道指的是哪一个，并返回错误信息。

下面的内连接查询语句返回与前面完全相同的结果。

【例 6.46】在 fruits 表和 suppliers 表之间，使用 INNER JOIN 语法进行内连接查询，SQL 语句如下：

```
SQL> SELECT suppliers.s_id, s_name,f_name, f_price  FROM fruits INNER JOIN
suppliers   ON fruits.s_id = suppliers.s_id;

  S_ID  S_NAME               F_NAME        F_PRICE
------  -------------------- ------------  ----------
   101  FastFruit Inc.       apple           5.20
   103  ACME                 apricot         2.20
   101  FastFruit Inc.       blackberry     10.20
   104  FNK Inc.             berry           7.60
   107  DK Inc.              xxxx            3.60
   102  LT Supplies          orange         11.20
   105  Good Set             melon           8.20
   101  FastFruit Inc.       cherry          3.20
   104  FNK Inc.             lemon           6.40
   106  Just Eat Ours        mango          15.60
```

```
105    Good Set            xbabay      2.60
105    Good Set            xxtt        11.60
103    ACME                coconut     9.20
102    LT Supplies         banana      10.30
102    LT Supplies         grape       5.30
107    DK Inc.             xbababa     3.60
```

在这里的查询语句中，两个表之间的关系通过 INNER JOIN 指定。使用这种语法的时候，连接的条件使用 ON 子句给出而不是 WHERE，ON 和 WHERE 后面指定的条件相同。

使用 WHERE 子句定义连接条件比较简单明了，而 INNER JOIN 语法是 ANSI SQL 的标准规范，使用 INNER JOIN 连接语法能够确保不会忘记连接条件，而且，WHERE 子句在某些时候会影响查询的性能。

如果在一个连接查询中，涉及的两个表都是同一个表，这种查询称为自连接查询。自连接是一种特殊的内连接，它是指相互连接的表在物理上为同一张表，但可以在逻辑上分为两张表。

【例 6.47】查询供应 f_id='a1'的水果供应商提供的其他水果种类，SQL 语句如下：

```
SQL> SELECT f1.f_id, f1.f_name FROM fruits f1, fruits f2 WHERE f1.s_id = f2.s_id AND f2.f_id = 'a1';

F_ID   F_NAME
------ ------------
a1     apple
b1     blackberry
c0     cherry
```

此处查询的两个表是相同的表，为了防止产生二义性，对表使用了别名，frtuits 表第 1 次出现的别名为 f1，第 2 次出现的别名为 f2，使用 SELECT 语句返回列时明确指出返回以 f1 为前缀的列的全名，WHERE 连接两个表，并按照第 2 个表的 f_id 对数据进行过滤，返回所需数据。

6.4.2 外连接查询

连接查询将查询多个表中相关联的行，内连接时，返回查询结果集合中的仅是符合查询条件和连接条件的行。但有时候需要包含没有关联的行中数据，即返回查询结果集合中的不仅包含符合连接条件的行，而且还包括左表（左外连接或左连接）、右表（右外连接或右连接）或两个边接表（全外连接）中的所有数据行。外连接分为左外连接和右外连接：

- LEFT JOIN（左连接）：返回包括左表中的所有记录和右表中连接字段相等的记录。
- RIGHT JOIN（右连接）：返回包括右表中的所有记录和左表中连接字段相等的记录。

1. LEFT JOIN 左连接

左连接的结果包括 LEFT OUTER 子句中指定的左表的所有行，而不仅仅是连接列所匹配的行。如果左表的某行在右表中没有匹配行，则在相关联的结果行中，右表的所有选择列表列均为空值。

首先创建表 orders，SQL 语句如下：

```
CREATE TABLE orders
(
  o_num   number(9)   NOT NULL,
  o_date  date        NOT NULL,
  c_id    number(9)   NOT NULL,
  PRIMARY KEY (o_num)
) ;
```

插入需要演示的数据，SQL 语句如下：

```
INSERT INTO orders(o_num, o_date, c_id)VALUES(30001, '01-9月-2008', 10001);
INSERT INTO orders(o_num, o_date, c_id)VALUES (30002, '12-9月-2008', 10003) ;
INSERT INTO orders(o_num, o_date, c_id)VALUES (30003, '30-9月-2008', 10004) ;
INSERT INTO orders(o_num, o_date, c_id)VALUES (30004, '03-10月-2008', 10005) ;
INSERT INTO orders(o_num, o_date, c_id)VALUES (30005, '08-10月-2008', 10001) ;
```

【例 6.48】在 customers 表和 orders 表中，查询所有客户，包括没有订单的客户，SQL 语句如下：

```
SQL> SELECT customers.c_id, orders.o_num  FROM customers LEFT OUTER JOIN orders
ON customers.c_id = orders.c_id;

C_ID    O_NUM
------- -------
10001   30001
10001   30005
10002
10003   30002
10004   30003
```

结果显示了 5 条记录，ID 等于 10002 的客户目前并没有下订单，所以对应的 orders 表中并没有该客户的订单信息，所以该条记录只取出了 customers 表中相应的值，而从 orders 表中取出的值为空值。

2. RIGHT JOIN 右连接

右连接是左连接的反向连接，将返回右表的所有行。如果右表的某行在左表中没有匹配行，左表将返回空值。

【例 6.49】在 customers 表和 orders 表中，查询所有订单，包括没有客户的订单，SQL 语句如下：

```
SQL> SELECT customers.c_id, orders.o_num FROM customers RIGHT OUTER JOIN orders
ON customers.c_id = orders.c_id;
 C_ID   O_NUM
------- -------
 10001  30001
 10003  30002
```

```
10004    30003
         30004
10001    30005
```

结果显示了 5 条记录,订单号等于 30004 的订单的客户可能由于某种原因取消了该订单,对应的 customers 表中并没有该客户的信息,所以该条记录只取出了 orders 表中相应的值,而从 customers 表中取出的值为空值 NULL。

6.4.3 复合条件连接查询

复合条件连接查询是在连接查询的过程中,通过添加过滤条件,限制查询的结果,使查询的结果更加准确。

【例 6.50】在 customers 表和 orders 表中,使用 INNER JOIN 语法查询 customers 表中 ID 为 10001 的客户的订单信息,SQL 语句如下:

```
SQL> SELECT customers.c_id, orders.o_num  FROM customers INNER JOIN orders    ON
customers.c_id = orders.c_id AND customers.c_id = 10001;
  C_ID   O_NUM
-------  -------
 10001   30001
 10001   30005
```

结果显示,在连接查询时指定查询客户 ID 为 10001 的订单信息,添加了过滤条件之后返回的结果将会变少,因此返回结果只有两条记录。

使用连接查询,并对查询的结果进行排序。

【例 6.51】在 fruits 表和 suppliers 表之间,使用 INNER JOIN 语法进行内连接查询,并对查询结果排序,SQL 语句如下:

```
SQL> SELECT suppliers.s_id, s_name,f_name, f_price  FROM fruits INNER JOIN
suppliers  ON fruits.s_id = suppliers.s_id
      ORDER BY fruits.s_id;
 S_ID   S_NAME              F_NAME          F_PRICE
------  ----------------    ------------    -----------
 101    FastFruit Inc.      apple           5.20
 101    FastFruit Inc.      blackberry      10.20
 101    FastFruit Inc.      cherry          3.20
 102    LT Supplies         grape           5.30
 102    LT Supplies         banana          10.30
 102    LT Supplies         orange          11.20
 103    ACME                apricot         2.20
 103    ACME                coconut         9.20
 104    FNK Inc.            lemon           6.40
 104    FNK Inc.            berry           7.60
 105    Good Set            xbabay          2.60
 105    Good Set            xxtt            11.60
 105    Good Set            melon           8.20
```

106	Just Eat Ours	mango	15.60
107	DK Inc.	xxxx	3.60
107	DK Inc.	xbababa	3.60

由结果可以看到，内连接查询的结果按照 suppliers.s_id 字段进行了升序排序。

6.5 子查询

子查询指一个查询语句嵌套在另一个查询语句内部的查询，这个特性从 Oracle 4.1 开始引入。在 SELECT 子句中先计算子查询，子查询结果作为外层另一个查询的过滤条件，查询可以基于一个表或者多个表。子查询中常用的操作符有 ANY（SOME）、ALL、IN、EXISTS。子查询可以添加到 SELECT、UPDATE 和 DELETE 语句中，而且可以进行多层嵌套。子查询中也可以使用比较运算符，如 "<" "<=" ">" ">=" 和 "!=" 等。本节将介绍如何在 SELECT 语句中嵌套子查询。

6.5.1 带 ANY、SOME 关键字的子查询

ANY 和 SOME 关键字是同义词，表示满足其中任一条件，它们允许创建一个表达式对子查询的返回值列表进行比较，只要满足内层子查询中的任何一个比较条件，就返回一个结果作为外层查询的条件。

下面定义两个表 tbl1 和 tbl2：

```
CREATE table tbl1 ( num1 INT NOT NULL);
CREATE table tbl2 ( num2 INT NOT NULL);
```

分别向两个表中插入数据：

```
INSERT INTO tbl1 values(1);
INSERT INTO tbl1 values(5);
INSERT INTO tbl1 values(13);
INSERT INTO tbl1 values(27);
INSERT INTO tbl2 values(6);
INSERT INTO tbl2 values(14);
INSERT INTO tbl2 values(11);
INSERT INTO tbl2 values(20);
```

ANY 关键字接在一个比较操作符的后面，表示若与子查询返回的任何值比较为 TRUE，则返回 TRUE。

【例 6.52】返回 tbl2 表的所有 num2 列，然后将 tbl1 中的 num1 的值与之进行比较，只要大于 num2 的任何一个值，即为符合查询条件的结果。

```
SQL> SELECT num1 FROM tbl1 WHERE num1 > ANY (SELECT num2 FROM tbl2);

NUM1
------
  13
```

27

在子查询中，返回的是 tbl2 表的所有 num2 列结果（6,14,11,20），然后将 tbl1 中的 num1 列的值与之进行比较，只要大于 num2 列的任意一个数即为符合条件的结果。

6.5.2 带 ALL 关键字的子查询

ALL 关键字与 ANY 和 SOME 不同，使用 ALL 时需要同时满足所有内层查询的条件。例如，修改前面的例子，用 ALL 关键字替换 ANY。

ALL 关键字接在一个比较操作符的后面，表示与子查询返回的所有值比较为 TRUE，则返回 TRUE。

【例 6.53】返回 tbl1 表中比 tbl2 表 num2 列所有值都大的值，SQL 语句如下：

```
SQL> SELECT num1 FROM tbl1 WHERE num1 > ALL (SELECT num2 FROM tbl2);

NUM1
------
    27
```

在子查询中，返回的是 tbl2 的所有 num2 列结果（6,14,11,20），然后将 tbl1 中的 num1 列的值与之进行比较，大于所有 num2 列值的 num1 值只有 27，因此返回结果为 27。

6.5.3 带 EXISTS 关键字的子查询

EXISTS 关键字后面的参数是一个任意的子查询，系统对子查询进行运算以判断它是否返回行，如果至少返回一行，那么 EXISTS 的结果为 true，此时外层查询语句将进行查询。如果子查询没有返回任何行，那么 EXISTS 返回的结果是 false，此时外层语句将不进行查询。

【例 6.54】查询 suppliers 表中是否存在 s_id=107 的供应商，如果存在，则查询 fruits 表中的记录，SQL 语句如下：

```
SQL> SELECT * FROM fruits  WHERE EXISTS  (SELECT s_name FROM suppliers WHERE
s_id = 107);

F_ID   S_ID   F_NAME       F_PRICE
------ ------ ------------ ---------
a1     101    apple        5.20
a2     103    apricot      2.20
b1     101    blackberry   10.20
b2     104    berry        7.60
b5     107    xxxx         3.60
bs1    102    orange       11.20
bs2    105    melon        8.20
c0     101    cherry       3.20
l2     104    lemon        6.40
m1     106    mango        15.60
m2     105    xbabay       2.60
```

```
m3      105     xxtt        11.60
o2      103     coconut     9.20
t1      102     banana      10.30
t2      102     grape       5.30
t4      107     xbababa     3.60
```

由结果可以看到，内层查询结果表明 suppliers 表中存在 s_id=107 的记录，因此 EXISTS 表达式返回 true。外层查询语句接收 true 之后对表 fruits 进行查询，返回所有的记录。

EXISTS 关键字可以和条件表达式一起使用。

【例 6.55】查询 suppliers 表中是否存在 s_id=107 的供应商，如果存在，则查询 fruits 表中 f_price 大于 10.20 的记录，SQL 语句如下：

```
SQL> SELECT * FROM fruits WHERE f_price>10.20 AND EXISTS
  (SELECT s_name FROM suppliers WHERE s_id = 107);
F_ID    S_ID    F_NAME      F_PRICE
------  ------  --------    ---------
bs1     102     orange      11.20
m1      106     mango       15.60
m3      105     xxtt        11.60
t1      102     banana      10.30
```

由结果可以看到，内层查询结果表明 suppliers 表中存在 s_id=107 的记录，因此 EXISTS 表达式返回 true。外层查询语句接收 true 之后根据查询条件 f_price > 10.20 对 fruits 表进行查询，返回结果为 4 条 f_price 大于 10.20 的记录。

NOT EXISTS 与 EXISTS 使用方法相同，返回的结果相反。子查询如果至少返回一行，那么 NOT EXISTS 的结果为 false，此时外层查询语句将不进行查询。如果子查询没有返回任何行，那么 NOT EXISTS 返回的结果是 true，此时外层语句将进行查询。

【例 6.56】查询 suppliers 表中是否存在 s_id=107 的供应商，如果不存在则查询 fruits 表中的记录，SQL 语句如下：

```
SQL> SELECT * FROM fruits WHERE NOT EXISTS  (SELECT s_name FROM suppliers WHERE
s_id = 107);
   未选择任何行
```

查询语句 SELECT s_name FROM suppliers WHERE s_id = 107，对 suppliers 表进行查询返回了一条记录，NOT EXISTS 表达式返回 false，外层表达式接收 false，将不再查询 fruits 表中的记录。

 EXISTS 和 NOT EXISTS 的结果只取决于是否会返回行，而不取决于这些行的内容，所以这个子查询输入列表通常是无关紧要的。

6.5.4 带 IN 关键字的子查询

IN 关键字进行子查询时，内层查询语句仅仅返回一个数据列，这个数据列里的值将提供给外层查询语句进行比较操作。

【例 6.57】在 orderitems 表中查询 f_id 为 c0 的订单号，并根据订单号查询具有订单号的客户 c_id，SQL 语句如下：

```
SQL> SELECT c_id FROM orders WHERE o_num IN  (SELECT o_num  FROM orderitems WHERE f_id = 'c0');

C_ID
-------
10004
10001
```

查询结果的 c_id 有两个值，分别为 10001 和 10004。上述查询过程可以分步执行，首先内层子查询查出 orderitems 表中符合条件的订单号，单独执行内查询，查询结果如下：

```
SQL> SELECT o_num  FROM orderitems WHERE f_id = 'c0';

O_NUM
-------
30003
30005
```

可以看到，符合条件的 o_num 列的值有两个：30003 和 30005，然后执行外层查询，在 orders 表中查询订单号等于 30003 或 30005 的客户 c_id。嵌套子查询语句还可以写为如下形式，实现相同的效果：

```
SQL> SELECT c_id FROM orders WHERE o_num IN (30003, 30005);

C_ID
-------
10004
10001
```

这个例子说明在处理 SELECT 语句的时候，Oracle 实际上执行了两个操作过程，即先执行内层子查询，再执行外层查询，内层子查询的结果作为外部查询的比较条件。

SELECT 语句中可以使用 NOT IN 关键字，其作用与 IN 正好相反。

【例 6.58】与前一个例子类似，但是在 SELECT 语句中使用 NOT IN 关键字，SQL 语句如下：

```
SQL> SELECT c_id FROM orders WHERE o_num NOT IN  (SELECT o_num  FROM orderitems WHERE f_id = 'c0');
C_ID
-------
10001
10003
10005
```

这里返回的结果有 3 条记录，由前面可以看到，子查询返回的订单值有两个，即 30003 和 30005，但为什么这里还有值为 10001 的 c_id 呢?这是因为 c_id 等于 10001 的客户的订单不止一个,可以查看订单表 orders 中的记录。

```
SQL> SELECT * FROM orders;
O_NUM      O_DATE         C_ID
O_NUM      O_DATE         C_ID
---------- ---------      ----------
30001      01-9月 -08      10001
30004      03-10月-08      10005
30005      08-10月-08      10001
30002      12-9月 -08      10003
30003      30-9月 -08      10004
```

可以看到,虽然排除了订单号为 30003 和 30005 的客户 c_id,但是 o_num 为 30001 的订单与 30005 都是 10001 号客户的订单。所以结果中只是排除了订单号,但是仍然有可能选择同一个客户。

 子查询的功能也可以通过连接查询完成,但是子查询使得 Oracle 代码更容易阅读和编写。

6.5.5 带比较运算符的子查询

在前面介绍的带 ANY、ALL 关键字的子查询时使用了 ">" 比较运算符,子查询时还可以使用其他的比较运算符,如 "<" "<=" "=" ">=" 和 "!=" 等。

【例 6.59】在 suppliers 表中查询 s_city 等于 "Tianjin" 的供应商 s_id,然后在 fruits 表中查询所有该供应商提供的水果的种类,SQL 语句如下:

```
SELECT s_id, f_name FROM fruits WHERE s_id =
(SELECT s1.s_id FROM suppliers  s1 WHERE s1.s_city = 'Tianjin');
```

该嵌套查询首先在 suppliers 表中查找 s_city 等于 Tianjin 的供应商的 s_id,单独执行子查询查看 s_id 的值,执行下面的操作过程:

```
SQL> SELECT s1.s_id FROM suppliers  s1 WHERE s1.s_city = 'Tianjin';

S_ID
------
101
```

然后在外层查询时,在 fruits 表中查找 s_id 等于 101 的供应商提供的水果的种类,查询结果如下:

```
SQL> SELECT s_id, f_name FROM fruits  WHERE s_id =
   (SELECT s1.s_id FROM suppliers  s1 WHERE s1.s_city = 'Tianjin');
S_ID F_NAME
```

```
------  ------------
101     apple
101     blackberry
101     cherry
```

结果表明,"Tianjin"地区的供应商提供的水果种类有 3 种,分别为"apple""blackberry" "cherry"。

【例 6.60】在 suppliers 表中查询 s_city 等于"Tianjin"的供应商 s_id,然后在 fruits 表中查询所有非该供应商提供的水果的种类,SQL 语句如下:

```
SQL> SELECT s_id, f_name FROM fruits  WHERE s_id <>
(SELECT s1.s_id FROM suppliers  s1 WHERE s1.s_city = 'Tianjin');
S_ID  F_NAME
------  ---------
103    apricot
104    berry
107    xxxx
102    orange
105    melon
104    lemon
106    mango
105    xbabay
105    xxtt
103    coconut
102    banana
102    grape
107    xbababa
```

该嵌套查询执行过程与前面相同,在这里使用了不等于"<>"运算符,因此返回的结果和前面正好相反。

6.6 合并查询结果

利用 UNION 关键字,可以给出多条 SELECT 语句,并将它们的结果组合成单个结果集。合并时,两个表对应的列数和数据类型必须相同。各个 SELECT 语句之间使用 UNION 或 UNION ALL 关键字分隔。UNION 不使用关键字 ALL,执行的时候删除重复的记录,所有返回的行都是唯一的。使用关键字 ALL 的作用是不删除重复行也不对结果进行自动排序。基本语法格式如下:

```
SELECT column,... FROM table1
UNION [ALL]
SELECT column,... FROM table2
```

【例 6.61】查询所有价格小于 9 的水果的信息,查询 s_id 等于 101 和 103 所有的水果的信息,使用 UNION 连接查询结果,SQL 语句如下:

```sql
SELECT s_id, f_name, f_price
FROM fruits
WHERE f_price < 9.0
UNION
SELECT s_id, f_name, f_price
FROM fruits
WHERE s_id IN(101,103);
```

合并查询结果如下：

```
S_ID    F_NAME           F_PRICE
------  ---------------  ----------
101     apple            5.2
103     apricot          2.2
104     berry            7.6
107     xxxx             3.6
105     melon            8.2
101     cherry           3.2
104     lemon            6.4
105     xbabay           2.6
102     grape            5.3
107     xbababa          3.6
101     blackberry       10.2
103     coconut          9.2
```

如前所述，UNION 将多个 SELECT 语句的结果组合成一个结果集合。可以分开查看每个 SELECT 语句的结果：

```
SQL> SELECT s_id, f_name, f_price FROM fruits
    WHERE f_price < 9.0;
S_ID    F_NAME          F_PRICE
------  -----------     ---------
101     apple           5.2
103     apricot         2.2
104     berry           7.6
107     xxxx            3.6
105     melon           8.2
101     cherry          3.2
104     lemon           6.4
105     xbabay          2.6
102     grape           5.3
107     xbababa         3.6


SQL> SELECT s_id, f_name, f_price FROM fruits
    WHERE s_id IN(101,103);

S_ID    F_NAME          F_PRICE
------  -----------     ---------
```

```
101        apple         5.2
103        apricot       2.2
101        blackberry    10.2
101        cherry        3.2
103        coconut       9.2
```

由分开查询的结果可以看到，第 1 条 SELECT 语句查询价格小于 9 的水果，第 2 条 SELECT 语句查询供应商 101 和 103 提供的水果。使用 UNION 将两条 SELECT 语句分隔开，执行完毕之后把输出结果组合成单个的结果集，并删除重复的记录。

使用 UNION ALL 包含重复的行，在前面的例子中，分开查询时，两个返回结果中有相同的记录。UNION 从查询结果集中自动去除了重复的行，如果要返回所有匹配行，而不进行删除，可以使用 UNION ALL。

【例 6.62】查询所有价格小于 9 的水果的信息，查询 s_id 等于 101 和 103 的所有水果的信息，使用 UNION ALL 连接查询结果，SQL 语句如下：

```
SELECT s_id, f_name, f_price
FROM fruits
WHERE f_price < 9.0
UNION
SELECT s_id, f_name, f_price
FROM fruits
WHERE s_id IN(101,103);
```

查询结果如下：

```
S_ID   F_NAME            F_PRICE
------ ----------------  ---------
101    apple             5.2
103    apricot           2.2
104    berry             7.6
107    xxxx              3.6
105    melon             8.2
101    cherry            3.2
104    lemon             6.4
105    xbabay            2.6
102    grape             5.3
107    xbababa           3.6
101    blackberry        10.2
103    coconut           9.2
```

由结果可以看到，这里总的记录数等于两条 SELECT 语句返回的记录数之和，连接查询结果并没有去除重复的行。

UNION 和 UNION ALL 的区别：使用 UNION ALL 的功能是不删除重复行，加上 ALL 关键字语句执行时所需要的资源少，所以尽可能使用 UNION ALL，知道有重复行但是想保留这些行。确定查询结果中不会有重复数据或者需要去掉重复数据的时候，应当使用 UNION，以提高查询效率。

6.7 为表和字段取别名

在前面介绍分组查询、集合函数查询和嵌套子查询章节中，有的地方为查询结果中的某一列指定了一个特定的名字，在内连接查询时对相同的表 fruits 分别指定两个不同的名字。这里可以为字段或者表取一个别名，在查询时，使用别名替代其指定的内容，本节将介绍如何为字段和表创建别名以及如何使用别名。

6.7.1 为表取别名

当表名字很长或者执行一些特殊查询时，为了方便操作或者需要多次使用相同的表时，可以为表指定别名，用这个别名替代表原来的名称。为表取别名的基本语法格式为：

表名 表别名

"表名"为数据库中存储的数据表的名称，"表别名"为查询时指定的表的新名称，AS 关键字为可选参数。

【例 6.63】为 orders 表取别名 o，查询 30001 订单的下单日期，SQL 语句如下：

```
SELECT * FROM orders  o
WHERE o.o_num = 30001;
```

在这里 orders o 代码表示为 orders 表取别名为 o，指定过滤条件时直接使用 o 代替 orders，查询结果如下：

```
O_NUM  O_DATE                C_ID
------ --------------------- -------
30001  01-9月 -08            10001
```

【例 6.64】为 customers 和 orders 表分别取别名，并进行连接查询，SQL 语句如下：

```
SQL> SELECT c.c_id, o.o_num
    FROM customers  c LEFT OUTER JOIN orders o
    ON c.c_id = o.c_id;

C_ID  O_NUM
----- -------
10001  30001
```

```
10001    30005
10002
10003    30002
10004    30003
```

由结果看到，Oracle 可以同时为多个表取别名，而且表别名可以放在不同的位置，如 WHERE 子句、SELECT 列表、ON 子句以及 ORDER BY 子句等。

在前面介绍内连接查询时指出自连接是一种特殊的内连接，在连接查询中的两个表都是同一个表，其查询语句如下：

```
SQL> SELECT f1.f_id, f1.f_name
     FROM fruits  f1, fruits  f2
     WHERE f1.s_id = f2.s_id AND f2.f_id = 'a1';

F_ID    F_NAME
------  ------------
a1      apple
b1      blackberry
c0      cherry
```

在这里，如果不使用表别名，Oracle 将不知道引用的是哪个 fruits 表实例，这是表别名非常有用的地方。

 在为表取别名时，要保证不能与数据库中其他表的名称冲突。

6.7.2 为字段取别名

在本章和前面各章节的例子中可以看到，在使用 SELECT 语句显示查询结果时，Oracle 会显示每个 SELECT 后面指定的输出列，在有些情况下，显示的列的名称会很长或者名称不够直观，Oracle 可以指定列别名，替换字段或表达式。为字段取别名的基本语法格式为：

列名 [AS] 列别名

"列名"为表中字段定义的名称，"列别名"为字段新的名称，AS 关键字为可选参数。

【例 6.65】查询 fruits 表，为 f_name 取别名 fruit_name，f_price 取别名 fruit_price，为 fruits 表取别名 f1，查询表中 f_price < 8 的水果的名称，SQL 语句如下：

```
SQL> SELECT f1.f_name AS fruit_name, f1.f_price AS fruit_price
     FROM fruits  f1
     WHERE f1.f_price < 8;

FRUIT_NAME        FRUIT_PRICE
-----------       -------------
apple             5.2
apricot           2.2
```

```
berry       7.6
xxxx        3.6
cherry      3.2
lemon       6.4
xbabay      2.6
grape       5.3
xbababa     3.6
```

也可以为 SELECT 子句中的计算字段取别名，例如，对使用 COUNT 聚合函数或者 CONCAT 等系统函数执行的结果字段取别名。

【例 6.66】 查询 suppliers 表中字段 s_name 和 s_city，使用 CONCAT 函数连接这两个字段值，并取列别名为 suppliers_title。

如果没有对连接后的值取别名，其显示列名称将会不够直观，SQL 语句如下：

```
SQL> SELECT CONCAT(s_name , s_city) FROM suppliers ORDER BY s_name;

CONCAT(S_NAME,S_CITY)
-----------------------------------------------------------
ACMEShanghai
DK Inc.Zhengzhou
FNK Inc.Zhongshan
FastFruit Inc.Tianjin
Good SetTaiyuan
Just Eat OursBeijing
LT SuppliesChongqing
```

由结果可以看到，显示结果的列名称为 SELECT 子句后面的计算字段，实际上计算之后的列是没有名字的，这样的结果让人很不容易理解，如果为字段取一个别名，将会使结果清晰，SQL 语句如下：

```
SQL> SELECT CONCAT(s_name , s_city)
    AS suppliers_title
    FROM suppliers
    ORDER BY s_name;

SUPPLIERS_TITLE
---------------------------------------------
ACMEShanghai
DK Inc.Zhengzhou
FNK Inc.Zhongshan
FastFruit Inc.Tianjin
Good SetTaiyuan
Just Eat OursBeijing
LT SuppliesChongqing
```

由结果可以看到，SELECT 子句计算字段值之后增加了 AS suppliers_title，它指示 Oracle 为计算字段创建一个别名 suppliers_title，显示结果为指定的列别名，这样就增强了查询结果的可读性。

> 表别名只在执行查询的时候使用，并不在返回结果中显示，而列别名定义之后，将返回给客户端显示，显示的结果字段为字段列的别名。

6.8 使用正则表达式查询

正则表达式通常被用来检索或替换那些符合某个模式的文本内容，根据指定的匹配模式匹配文本中符合要求的特殊字符串。例如从一个文本文件中提取电话号码，查找一篇文章中重复的单词或者替换用户输入的某些敏感词语等，这些地方都可以使用正则表达式。正则表达式强大而且灵活，可以应用于非常复杂的查询。

Oracle 中使用 REGEXP_LIKE() 函数指定正则表达式的字符匹配模式，表 6-3 列出了 REGEXP_LIKE 函数中常用字符匹配列表。

表 6-3　正则表达式常用字符匹配列表

选项	说明	例子	匹配值示例
^	匹配文本的开始字符	'^b'匹配以字母 b 开头的字符串	book、big、banana、bike
$	匹配文本的结束字符	'st$'匹配以 st 结尾的字符串	test、resist、persist
.	匹配任何单个字符	'b.t'匹配任何 b 和 t 之间有一个字符的字符串	bit、bat、but、bite
*	匹配零个或多个在它前面的字符	'f*n'匹配字符 n 前面有任意个字符 f	fn、fan、faan、abcn
+	匹配前面的字符 1 次或多次	'ba+ '匹配以 b 开头后面紧跟至少有一个 a	ba、bay、bare、battle
<字符串>	匹配包含指定的字符串的文本	'fa'	fan、afa、faad
[字符集合]	匹配字符集合中的任何一个字符	'[xz]' 匹配 x 或者 z	dizzy、zebra、x-ray、extra
[^]	匹配不在括号中的任何字符	'[^abc]'匹配任何不包含 a、b 或 c 的字符串	desk、fox、f8ke
字符串{n,}	匹配前面的字符串至少 n 次	b{2}匹配 2 个或更多的 b	bbb、bbbb、bbbbbbb
字符串{n,m}	匹配前面的字符串至少 n 次，至多 m 次。如果 n 为 0，此参数为可选参数	b{2,4}匹配最少 2 个，最多 4 个 b	bb、bbb 、bbbb

下文将详细介绍在 Oracle 中如何使用正则表达式。

6.8.1　查询以特定字符或字符串开头的记录

字符"^"匹配以特定字符或者字符串开头的文本。

【例 6.67】在 fruits 表中，查询 f_name 字段以字母 "b" 开头的记录，SQL 语句如下：

```
SQL> SELECT * FROM fruits WHERE REGEXP_LIKE(f_name , '^b');

 F_ID   S_ID  F_NAME           F_PRICE
 ------ ----- ---------------- --------
 b1     101   blackberry       10.2
 b2     104   berry            7.6
 t1     102   banana           10.3
```

fruits 表中有 3 条记录的 f_name 字段值是以字母 b 开头，返回结果有 3 条记录。

【例 6.68】在 fruits 表中，查询 f_name 字段以 "be" 开头的记录，SQL 语句如下：

```
SQL> SELECT * FROM fruits WHERE REGEXP_LIKE( f_name , '^be');
 F_ID  S_ID  F_NAME    F_PRICE
 ----- ----- --------- ---------
 b2    104   berry     7.6
```

只有 berry 是以 "be" 开头，所以查询结果中只有 1 条记录。

6.8.2　查询以特定字符或字符串结尾的记录

字符 "$" 匹配以特定字符或者字符串结尾的文本。

【例 6.69】在 fruits 表中，查询 f_name 字段以字母 "y" 结尾的记录，SQL 语句如下：

```
SQL> SELECT * FROM fruits WHERE REGEXP_LIKE(f_name , 'y$');

F_ID  S_ID  F_NAME        F_PRICE
----- ----- ------------- ---------
b1    01    blackberry    10.2
b2    104   berry         7.6
c0    101   cherry        3.2
m2    105   xbabay        2.6
```

fruits 表中有 4 条记录的 f_name 字段值是以字母 "y" 结尾，返回结果有 4 条记录。

【例 6.70】在 fruits 表中，查询 f_name 字段以字符串 "rry" 结尾的记录，SQL 语句如下：

```
SQL> SELECT * FROM fruits WHERE REGEXP_LIKE(f_name , 'rry$');
 F_ID  S_ID  F_NAME        F_PRICE
 ----- ----- ------------- ---------
 b1    101   blackberry    10.2
 b2    104   berry         7.6
 c0    101   cherry        3.2
```

fruits 表中有 3 条记录的 f_name 字段值是以字符串 "rry" 结尾，返回结果有 3 条记录。

6.8.3 用符号"."来替代字符串中的任意一个字符

字符"."匹配任意一个字符。

【例 6.71】在 fruits 表中，查询 f_name 字段值包含字母"a"与"g"且两个字母之间只有一个字母的记录，SQL 语句如下：

```
SQL> SELECT * FROM fruits WHERE REGEXP_LIKE(f_name , 'a.g');

F_ID   S_ID   F_NAME     F_PRICE
------ ------ ---------- ---------
bs1    102    orange     11.20
m1     106    mango      15.60
```

查询语句中"a.g"指定匹配字符中要有字母 a 和 g，且两个字母之间包含单个字符，并不限定匹配的字符的位置和所在查询字符串的总长度，因此 orange 和 mango 都符合匹配条件。

6.8.4 使用"*"和"+"来匹配多个字符

星号"*"匹配前面的字符任意多次，包括 0 次。加号"+"匹配前面的字符至少一次。

【例 6.72】在 fruits 表中，查询 f_name 字段值以字母"b"开头，且"b"后面出现字母"a"的记录，SQL 语句如下：

```
SQL> SELECT * FROM fruits WHERE REGEXP_LIKE(f_name , '^ba*');
F_ID   S_ID   F_NAME        F_PRICE
------ ------ ------------- -------------
b1     101    blackberry    10.20
b2     104    berry         7.60
t1     102    banana        10.30
```

星号"*"可以匹配任意多个字符，blackberry 和 berry 中字母 b 后面并没有出现字母 a，但是也满足匹配条件。

【例 6.73】在 fruits 表中，查询 f_name 字段值以字母"b"开头，且"b"后面出现字母"a"至少一次的记录，SQL 语句如下：

```
SQL> SELECT * FROM fruits WHERE REGEXP_LIKE(f_name , '^ba+');

F_ID   S_ID   F_NAME     F_PRICE
------ ------ --------   ---------
t1     102    banana     10.30
```

"a+"匹配字母"a"至少一次，只有 banana 满足匹配条件。

6.8.5 匹配指定字符串

正则表达式可以匹配指定字符串，只要这个字符串在查询文本中即可，如要匹配多个字符串，多个字符串之间使用分隔符"|"隔开。

【例6.74】在fruits表中，查询f_name字段值包含字符串"on"的记录，SQL语句如下：

```
SQL> SELECT * FROM fruits WHERE REGEXP_LIKE(f_name , 'on');

F_ID    S_ID    F_NAME        F_PRICE
------  ------  ------------  ---------
bs2     105     melon         8.20
l2      104     lemon         6.40
o2      103     coconut       9.20
```

可以看到，f_name字段的melon、lemon和coconut三个值中都包含有字符串"on"，满足匹配条件。

【例6.75】在fruits表中，查询f_name字段值包含字符串"on"或者"ap"的记录，SQL语句如下：

```
SQL> SELECT * FROM fruits WHERE REGEXP_LIKE(f_name , 'on|ap');

F_ID    S_ID    F_NAME        F_PRICE
------  ------  ------------  ---------
a1      101     apple         5.20
a2      103     apricot       2.20
bs2     105     melon         8.20
l2      104     lemon         6.40
o2      103     coconut       9.20
t2      102     grape         5.30
```

可以看到，f_name字段的melon、lemon和coconut三个值中都包含有字符串"on"，apple和apricot值中包含字符串"ap"，满足匹配条件。

之前介绍过，LIKE运算符也可以匹配指定的字符串，但与REGEXP_LIKE不同，LIKE匹配的字符串如果在文本中间出现，则找不到它，相应的行也不会返回。而REGEXP_LIKE在文本内进行匹配，如果被匹配的字符串在文本中出现，REGEXP_LIKE将会找到它，相应的行也会被返回。对比结果如【例6.77】所示。

【例6.76】在fruits表中，使用LIKE运算符查询f_name字段值为"on"的记录，SQL语句如下：

```
SQL> SELECT * FROM fruits WHERE f_name LIKE 'on';
未选择任何行
```

f_name字段没有值为"on"的记录，返回结果为空。读者可以体会一下两者的区别。

6.8.6 匹配指定字符中的任意一个

方括号"[]"指定一个字符集合，只匹配其中任何一个字符，即为所查找的文本。

【例6.77】在fruits表中，查找f_name字段中包含字母"o"或者"t"的记录，SQL语句如下：

```
SQL> SELECT * FROM fruits WHERE REGEXP_LIKE(f_name , '[ot]');

F_ID   S_ID   F_NAME      F_PRICE
------ ------ ----------- ---------
a2     103    apricot     2.20
bs1    102    orange      11.20
bs2    105    melon       8.20
l2     104    lemon       6.40
m1     106    mango       15.60
m3     105    xxtt        11.60
o2     103    coconut     9.20
```

由查询结果可以看到，所有返回的记录的 f_name 字段的值中都包含有字母 o 或者 t，或者两个都有。

方括号"[]"还可以指定数值集合。

【例 6.78】在 fruits 表，查询 s_id 字段中数值中包含 4、5 或者 6 的记录，SQL 语句如下：

```
SQL> SELECT * FROM fruits WHERE REGEXP_LIKE( s_id , '[456]');

F_ID   S_ID   F_NAME      F_PRICE
------ ------ ----------- ---------
b2     104    berry       7.60
bs2    105    melon       8.20
l2     104    lemon       6.40
m1     106    mango       15.60
m2     105    xbabay      2.60
m3     105    xxtt        11.60
```

查询结果中，s_id 字段值中有 3 个数字中的 1 个即为匹配记录字段。

匹配集合"[456]"也可以写成"[4-6]"，即指定集合区间。例如，"[a-z]"表示集合区间为 a~z 的字母，"[0-9]"表示集合区间为所有数字。

6.8.7 匹配指定字符以外的字符

"[^字符集合]"匹配不在指定集合中的任何字符。

【例 6.79】在 fruits 表中，查询 f_id 字段包含字母 a~e、数字 1 和 2 以外的字符的记录，SQL 语句如下：

```
SQL> SELECT * FROM fruits WHERE REGEXP_LIKE(f_id , '[^a-e1-2]');

F_ID   S_ID   F_NAME      F_PRICE
------ ------ ----------- ---------
b5     107    xxxx        3.6
bs1    102    orange      11.2
bs2    105    melon       8.2
c0     101    cherry      3.2
l2     104    lemon       6.4
m1     106    mango       15.6
m2     105    xbabay      2.6
m3     105    xxtt        11.6
```

```
o2    103    coconut    9.2
t1    102    banana     10.3
t2    102    grape      5.3
t4    107    xbababa    3.6
```

返回记录中的 f_id 字段值中包含了指定字母和数字以外的值，如 s、m、o、t 等，这些字母均不是 a~e 与 1 和 2，满足匹配条件。

6.8.8 使用{n,}或者{n,m}来指定字符串连续出现的次数

"字符串{n,}"表示至少匹配 n 次前面的字符。"字符串{n,m}"表示匹配前面的字符串不少于 n 次，不多于 m 次。例如，a{2,}表示字母 a 至少连续出现 2 次，也可以大于 2 次。a{2,4}表示字母 a 连续出现最少 2 次，最多不能超过 4 次。

【例 6.80】在 fruits 表中，查询 f_name 字段值出现字母"x"至少 2 次的记录，SQL 语句如下：

```
SQL>SELECT * FROM fruits WHERE REGEXP_LIKE(f_name , 'x{2,}');

F_ID    S_ID    F_NAME    F_PRICE
------  ------  --------  ---------
b5      107     xxxx      3.60
m3      105     xxtt      11.60
```

可以看到，f_name 字段的"xxxx"包含了 4 个字母"x"，"xxtt"包含两个字母"x"，均为满足匹配条件的记录。

【例 6.81】在 fruits 表中，查询 f_name 字段值出现字符串"ba"最少 1 次、最多 3 次的记录，SQL 语句如下：

```
SQL> SELECT * FROM fruits WHERE REGEXP_LIKE(f_name , 'ba{1,3}');
F_ID    S_ID    F_NAME     F_PRICE
------  ------  ---------  ---------
m2      105     xbabay     2.6
t1      102     banana     10.3
t4      107     xbababa    3.6
```

可以看到，f_name 字段的 xbabay 值中"ba"出现了 2 次，banana 中出现了 1 次，xbababa 中出现了 3 次，都是满足匹配条件的记录。

6.9 综合案例——数据表查询操作

SQL 语句可以分为两部分，一部分用来创建数据库对象，另一部分用来操作这些对象，本章详细介绍了操作数据库对象的数据表查询语句。通过本章的介绍，读者可以了解到 SQL 中查询语言功能的强大，用户可以根据需要灵活使用。本章的综合案例将回顾这些查询语句。

1. 案例目的

根据不同条件对表进行查询操作，掌握数据表的查询语句。employee、dept 表结构以及表中的记录如表 6-4~表 6-7 所示。

表 6-4 employee 表结构

字段名	字段说明	数据类型	主键	外键	非空	唯一	自增
e_no	员工编号	NUMBER(11)	是	否	是	是	否
e_name	员工姓名	VARCHAR2(100)	否	否	是	否	否
e_gender	员工性别	VARCHAR2(2)	否	否	是	否	否
dept_no	部门编号	MUMBER (11)	否	否	是	否	否
e_job	职位	VARCHAR2(100)	否	否	是	否	否
e_salary	薪水	NUMBER (11)	否	否	是	否	否
hireDate	入职日期	DATE	否	否	否	否	否

表 6-5 dept 表结构

字段名	字段说明	数据类型	主键	外键	非空	唯一	自增
d_no	部门编号	NUMBER (11)	是	是	是	是	是
d_name	部门名称	VARCHAR2(50)	否	否	是	否	否
d_location	部门地址	VARCHAR2(100)	否	否	否	否	否

表 6-6 employee 表中的记录

e_no	e_name	e_gender	dept_no	e_job	e_salary	hireDate
1001	SMITH	m	20	CLERK	800	2005-11-12
1002	ALLEN	f	30	SALESMAN	1600	2003-05-12
1003	WARD	f	30	SALESMAN	1250	2003-05-12
1004	JONES	m	20	MANAGER	2975	1998-05-18
1005	MARTIN	m	30	SALESMAN	1250	2001-06-12
1006	BLAKE	f	30	MANAGER	2850	1997-02-15
1007	CLARK	m	10	MANAGER	2450	2002-09-12
1008	SCOTT	m	20	ANALYST	3000	2003-05-12
1009	KING	f	10	PRESIDENT	5000	1995-01-01
1010	TURNER	f	30	SALESMAN	1500	1997-10-12
1011	ADAMS	m	20	CLERK	1100	1999-10-05
1012	JAMES	m	30	CLERK	950	2008-06-15

表 6-7 dept 表中的记录

d_no	d_name	d_location
10	ACCOUNTING	ShangHai
20	RESEARCH	BeiJing
30	SALES	ShenZhen
40	OPERATIONS	FuJian

2. 案例操作过程

01 创建数据表 employee 和 dept。

```
CREATE TABLE dept
(
d_no          NUMBER (11)  NOT NULL PRIMARY KEY,
d_name        VARCHAR2(50)NOT NULL,
d_location    VARCHAR2(100)
);
```

由于 employee 表 dept_no 依赖于父表 dept 的主键 d_no，因此需要先创建 dept 表，然后创建 employee 表。

```
CREATE TABLE employee
(
e_no         NUMBER(11) NOT NULL PRIMARY KEY,
e_name       VARCHAR2(100) NOT NULL,
e_gender     VARCHAR2(2) NOT NULL,
dept_no      NUMBER (11) NOT NULL,
e_job        VARCHAR2(100) NOT NULL,
e_salary     NUMBER(11) NOT NULL,
hireDate     DATE,
CONSTRAINT dno_fk FOREIGN KEY(dept_no)
REFERENCES dept(d_no)
);
```

02 将指定记录分别插入两个表中。

向 dept 表中插入数据，SQL 语句如下：

```
INSERT INTO dept VALUES (10, 'ACCOUNTING', 'ShangHai') ;
INSERT INTO dept VALUES (20, 'RESEARCH ', 'BeiJing ') ;
INSERT INTO dept VALUES (30, 'SALES ', 'ShenZhen ') ;
INSERT INTO dept VALUES (40, 'OPERATIONS ', 'FuJian ');
```

向 employee 表中插入数据，SQL 语句如下：

```
INSERT INTO employee VALUES (1001, 'SMITH', 'm',20, 'CLERK',800,'12-11月-2005') ;
   INSERT INTO employee VALUES (1002, 'ALLEN', 'f',30, 'SALESMAN', 1600,'12-5月-2003') ;
   INSERT INTO employee VALUES (1003, 'WARD', 'f',30, 'SALESMAN', 1250,'12-5月-2003') ;
   INSERT INTO employee VALUES (1004, 'JONES', 'm',20, 'MANAGER', 2975,'18-5月-1998') ;
   INSERT INTO employee VALUES (1005, 'MARTIN', 'm',30, 'SALESMAN', 1250,'12-6月-2001') ;
   INSERT INTO employee VALUES (1006, 'BLAKE', 'f',30, 'MANAGER', 2850,'15-2月-1997') ;
```

```
    INSERT INTO employee VALUES (1007, 'CLARK', 'm',10, 'MANAGER', 2450,'12-9月
-2002') ;
    INSERT INTO employee VALUES (1008, 'SCOTT', 'm',20, 'ANALYST', 3000,'12-5月
-2003') ;
    INSERT INTO employee VALUES (1009, 'KING', 'f',10, 'PRESIDENT', 5000,'01-1
月-1995') ;
    INSERT INTO employee VALUES (1010, 'TURNER', 'f',30, 'SALESMAN', 1500,'12-10
月-1997') ;
    INSERT INTO employee VALUES (1011, 'ADAMS', 'm',20, 'CLERK', 1100,'05-10月
-1999') ;
    INSERT INTO employee VALUES (1012, 'JAMES', 'm',30, 'CLERK', 950,'15-6月
-2008');
```

03 在 employee 表中，查询所有记录的 e_no、e_name 和 e_salary 字段值。

```
SELECT e_no, e_name, e_salary FROM employee;
```

执行结果如下：

```
E_NO    E_NAME          E_SALARY
------  --------------  --------------
1001    SMITH           800
1002    ALLEN           1600
1003    WARD            1250
1004    JONES           2975
1005    MARTIN          1250
1006    BLAKE           2850
1007    CLARK           2450
1008    SCOTT           3000
1009    KING            5000
1010    TURNER          1500
1011    ADAMS           1100
1012    JAMES           950
```

04 在 employee 表中，查询 dept_no 等于 10 和 20 的所有记录。

```
SELECT * FROM employee WHERE dept_no IN (10, 20);
```

执行结果如下：

```
SQL> SELECT * FROM employee WHERE dept_no IN (10, 20);

 E_NO   E_NAME   E_GENDER   DEPT_NO   E_JOB       E_SALARY   HIREDATE
 ------ -------- ---------- --------- ----------- ---------- -----------
 1001   SMITH    m                20  CLERK           800    12-11月-05
 1004   JONES    m                20  MANAGER        2975    18-5月-98
 1007   CLARK    m                10  MANAGER        2450    12-9月-02
 1008   SCOTT    m                20  ANALYST        3000    12-5月-03
 1009   KING     f                10  PRESIDENT      5000    01-1月-95
 1011   ADAMS    m                20  CLERK          1100    05-10月-99
```

05 在 employee 表中，查询工资范围在 800~2500 的员工信息。

```
SELECT * FROM employee WHERE e_salary BETWEEN 800 AND 2500;
```

执行结果如下：

```
SQL>SELECT * FROM employee WHERE e_salary BETWEEN 800 AND 2500;
E_NO   E_NAME      E_GENDER    DEPT_NO E_JOB       E_SALARY   HIREDATE
------ ----------- ----------- ------- ---------   ---------- -----------
  1001 SMITH       m                20 CLERK              800 12-11月-05
  1002 ALLEN       f                30 SALESMAN          1600 12-5月-03
  1003 WARD        f                30 SALESMAN          1250 12-5月-03
  1005 MARTIN      m                30 SALESMAN          1250 12-6月-01
  1007 CLARK       m                10 MANAGER           2450 12-9月-02
  1010 TURNER      f                30 SALESMAN          1500 12-10月-97
  1011 ADAMS       m                20 CLERK             1100 05-10月-99
  1012 JAMES       m                30 CLERK              950 15-6月-08
```

06 在 employee 表中，查询部门编号为 20 的部门中的员工信息。

```
SELECT * FROM employee WHERE dept_no = 20;
```

执行结果如下：

```
E_NO   E_NAME      E_GENDER    DEPT_NO E_JOB       E_SALARY   HIREDATE
------ ----------- ----------- ------- ---------   ---------- -----------
  1001 SMITH       m                20 CLERK              800 12-11月-05
  1004 JONES       m                20 MANAGER           2975 18-5月-98
  1008 SCOTT       m                20 ANALYST           3000 12-5月-03
  1011 ADAMS       m                20 CLERK             1100 05-10月-99
```

07 在 employee 表中，查询每个部门最高工资的员工信息。

```
SELECT dept_no, MAX(e_salary) FROM employee GROUP BY dept_no;
```

执行结果如下：

```
DEPT_NO  MAX(E_SALARY)
-------- -------------
     10           5000
     20           3000
     30           2850
```

08 查询员工 BLAKE 所在部门和部门所在地。

```
SELECT d_no, d_location FROM dept WHERE d_no=
(SELECT dept_no FROM employee WHERE e_name='BLAKE');
```

执行结果如下：

```
D_NO   D_LOCATION
------ ------------
   30  ShenZhen
```

09 使用连接查询,查询所有员工的部门和部门信息。

```
SELECT e_no, e_name, dept_no, d_name, d_location
FROM employee, dept WHERE dept.d_no=employee.dept_no;
```

执行结果如下:

```
E_NO   E_NAME   DEPT_NO   D_NAME      D_LOCATION
------ -------- --------- ----------- -----------
1001   SMITH       20     RESEARCH    BeiJing
1002   ALLEN       30     SALES       ShenZhen
1003   WARD        30     SALES       ShenZhen
1004   JONES       20     RESEARCH    BeiJing
1005   MARTIN      30     SALES       ShenZhen
1006   BLAKE       30     SALES       ShenZhen
1007   CLARK       10     ACCOUNTING  ShangHai
1008   SCOTT       20     RESEARCH    BeiJing
1009   KING        10     ACCOUNTING  ShangHai
1010   TURNER      30     SALES       ShenZhen
1011   ADAMS       20     RESEARCH    BeiJing
1012   JAMES       30     SALES       ShenZhen
```

10 在 employee 表中,计算每个部门各有多少名员工。

```
SELECT dept_no, COUNT(*) FROM employee GROUP BY dept_no;
```

执行结果如下:

```
DEPT_NO   COUNT(*)
--------- ----------
    10        2
    20        4
    30        6
```

11 在 employee 表中,计算不同类型职工的总工资数。

```
SELECT e_job, SUM(e_salary) FROM employee GROUP BY e_job;
```

执行结果如下:

```
E_JOB              SUM(E_SALARY)
------------------ ----------------------
ANALYST              3000
CLERK                2850
MANAGER              8275
PRESIDENT            5000
SALESMAN             5600
```

12 在 employee 表中，计算不同部门的平均工资。

```
SELECT dept_no, AVG(e_salary) FROM employee GROUP BY dept_no;
```

执行结果如下：

```
DEPT_NO   AVG(E_SALARY)
--------  --------------
   10       3725.0000
   20       1968.7500
   30       1566.6667
```

13 在 employee 表中，查询工资低于 1500 的员工信息。

```
SELECT e_no,e_name, e_gender ,dept_no ,e_job,e_salary FROM employee WHERE e_salary < 1500;
```

执行结果如下：

```
E_NO   E_NAME   E_GENDER   DEPT_NO   E_JOB      E_SALARY
-----  -------  ---------  --------  ---------  --------
1001   SMITH       m          20     CLERK         800
1003   WARD        f          30     SALESMAN     1250
1005   MARTIN      m          30     SALESMAN     1250
1011   ADAMS       m          20     CLERK        1100
1012   JAMES       m          30     CLERK         950
```

14 在 employee 表中，将查询记录先按部门编号由高到低排列，再按员工工资由高到低排列。

```
SELECT e_name,dept_no, e_salary
FROM employee ORDER BY dept_no DESC, e_salary DESC;
```

执行结果如下：

```
E_NAME    DEPT_NO   E_SALARY
--------  --------  --------
BLAKE        30       2850
ALLEN        30       1600
TURNER       30       1500
WARD         30       1250
MARTIN       30       1250
JAMES        30        950
SCOTT        20       3000
JONES        20       2975
ADAMS        20       1100
SMITH        20        800
KING         10       5000
CLARK        10       2450
```

15 在 employee 表中，查询员工姓名以字母"A"开头的员工的信息。

```
SELECT e_no , e_name  FROM employee WHERE REGEXP_LIKE(e_name , '^A');
```

执行过程如下：

```
E_NO   E_NAME
------ --------------
1002   ALLEN
1011   ADAMS
```

6.10 疑难解惑

疑问 1：在 WHERE 子句中必须使用圆括号吗？

任何时候使用具有 AND 和 OR 操作符的 WHERE 子句，都应该使用圆括号明确操作顺序。如果条件较多，即使能确定计算次序，默认的计算次序也可能会使 SQL 语句不易理解，因此使用括号明确操作符的次序是一个好的习惯。

疑问 2：为什么使用通配符格式正确，却没有查找出符合条件的记录？

在 Oracle 中存储字符串数据时，可能会不小心把两端带有空格的字符串保存到记录中，而在查看表中记录时，Oracle 不能明确地显示空格，数据库操作者不能直观地确定字符串两端是否有空格。例如，使用 LIKE '%e'匹配以字母 e 结尾的水果的名称，如果字母 e 后面多了一个空格，则 LIKE 语句不能将该记录查找出来。解决的方法是使用 TRIM 函数将字符串两端的空格删除之后再进行匹配。

6.11 经典习题

在已经创建的 employee 表中进行如下操作：

（1）计算所有女员工（'F'）的年龄。
（2）使用 ROWNUM 查询从第 3 条记录开始的记录。
（3）查询销售人员（SALSEMAN）的最低工资。
（4）查询名字以字母 N 或者 S 结尾的记录。
（5）查询在 BeiJing 工作的员工的姓名和职务。
（6）使用左连接方式查询 employee 和 dept 表。
（7）查询所有 2001~2005 年入职的员工的信息，查询部门编号为 20 和 30 的员工信息并使用 UNION 合并两个查询结果。
（8）使用 LIKE 查询员工姓名中包含字母 a 的记录。
（9）使用 REGEXP_LIKE 函数查询员工姓名中包含 T、C 或者 M 三个字母中任意一个的记录。

第 7 章　插入、更新与删除数据

学习目标|Objective

存储在系统中的数据是数据库管理系统（DBMS）的核心，数据库被设计用来管理数据的存储、访问和维护数据的完整性。Oracle 中提供了功能丰富的数据库管理语句，包括有效地向数据库中插入数据的 INSERT 语句、更新数据的 UPDATE 语句以及当数据不再使用时删除数据的 DELETE 语句。本章将详细介绍在 Oracle 中如何使用这些语句操作数据。

内容导航|Navigation

- 掌握如何向表中插入数据
- 掌握更新数据的方法
- 熟悉如何删除数据
- 掌握综合案例对数据表基本操作的方法和技巧

7.1　插入数据

在使用数据库之前，数据库中必须要有数据，Oracle 中使用 INSERT 语句向数据库表中插入新的数据记录。可以插入的方式有：插入完整的记录、插入记录的一部分、插入多条记录、插入另一个查询的结果，下面将分别介绍这些内容。

7.1.1　为表的所有字段插入数据

使用基本的 INSERT 语句插入数据要求指定表名称和插入到新记录中的值。基本语法格式为：

```
INSERT INTO table_name (column_list) VALUES (value_list);
```

table_name 指定要插入数据的表名，column_list 指定要插入数据的哪些列，value_list 指定每个列应对应插入的数据。注意，使用该语句时字段列和数据值的数量必须相同。

本章将使用样例表 person，创建语句如下：

```
CREATE TABLE person
(
id      NUMBER(9)   GENERATED BY DEFAULT AS IDENTITY,
name    VARCHAR2(40) NOT NULL,
```

```
age      NUMBER(9)    NOT NULL ,
info     VARCHAR2(50) NULL,
PRIMARY KEY (id)
);
```

向表中所有字段插入值的方法有两种：一种是指定所有字段名，另一种是完全不指定字段名。

【例 7.1】在 person 表中，插入一条新记录，id 值为 1，name 值为 Green，age 值为 21，info 值为 Lawyer，SQL 语句如下：

执行插入操作之前，使用 SELECT 语句查看表中的数据：

```
SQL> SELECT * FROM person;
未选择任何行
```

结果显示当前表为空，没有数据，接下来执行插入操作：

```
SQL> INSERT INTO person (id ,name, age , info) VALUES (1,'Green', 21, 'Lawyer');
```

语句执行完毕，查看执行结果：

```
SQL> SELECT * FROM person;

ID  NAME      AGE    INFO
---- --------  -----  ------------
1   Green     21     Lawyer
```

可以看到插入记录成功。在插入数据时，指定了 person 表的所有字段，因此将为每一个字段插入新的值。

INSERT 语句后面的列名称顺序可以不是 person 表定义时的顺序。即插入数据时，不需要按照表定义的顺序插入，只要保证值的顺序与列字段的顺序相同就可以，如【例 7.2】所示。

【例 7.2】在 person 表中，插入一条新记录，id 值为 2，name 值为 Suse，age 值为 22，info 值为 dancer，SQL 语句如下：

```
SQL> INSERT INTO person (age ,name, id , info) VALUES (22, 'Suse', 2, 'dancer');
```

语句执行完毕，查看执行结果：

```
SQL> SELECT * FROM person;

ID  NAME      AGE    INFO
---- --------  -----  ------------
1   Green     21     Lawyer
2   Suse      22     dancer
```

由结果可以看到，INSERT 语句成功插入了一条记录。

使用 INSERT 插入数据时，允许列名称列表 column_list 为空，此时，值列表中需要为表的每一个字段指定值，并且值的顺序必须和数据表中字段定义时的顺序相同，如【例 7.3】所示。

【例 7.3】在 person 表中，插入一条新记录，id 值为 3，name 值为 Mary，age 值为 24，info

值为 Musician，SQL 语句如下：

```
SQL> INSERT INTO person
    VALUES (3,'Mary', 24, 'Musician');
```

语句执行完毕，查看执行结果：

```
SQL> SELECT * FROM person;
 ID  NAME      AGE   INFO
 --- --------  ----- -------------
  1  Green     21    Lawyer
  2  Suse      22    dancer
  3  Mary      24    Musician
```

可以看到插入记录成功。数据库中增加了一条 id 为 3 的记录，其他字段值为指定的插入值。本例的 INSERT 语句中没有指定插入列表，只有一个值列表。在这种情况下，值列表为每一个字段列指定插入值，并且这些值的顺序必须和 person 表中字段定义的顺序相同。

虽然使用 INSERT 插入数据时可以忽略插入数据的列名称，值如果不包含列名称，那 VALUES 关键字后面的值则不仅要求完整且顺序必须和表定义时列的顺序相同。如果表的结构被修改，对列进行增加、删除或者位置改变操作，这些操作将使得用这种方式插入数据时的顺序也同时改变。如果指定列名称，则不会受到表结构改变的影响。

7.1.2 为表的指定字段插入数据

为表的指定字段插入数据，就是在 INSERT 语句中只向部分字段中插入值，而其他字段的值为表定义时的默认值。

【例 7.4】在 person 表中，插入一条新记录，name 值为 Willam，age 值为 20，info 值为 sports man，SQL 语句如下：

```
SQL> INSERT INTO person (name, age,info) VALUES('Willam', 20, 'sports man');
```

提示信息表示插入一条记录成功。使用 SELECT 查询表中的记录，查询结果如下：

```
SQL> SELECT * FROM person;

 ID  NAME      AGE   INFO
 --- --------  ----- --------------
  1  Green     21    Lawyer
  2  Suse      22    dancer
  3  Mary      24    Musician
  4  Willam    20    sports man
```

可以看到插入记录成功。在这里的 id 字段，如查询结果显示，该字段自动添加了一个整数值

4。在这里 id 字段为表的主键,不能为空,系统会自动为该字段插入自增的序列值。在插入记录时,如果某些字段没有指定插入值,Oracle 将插入该字段定义时的默认值。下面的例子说明在没有指定列字段时会插入默认值。

【例 7.5】在 person 表中,插入一条新记录,name 值为 Laura,age 值为 25,SQL 语句如下:

```
SQL> INSERT INTO person (name, age ) VALUES ('Laura', 25);
```

语句执行完毕,查看执行结果,

```
SQL> SELECT * FROM person;

ID   NAME      AGE    INFO
---- --------  -----  ------------
  1  Green      21    Lawyer
  2  Suse       22    dancer
  3  Mary       24    Musician
  4  Willam     20    sports man
  5  Laura      25
```

可以看到,在本例插入语句中,没有指定 info 字段值,查询结果显示,info 字段在定义时默认为空,因此系统自动为该字段插入空值。

要保证每个插入值的类型和对应列的数据类型匹配,如果类型不同,将无法插入,并且 Oracle 会产生错误。

7.1.3 同时插入多条记录

使用多个 INSERT 语句可以向数据表中插入多条记录。

【例 7.6】在 person 表中,在 name、age 和 info 字段指定插入值,插入 3 条新记录,SQL 语句如下:

```
INSERT INTO person(name, age, info)
VALUES ('Evans',27, 'secretary') ;
INSERT INTO person(name, age, info)
VALUES('Dale',22, 'cook') ;
INSERT INTO person(name, age, info)
VALUES('Edison',28, 'singer');
```

语句执行完毕,查看执行结果:

```
SQL>  SELECT * FROM person;

 ID   NAME        AGE     INFO
----  ----------  ------  -------------
  1   Green        21     Lawyer
```

```
2    Suse      22    dancer
3    Mary      24    Musician
4    Willam    20    sports man
5    Laura     25
6    Evans     27    secretary
7    Dale      22    cook
8    Edison    28    singer
```

由结果可以看到,INSERT 语句执行后,person 表中添加了 3 条记录,其 name 和 age 字段分别为指定的值,id 字段为 Oracle 添加的默认的自增值。

如果想使用 INSERT 同时插入多条记录,需要配合 SELECT 同时操作才行。

【例 7.7】在 person 表中,不指定插入列表,同时插入 2 条新记录,SQL 语句如下:

```
INSERT INTO person (id,name, age, info)
SELECT 9,'Harry',21, 'magician' from dual
Union all
SELECT 10,'Harryiet',19, 'pianist' from dual;
```

语句执行完毕,查看执行结果:

```
SQL> SELECT * FROM person;

ID   NAME        AGE   INFO
---- ----------- ----- ------------
1    Green       21    Lawyer
2    Suse        22    dancer
3    Mary        24    Musician
4    Willam      20    sports man
5    Laura       25
6    Evans       27    secretary
7    Dale        22    cook
8    Edison      28    singer
9    Harry       21    magician
10   Harriet     19    pianist
```

由结果可以看到,INSERT 语句执行后,person 表中添加了 2 条记录。

一个同时插入多行记录的 INSERT 语句可以等同于多个单行插入的 INSERT 语句,但是多行的 INSERT 语句在处理过程中,效率更高。因为 Oracle 执行单条 INSERT 语句插入多行数据比使用多条 INSERT 语句快。所以在插入多条记录时,最好选择使用单条 INSERT 语句的方式插入。

7.1.4 将查询结果插入到表中

INSERT 语句用来给数据表插入记录时指定插入记录的列值。INSERT 还可以将 SELECT 语句查询的结果插入表中，如果想要从另外一个表中合并个人信息到 person 表，不需要把每一条记录的值一个一个输入，只需要使用一条 INSERT 语句和一条 SELECT 语句组成的组合语句，即可快速地从一个或多个表中向另一个表中插入多行。基本语法格式如下：

```
INSERT INTO table_name1 (column_list1)
SELECT (column_list2) FROM table_name2 WHERE (condition)
```

table_name1 指定待插入数据的表。column_list1 指定待插入表中要插入数据的哪些列。table_name2 指定插入数据是从哪个表中查询出来的。column_list2 指定数据来源表的查询列，该列表必须和 column_list1 列表中的字段个数相同，数据类型相同。condition 指定 SELECT 语句的查询条件。

【例 7.8】从 person_old 表中查询所有的记录，并将其插入 person 表中。

首先，创建一个名为 person_old 的数据表，其表结构与 person 结构相同，SQL 语句如下：

```
CREATE TABLE person_old
(
id      NUMBER(9)  GENERATED BY DEFAULT AS IDENTITY,
name    VARCHAR2(40) NOT NULL,
age     NUMBER(9)   NOT NULL ,
info    VARCHAR2(50) NULL,
PRIMARY KEY (id)
);
```

向 person_old 表中添加两条记录：

```
SQL> INSERT INTO person_old VALUES (11,'Harry',20, 'student');
SQL>INSERT INTO person_old VALUES (12,' Beckham ',31, 'police');
```

查询 person_old 表中的记录，结果如下：

```
SQL> SELECT * FROM person_old;

 ID   NAME      AGE    INFO
 ---- ---------- ------- ----------
 11   Harry      20     student
 12   Beckham    31     police
```

可以看到，插入记录成功，peson_old 表中现在有两条记录。接下来将 person_old 表中所有的记录插入 person 表中，SQL 语句如下：

```
INSERT INTO person(id, name, age, info)
SELECT id, name, age, info FROM person_old;
```

语句执行完毕，查看执行结果：

```
SQL> SELECT * FROM person;
```

```
ID   NAME         AGE   INFO
---- ------------ ----- ------------
 1   Green        21    Lawyer
 2   Suse         22    dancer
 3   Mary         24    Musician
 4   Willam       20    sports man
 5   Laura        25
 6   Evans        27    secretary
 7   Dale         22    cook
 8   Edison       28    singer
 9   Harry        21    magician
10   Harriet      19    pianist
11   Harry        20    student
12   Beckham      31    police
```

由结果可以看到，INSERT 语句执行后，person 表中多了两条记录，这两条记录和 person_old 表中的记录完全相同，数据转移成功。这里的 id 字段为自增的主键，在插入的时候要保证该字段值的唯一性，如果不能确定，可以在插入的时候忽略该字段，只插入其他字段的值。

> 这个例子中使用的 person_old 表和 person 表的定义相同，事实上，Oracle 不关心 SELECT 返回的列名，它根据列的位置进行插入，SELECT 的第 1 列对应待插入表的第 1 列，第 2 列对应待插入表的第 2 列……即使不同结果的表之间也可以方便地转移数据。

7.2 更新数据

表中有数据之后，接下来可以对数据进行更新操作，Oracle 中使用 UPDATE 语句更新表中的记录，可以更新特定的行或者同时更新所有的行。基本语法结构如下：

```
UPDATE table_name
SET column_name1 = value1,column_name2=value2,……,column_namen=valuen
WHERE (condition);
```

column_name1、column_name2……column_namen 为指定更新的字段的名称。value1、value2……valuen 为相对应的指定字段的更新值。condition 指定更新的记录需要满足的条件。更新多个列时，每个"列-值"对之间用逗号隔开，最后一列之后不需要逗号。

【例 7.9】在 person 表中，更新 id 值为 11 的记录，将 age 字段值改为 15，将 name 字段值改为 LiMing，SQL 语句如下：

```
UPDATE person SET age = 15, name='LiMing' WHERE id = 11;
```

更新操作执行前可以使用 SELECT 语句查看当前的数据：

```
SQL> SELECT * FROM person WHERE id=11;

ID   NAME    AGE   INFO
---- ------- ----- ---------
11   Harry    20   student
```

由结果可以看到更新之前，id 等于 11 的记录的 name 字段值为 Harry，age 字段值为 20，下面使用 UPDATE 语句更新数据，语句执行结果如下：

```
SQL> UPDATE person SET age = 15, name='LiMing' WHERE id = 11;
```

语句执行完毕，查看执行结果：

```
SQL> SELECT * FROM person WHERE id=11;

ID   NAME    AGE   INFO
---- ------- ----- ---------
11   LiMing   15   student
```

由结果可以看到，id 等于 11 的记录中的 name 和 age 字段的值已经成功被修改为指定值。

保证 UPDATE 以 WHERE 子句结束，通过 WHERE 子句指定被更新的记录所需要满足的条件，如果忽略 WHERE 子句，Oracle 将更新表中所有的行。

【例 7.10】在 person 表中，更新 age 值为 19~22 的记录，将 info 字段值都改为 student，SQL 语句如下：

```
UPDATE person SET info='student' WHERE age BETWEEN 19 AND 22;
```

更新操作执行前可以使用 SELECT 语句查看当前的数据：

```
SQL> SELECT * FROM person WHERE age BETWEEN 19 AND 22;

ID   NAME         AGE   INFO
---- ------------ ----- -------------
 1   Green         21   Lawyer
 2   Suse          22   dancer
 4   Willam        20   sports man
 7   Dale          22   cook
 9   Harry         21   magician
10   Harriet       19   pianist
```

可以看到，这些 age 字段值在 19~22 的记录的 info 字段值各不相同。下面使用 UPDATE 语句更新数据，语句执行结果如下：

```
SQL> UPDATE person SET info='student' WHERE age BETWEEN 19 AND 22;
```

语句执行完毕，查看执行结果：

```
SQL> SELECT * FROM person WHERE age BETWEEN 19 AND 22;

ID   NAME         AGE   INFO
---- ------------ ----- ------------
1    Green        21    student
2    Suse         22    student
4    Willam       20    student
7    Dale         22    student
9    Harry        21    student
10   Harriet      19    student
```

由结果可以看到，UPDATE 执行后，成功将表中符合条件的 6 条记录的 info 字段值都改为 student。

7.3 删除数据

从数据表中删除数据使用 DELETE 语句，DELETE 语句允许 WHERE 子句指定删除条件。DELETE 语句基本语法格式如下：

```
DELETE FROM table_name [WHERE <condition>];
```

table_name 指定要执行删除操作的表。"[WHERE <condition>]" 为可选参数，指定删除条件。如果没有 WHERE 子句，DELETE 语句将删除表中的所有记录。

【例 7.11】在 person 表中，删除 id 等于 11 的记录，SQL 语句如下：

执行删除操作前，使用 SELECT 语句查看当前 id=11 的记录：

```
SQL> SELECT * FROM person WHERE id=11;

ID   NAME     AGE   INFO
---- -------- ----- ----------
11   LiMing   15    student
```

可以看到，现在表中有 id=11 的记录，下面使用 DELETE 语句删除该记录，语句执行结果如下：

```
SQL> DELETE FROM person WHERE id = 11;
1 行已删除。
```

语句执行完毕，查看执行结果：

```
SQL> SELECT * FROM person WHERE id=11;
未选择任何行
```

查询结果为空，说明删除操作成功。

【例 7.12】在 person 表中，使用 DELETE 语句同时删除多条记录，在前面 UPDATE 语句中将 age 字段值在 19~22 的记录的 info 字段值修改为 student，在这里删除这些记录，SQL 语句如下：

```
DELETE FROM person WHERE age BETWEEN 19 AND 22;
```

执行删除操作前,使用 SELECT 语句查看当前的数据:

```
SQL> SELECT * FROM person WHERE age BETWEEN 19 AND 22;

ID    NAME        AGE    INFO
----  ----------  -----  ----------
 1    Green        21    student
 2    Suse         22    student
 4    Willam       20    student
 7    Dale         22    student
 9    Harry        21    student
10    Harriet      19    student
```

可以看到,这些 age 字段值在 19~22 的记录存在表中。下面使用 DELETE 删除这些记录:

```
SQL> DELETE FROM person WHERE age BETWEEN 19 AND 22;
```

语句执行完毕,查看执行结果:

```
SQL> SELECT * FROM person WHERE age BETWEEN 19 AND 22;
未选择任何行
```

查询结果为空,删除多条记录成功。

【例 7.13】删除 person 表中所有记录,SQL 语句如下:

```
DELETE FROM person;
```

执行删除操作前,使用 SELECT 语句查看当前的数据:

```
SQL> SELECT * FROM person;

ID    NAME        AGE    INFO
----  ----------  -----  ----------
 3    Mary         24    Musician
 5    Laura        25
 6    Evans        27    secretary
12    Beckham      31    police
```

结果显示 person 表中还有 4 条记录,执行 DELETE 语句删除这 4 条记录:

```
SQL> DELETE FROM person;
```

语句执行完毕,查看执行结果:

```
SQL> SELECT * FROM person;
未选择任何行
```

查询结果为空,删除表中所有记录成功,现在 person 表中已经没有任何数据记录。

如果想删除表中的所有记录，还可以使用 TRUNCATE TABLE 语句，TRUNCATE 将直接删除原来的表并重新创建一个表，其语法结构为 TRUNCATE TABLE table_name。TRUNCATE 直接删除表而不是删除记录，因此执行速度比 DELETE 快。

7.4 综合案例——记录的插入、更新和删除

本章重点介绍了数据表中数据的插入、更新和删除操作。在 Oracle 中可以灵活地对数据进行插入与更新，Oracle 中对数据的操作没有任何提示，因此在更新和删除数据时，一定要谨慎小心，查询条件一定要准确，避免造成数据的丢失。本章的综合案例包含了对数据表中数据的基本操作，包括记录的插入、更新和删除。

1. 案例目的

创建表 books，对数据表进行插入、更新和删除操作，掌握数据表的基本操作。books 表结构以及表中的记录如表 7-1 和表 7-2 所示。

表 7-1 books 表结构

字段名	字段说明	数据类型	主键	外键	非空	唯一	自增
id	书编号	NUMBER(11)	是	否	是	是	否
name	书名	VARCHAR2(40)	否	否	是	否	否
authors	作者	VARCHAR2(200)	否	否	是	否	否
price	价格	NUMBER(11,2)	否	否	是	否	否
pubdate	出版日期	DATE	否	否	是	否	否
note	说明	VARCHAR2(255)	否	否	否	否	否
num	库存	NUMBER(11)	否	否	是	否	否

表 7-2 books 表中的记录

id	name	Authors	price	pubdate	note	num
1	Tale of AAA	Dickes	23	1995-10 月 1	novel	11
2	EmmaT	Jane lura	35	1993-10 月 1	joke	22
3	Story of Jane	Jane Tim	40	2001-10 月 1	novel	0
4	Lovey Day	George Byron	20	2005-10 月 1	novel	30
5	Old Land	Honore Blade	30	2010-10 月 1	law	0
6	The Battle	Upton Sara	33	1999-10 月 1	medicine	40
7	Rose Hood	Richard kale	28	2008-10 月 1	cartoon	28

2. 案例操作过程

01 创建数据表 books，并按表 7.1 结构定义各个字段。

```
CREATE TABLE books
(
id       NUMBER(11) GENERATED BY DEFAULT AS IDENTITY,
name     VARCHAR2(40) NOT NULL,
authors  VARCHAR2(200) NOT NULL,
price    NUMBER(11) NOT NULL,
pubdate      DATE NOT NULL,
note     VARCHAR2(255) NULL,
num      NUMBER(11)  DEFAULT 0
);
```

02 将表 7.2 中的记录插入 books 表中，分别使用不同的方法插入记录，执行过程如下。

表创建好之后，使用 SELECT 语句查看表中的数据，结果如下：

```
SQL> SELECT * FROM books;
未选择任何行
```

可以看到，当前表中为空，没有任何数据，下面向表中插入记录。

（1）指定所有字段名称插入记录，SQL 语句如下：

```
SQL> INSERT INTO books (id, name, authors, price, pubdate,note,num)
    VALUES(1, 'Tale of AAA', 'Dickes', 23, ' 01-10月-1995', 'novel',11);
```

语句执行成功，插入了一条记录。

（2）不指定字段名称插入记录，SQL 语句如下：

```
SQL> INSERT INTO books
    VALUES (2,'EmmaT','Jane lura',35,' 01-10月-1993', 'joke',22);
```

语句执行成功，插入了一条记录。
使用 SELECT 语句查看当前表中的数据：

```
SQL> SELECT * FROM books;

 ID NAME            AUTHORS   PRICE PUBDATE    NOTE      NUM
 ---- ----------------- ----------- --------- --------- ---------
-----
   1 Tale of AAA     Dickes       23  01-10月-95 novel      11
   2 EmmaT           Jane lura    35  01-10月-93 joke       22
```

可以看到，两条语句分别成功插入了两条记录。

（3）同时插入多条记录。

使用 INSERT 语句将剩下的多条记录插入表中，SQL 语句如下：

```
SQL> INSERT INTO books
SELECT 3, 'Story of Jane', 'Jane Tim', 40, '01-10月-2001', 'novel', 0 from dual
Union all
SELECT 4, 'Lovey Day', 'George Byron', 20, '01-10月-2005', 'novel', 30  from
dual
Union all
SELECT 5, 'Old Land', 'Honore Blade', 30, '01-10月-2010', 'law',0  from dual
Union all
SELECT 6,'The Battle','Upton Sara',33,'01-10月-1999', 'medicine',40 from dual
Union all
SELECT 7,'Rose Hood','Richard Kale',28,'01-10月-2008', 'cartoon',28 from dual;

5 行已插入。
```

由结果可以看到，语句执行成功，总共插入了 5 条记录，使用 SELECT 语句查看表中所有的记录：

```
SQL> SELECT * FROM books;

  ID NAME                 AUTHORS            PRICE PUBDATE    NOTE              NUM
---- -------------------- --------------- -------- ---------- --------------- -----
   1 Tale of AAA          Dickes                23 01-10月- 95 novel              11
   2 EmmaT                Jane lura             35 01-10月- 93 joke               22
   3 Story of Jane        Jane Tim              40 01-10月- 01 novel               0
   4 Lovey Day            George Byron          20 01-10月- 05 novel              30
   5 Old Land             Honore Blade          30 01-10月- 10 law                 0
   6 The Battle           Upton Sara            33 01-10月- 99 medicine           40
   7 Rose Hood            Richard Kale          28 01-10月- 08 cartoon            28
```

由结果可以看到，所有记录成功插入表中。

03 将小说类型（novel）的书的价格都增加 5。

执行该操作的 SQL 语句为：

```
UPDATE books SET price = price + 5 WHERE note = 'novel';
```

执行前先使用 SELECT 语句查看当前记录：

```
SQL> SELECT id, name, price, note FROM books WHERE note = 'novel';
```

使用 UPDATE 语句执行更新操作：

```
SQL> UPDATE books SET price = price + 5 WHERE note = 'novel';
```

由结果可以看到，该语句对 3 条记录进行了更新，使用 SELECT 语句查看更新结果：

```
SQL> SELECT id, name, price, note FROM books WHERE note = 'novel';

  ID NAME                    PRICE NOTE              NUM
```

```
 1  Tale of AAA        28      novel        11
 3  Story of Jane      45      novel         0
 4  Lovey Day          25      novel        30
```

对比可知，price 的值都在原来的价格之上增加了 5。

04 将名称为 EmmaT 的书的价格改为 40，并将说明改为 drama。

修改语句为：

```
UPDATE books SET price=40,note= 'drama 'WHERE name= 'EmmaT ';
```

执行修改前，使用 SELECT 语句查看当前记录：

```
SQL> SELECT name, price, note FROM books WHERE name='EmmaT';

NAME      PRICE   NOTE
--------- ------- ------
EmmaT     35      joke
```

下面执行修改操作：

```
SQL> UPDATE books SET price=40,note='drama' WHERE name='EmmaT';
```

结果显示修改了一条记录，使用 SELECT 查看执行结果：

```
SQL> SELECT name, price, note FROM books WHERE name='EmmaT';

NAME      PRICE   NOTE
--------- ------- ------
EmmaT     40      drama
```

可以看到，price 和 note 字段的值已经改变，修改操作成功。

05 删除库存为 0 的记录。

删除库存为 0 的语句为：

```
DELETE FROM books WHERE num=0;
```

删除之前使用 SELECT 语句查看当前记录：

```
SQL> SELECT * FROM books WHERE num=0;

ID  NAME             AUTHORS        PRICE    PUBDATE      NOTE            NUM
--- ---------------- -------------- -------- ------------ --------------- ------
 3  Story of Jane    Jane Tim       40       01-10月- 01   novel           0
 5  Old Land         Honore Blade   30       01-10月- 10   law             0
```

可以看到，当前有两条记录的 num 值为 0，下面使用 DELETE 语句删除这两条记录，SQL 语句如下：

```
SQL> DELETE FROM books WHERE num=0;
```

语句执行成功，查看操作结果：

```
SQL> SELECT * FROM books WHERE num=0;
未选择任何行
```

可以看到，查询结果为空，表中已经没有库存量为 0 的记录。

7.5 疑难解惑

疑问 1：插入记录时可以不指定字段名称吗？

不管使用哪种 INSERT 语法，都必须给出 VALUES 的正确数目。如果不提供字段名，则必须给每个字段提供一个值，否则将产生一条错误消息。如果要在 INSERT 操作中省略某些字段，这些字段需要满足一定条件：该列定义为允许空值。或者表定义时给出默认值，如果不给出值，将使用默认值。

疑问 2：更新或者删除表时必须指定 WHERE 子句吗？

在前面章节中可以看到，所有的 UPDATE 和 DELETE 语句全都在 WHERE 子句中指定了条件。如果省略 WHERE 子句，则 UPDATE 或 DELETE 将被应用到表中所有的行。因此，除非确实打算更新或者删除所有记录，否则要注意使用不带 WHERE 子句的 UPDATE 或 DELETE 语句。建议在对表进行更新和删除操作之前，使用 SELECT 语句确认需要删除的记录，以免造成无法挽回的结果。

7.6 经典习题

创建数据表 pet，并对表进行插入、更新与删除操作，pet 表结构如表 7-3 所示。

（1）首先创建数据表 pet，使用不同的方法将表 7-4 中的记录插入到 pet 表中。
（2）使用 UPDATE 语句将名称为 Fang 的狗的主人改为 Kevin。
（3）将没有主人的宠物的 owner 字段值都改为 Duck。
（4）删除已经死亡的宠物记录。
（5）删除所有表中的记录。

表 7-3 pet 表结构

字段名	字段说明	数据类型	主键	外键	非空	唯一	自增
name	宠物名称	VARCHAR2(20)	否	否	是	否	否
owner	宠物主人	VARCHAR2(20)	否	否	否	否	否
species	种类	VARCHAR2(20)	否	否	是	否	否
sex	性别	VARCHAR2(1)	否	否	是	否	否
birth	出生日期	DATE	否	否	是	否	否
death	死亡日期	DATE	否	否	否	否	否

表 7-4 pet 表中记录

name	owner	Species	sex	birth	death
Fluffy	Harold	cat	f	2003-10月12	2010-8月12
Claws	Gwen	cat	m	2004-8月10	NULL
Buffy	NULL	dog	f	2009-8月11	NULL
Fang	Benny	dog	m	2000-5月15	NULL
Bowser	Diane	dog	m	2003-4月16	2009-11月12
Chirpy	NULL	bird	f	2008-5月19	NULL

第8章 视 图

学习目标 | Objective

数据库中的视图是一个虚拟表。同真实的表一样，视图包含一系列带有名称的行和列数据。行和列数据来自由定义视图查询所引用的表，并且在引用视图时动态生成。本章将通过一些实例来介绍视图的含义、视图的作用、创建视图、查看视图、修改视图、更新视图和删除视图等 Oracle 的数据库知识。

内容导航 | Navigation

- 了解视图的含义和作用
- 掌握创建视图的方法
- 熟悉如何查看视图
- 掌握修改视图的方法
- 掌握更新视图的方法
- 掌握删除视图的方法
- 掌握综合案例中视图应用的方法和技巧

8.1 视图概述

视图是从一个或者多个表中导出的，视图的行为与表非常相似，但视图是一个虚拟表。在视图中用户可以使用 SELECT 语句查询数据，以及使用 INSERT、UPDATE 和 DELETE 修改记录。视图可以使用户操作方便，而且可以保障数据库系统的安全。

8.1.1 视图的含义

视图是一个虚拟表，是从数据库中一个或多个表中导出来的表。视图还可以从已经存在的视图的基础上定义。

视图一经定义便存储在数据库中，与其相对应的数据并没有像表那样在数据库中再存储一份，通过视图看到的数据只是存放在基本表中的数据。对视图的操作与对表的操作一样，可以对其进行查询、修改和删除。当对通过视图看到的数据进行修改时，相应的基本表的数据也要发生变化。同时，若基本表的数据发生变化，则这种变化也可以自动地反映到视图中。

下面有个 student 表和 stu_info 表，在 student 表中包含了学生的 id 号和姓名，stu_info 包含了学生的 id 号、班级和家庭住址，而现在公布分班信息，只需要 id 号、姓名和班级，这该如何解决？通过学习后面的内容就可以找到完美的解决方案。

表设计如下：

```
CREATE TABLE student
(
  s_id  NUMBER(9),
  name  VARCHAR2(40)
);

CREATE TABLE stu_info
(
  s_id    NUMBER(9),
  glass   VARCHAR2(40),
  addr    VARCHAR2(90)
);
```

通过 DESC 命令可以查看表的设计，可以获得字段、字段的定义等信息。

视图提供了一个很好的解决方法，创建一个视图，这些信息来自表的部分信息，其他的信息不取，这样既能满足要求也不破坏表原来的结构。

8.1.2 视图的作用

与直接从数据表中读取相比，视图有以下优点。

1. 简单化

看到的就是需要的。视图不仅可以简化用户对数据的理解，也可以简化操作。那些被经常使用的查询可以被定义为视图，从而使得用户不必以后的操作每次指定全部条件。

2. 安全性

通过视图用户只能查询和修改他们所能见到的数据。数据库中的其他数据则既看不见也取不到。数据库授权命令可以使每个用户对数据库的检索限制到特定的数据库对象上，但不能授权到数据库特定行和特定的列上。通过视图，用户可以被限制在数据的不同子集上：

（1）使用权限可被限制在基表的行的子集上。
（2）使用权限可被限制在基表的列的子集上。
（3）使用权限可被限制在基表的行和列的子集上。
（4）使用权限可被限制在多个基表的连接所限定的行上。
（5）使用权限可被限制在基表中的数据的统计汇总上。
（6）使用权限可被限制在另一视图的一个子集上，或是一些视图和基表合并后的子集上。

3. 逻辑数据独立性

视图可帮助用户屏蔽真实表结构变化带来的影响。

8.2 创建视图

视图中包含了 SELECT 查询的结果,因此视图的创建基于 SELECT 语句和已存在的数据表,视图可以建立在一张表上,也可以建立在多张表上。本节主要介绍创建视图的方法。

8.2.1 创建视图的语法形式

创建视图使用 CREATE VIEW 语句,基本语法格式如下:

```
CREATE [OR REPLACE] [[NO]FORCE] VIEW
   [schema.] view
   [(alias,...)]inline_constraint(s)]
      [out_of_line_constraint (s)]
AS subquery
[
   WITH{READ ONLY CHECK OPTION[CONSTRAINT constraint]}
];
```

其中,CREATE 表示创建新的视图。REPLACE 表示替换已经创建的视图。[NO]FORCE 表示是否强制创建视图。[schema.] view 表示视图所属方案的名称和视图本身的名称。[(alias,...)]inline_constraint(s)]表示视图字段的别名和内联的名称。[out_of_line_constraint (s)] 表示约束,是与 inline_constraint(s)相反的声明方式。WITH READ ONLY 表示视图为只读。WITH CHECK OPTION 表示一旦使用该限制,当对视图增加或修改数据时必须满足子查询的条件。

8.2.2 在单表上创建视图

Oracle 可以在单个数据表上创建视图。

【例 8.1】在 t 表格上创建一个名为 view_t 的视图,代码如下:

首先创建基本表并插入数据,语句如下:

```
CREATE TABLE t (quantity NUMBER(9), price NUMBER(9));
INSERT INTO t VALUES(3, 50);
```

创建视图语句为:

```
CREATE VIEW view_t AS SELECT quantity, price FROM t;
```

语句执行如下:

```
SQL> SELECT * FROM view_t;

QUANTITY    PRICE
----------  -------
```

```
3         50
```

默认情况下创建的视图和基本表的字段是一样的，也可以通过指定视图字段的名称来创建视图。

【例 8.2】在 t 表格上创建一个名为 view_t2 的视图，代码如下：

```
SQL> CREATE VIEW view_t2(qty, price ) AS SELECT quantity, price FROM t;
```

语句执行成功，查看 view_t2 视图中的数据：

```
SQL> SELECT * FROM view_t2;

QTY    PRICE
------ -------
3      50
```

可以看到，view_t2 和 view_t 两个视图中字段名称不同，但数据却是相同的。因此，在使用视图的时候，可能用户根本就不需要了解基本表的结构，更接触不到实际表中的数据，从而保证了数据库的安全。

8.2.3 在多表上创建视图

Oracle 中也可以在两个或者两个以上的表上创建视图，可以使用 CREATE VIEW 语句实现。

【例 8.3】在表 student 和表 stu_info 上创建视图 stu_glass，代码如下：

首先向两个表中插入数据，输入语句如下：

```
SQL> INSERT INTO student VALUES(1,'wanglin1');
SQL> INSERT INTO student VALUES(2,'gaoli');
SQL> INSERT INTO student VALUES(3,'zhanghai');

SQL> INSERT INTO stu_info VALUES(1, 'wuban','henan') ;
SQL> INSERT INTO stu_info VALUES (2,'liuban','hebei') ;
SQL> INSERT INTO stu_info VALUES (3,'qiban','shandong');
```

创建视图 stu_glass，SQL 语句如下：

```
CREATE VIEW stu_glass (id,name, glass) AS SELECT
student.s_id,student.name ,stu_info.glass
  FROM student ,stu_info WHERE student.s_id=stu_info.s_id;
```

查询视图 stu_glass，SQL 语句如下：

```
SQL> SELECT * FROM stu_glass;

ID   NAME      GLASS
---- --------- --------
```

```
1    wanglin1     wuban
2    gaoli        liuban
3    zhanghai     qiban
```

这个例子就解决了刚开始提出的那个问题，通过这个视图可以很好地保护基本表中的数据。这个视图中的信息很简单，只包含了 id、姓名和班级。id 字段对应 student 表中的 s_id 字段，name 字段对应 student 表中的 name 字段，glass 字段对应 stu_info 表中的 glass 字段。

8.2.4 创建视图的视图

Oracle 中也可以在视图上创建视图。下面通过案例来学习创建的方法。

【例 8.4】在视图 stu_glass 上创建视图 stu_gl_glass。

```
CREATE OR REPLACE VIEW stu_gl_glass
AS
SELECT stu_glass_id, stu_glass.name
FROM stu_glass;
```

查询视图 stu_gl_glass，SQL 语句如下：

```
SQL> SELECT * FROM stu_gl_glass;

ID    NAME
----- -----------
1     wanglin1
2     gaoli
3     zhanghai
```

从结果可以看出，视图 stu_gl_glass 就是把视图 stu_glass 中的 GLASS 字段去掉了。

8.2.5 创建没有源表的视图

默认情况下，在没有源表的情况下，创建视图是会出现错误的。

【例 8.5】创建没有源表的视图，代码如下：

```
CREATE OR REPLACE VIEW gl_glass
AS
SELECT stu_glass_id, stu_glass.name
FROM glass;
```

提示错误信息如下：

```
错误报告：
SQL 错误：ORA-00942:表或视图不存在
```

说明视图创建失败。此时需要使用 FORCE 关键词，从而避免这种错误。

【例 8.6】强制创建没有源表的视图，代码如下：

```
CREATE OR REPLACE FORCE VIEW gl_glass
AS
SELECT stu_glass_id, stu_glass.name
FROM glass;
```

代码执行后，出现以下提示信息，说明视图已经成功创建。

```
错误报告:
SQL 命令: force view GL_GLASS
失败: ORA-24344: 成功, 但出现编译错误
```

8.3 查看视图

查看视图是查看数据库中已存在的视图的定义。DESCRIBE 可以用来查看视图，具体的语法如下：

```
DESCRIBE 视图名;
```

【例 8.7】通过 DESCRIBE 语句查看视图 view_t 的定义，代码如下：

```
DESCRIBE view_t;
```

代码执行结果如下：

```
SQL> DESCRIBE view_t;

DESCRIBE view_t
名称         空值    类型
--------    --    ---------
QUANTITY          NUMBER(9)
PRICE             NUMBER(9)
```

结果显示出了视图的字段定义、字段的数据类型、是否为空。

DESCRIBE 一般情况下都简写成 DESC，输入这个命令的执行结果和输入 DESCRIBE 的执行结果是一样的。

8.4 修改视图

修改视图是指修改数据库中存在的视图，当基本表的某些字段发生变化的时候，可以通过修改视图来保持与基本表的一致性。Oracle 中通过 CREATE OR REPLACE VIEW 语句和 ALTER 语句来修改视图的约束。

8.4.1 CREATE OR REPLACE VIEW 语句修改视图

Oracle 中如果要修改视图，使用 CREATE OR REPLACE VIEW 语句，语法如下：

```
CREATE OR REPLACE [[NO]FORCE] VIEW
   [schema.] view
   [(alias,...)]inline_constraint(s)]
       [out_of_line_constraint (s)]
AS subquery
[
   WITH{READ ONLY CHECK OPTION[CONSTRAINT constraint]}
];
```

可以看到，修改视图的语句和创建视图的语句是完全一样的。当视图已经存在时，修改语句对视图进行修改。当视图不存在时，创建视图。下面通过一个实例来说明。

【例8.8】修改视图 view_t，代码如下：

```
CREATE OR REPLACE VIEW view_t AS SELECT * FROM t;
```

首先通过 DESC 查看一下更改之前的视图，以便与更改之后的视图进行对比。执行的结果如下：

```
SQL> DESCRIBE view_t;

DESCRIBE view_t
名称         空值    类型
--------    --    ---------
QUANTITY          NUMBER(9)
PRICE             NUMBER(9)
```

修改视图的 SQL 语句如下：

```
SQL> CREATE OR REPLACE VIEW view_t(quty,pri) AS SELECT * FROM t;
```

查看修改后的视图，SQL 语句如下：

```
SQL> DESCRIBE view_t;

DESCRIBE view_t
名称         空值    类型
--------    --    ---------
QUTY              NUMBER(9)
PRI               NUMBER(9)
```

从执行的结果来看。相比原来的视图 view_t，新的视图 view_t 的字段名称被修改了。

8.4.2 ALTER 语句修改视图的约束

ALTER 语句是 Oracle 提供的另外一种修改视图约束的方法。

【例8.9】使用 ALTER 语句为视图 view_t 添加唯一约束，代码如下：

```
ALTER VIEW view_t
ADD CONSTRAINT T_UNQ UNIQUE (QUTY)
```

```
DISABLE NOVALIDATE;
```

上面实例为字段 QUTY 添加了唯一约束,约束名称为 T_UNQ。其中 DISABLE NOVALIDATE 表示此前数据和以后数据都不检查。

另外,使用 ALTER 语句还可以删除添加的视图约束。

【例 8.10】使用 ALTER 语句删除视图 view_t 的唯一约束,代码如下:

```
ALTER VIEW view_t
DROP CONSTRAINT T_UNQ;
```

结果提示视图已经更新,表示视图 view_t 的唯一约束已经被成功删除。

8.5 更新视图

更新视图是指通过视图来插入、更新、删除表中的数据,因为视图是一个虚拟表,其中没有数据。通过视图更新的时候都是转到基本表上进行更新的,如果对视图增加或者删除记录,实际上是对其基本表增加或者删除记录。本节将介绍视图更新的 3 种方法:INSERT、UPDATE 和 DELETE。

【例 8.11】使用 UPDATE 语句更新视图 view_t,代码如下:

```
UPDATE view_t SET quty=5;
```

执行视图更新之前,查看基本表和视图的信息,执行结果如下:

```
SQL> SELECT * FROM view_t;
QUTY       PRI
---------- ----------
3          50


SQL> SELECT * FROM t;
QUANTITY   PRICE
---------- ----------
3          50
```

使用 UPDATE 语句更新视图 view_t,执行过程如下:

```
SQL> UPDATE view_t SET quty=5;
```

查看视图更新之后基本表和视图的内容:

```
SQL> SELECT * FROM t;
QUANTITY   PRICE
---------- ----------
5          50


SQL> SELECT * FROM view_t;
QUTY       PRI
```

```
----------  ----------
 5           50

SQL>SELECT * FROM view_t2;

QTY        PRICE
----------  ----------
 5           50
```

对视图 view_t 更新后，基本表 t 的内容也更新了，同样当对基本表 t 更新后，另外一个视图 view_t2 中的内容也会更新。

【例 8.12】使用 INSERT 语句在基本表 t 中插入一条记录，代码如下：

```
INSERT INTO t VALUES (3,5);
```

查询视图 view_t2 的内容是否更新。执行结果如下：

```
SQL> SELECT * FROM view_t2;
QTY    PRICE
------ -------
  5      50
  3       5
```

向表 t 中插入一条记录，通过 SELECT 查看视图 view_t2，可以看到其中的内容也跟着更新。

【例 8.13】使用 DELETE 语句删除视图 view_t2 中的一条记录，代码如下：

```
DELETE FROM view_t2 WHERE price=5;
```

查询视图 view_t2 的内容是否更新，结果如下：

```
SQL> SELECT * FROM view_t2;
QTY    PRICE
------ -------
  5      50
```

查询数据表 t 的内容是否更新，结果如下：

```
SQL> SELECT * FROM t;
QUANTITY    PRICE
----------  ----------
  5           50
```

在视图 view_t2 中删除 price=5 的记录，视图中的删除操作最终是通过删除基本表中相关的记录实现的，查看删除操作之后的表 t 和视图 view_t2，可以看到通过视图删除其所依赖的基本表中的数据。

8.6 删除视图

当视图不再需要时，可以将其删除，删除一个或多个视图可以使用 DROP VIEW 语句，语法如下：

```
DROP VIEW view_name
```

其中，view_name 是要删除的视图名称。删除视图必须拥有 DROP 权限。

【例 8.14】删除 stu_glass 视图，代码如下：

```
DROP VIEW stu_glass;
```

执行结果：

```
SQL> DROP VIEW IF EXISTS stu_glass;
view STU_GLASS已删除。
```

如果名称为 stu_glass 的视图存在，该视图将被删除。使用 DESC VIEW 语句查看操作结果：

```
SQL> DESC VIEW stu_glass;
ERROR:
----------------
错误: 对象 VIEW 不存在
```

可以看到，stu_glass 视图已经不存在，删除成功。

8.7 限制视图的数据操作

对视图数据的增加或更新实际上是操作视图的源表。通过对视图的限制操作，可以提高数据操作安全性。

8.7.1 设置视图的只读属性

如果想防止用户修改数据，可以将视图设成只读属性。

【例 8.15】在 t 表上创建一个名为 view_tt 的只读视图，代码如下：

```
CREATE OR REPLACE VIEW view_tt AS
SELECT quantity, price FROM t
WITH READ ONLY;
```

创建完成后，如果向视图 view_tt 进行插入、更新和删除等操作，就会提示错误信息。

8.7.2 设置视图的检查属性

在修改视图的数据时，可以指定一定的检查条件。此时需要使用 WITH CHECK OPTION 来设置视图的检查属性,表示启动了和子查询条件一样的约束。

【例 8.16】在 t 表上创建一个名为 view_tc 的视图,限制条件为字段 price 的值大于 10,代码如下:

```
CREATE OR REPLACE VIEW view_tc AS
SELECT quantity, price FROM t
WHERE price>10
WITH CHECK OPTION;
```

创建完成后,向视图 view_tc 进行插入、更新和删除等操作时,会收到检查条件的限制。

【例 8.17】向视图 view_tc 插入数据(3,5),代码如下:

```
INSERT INTO view_tc VALUES (3,5);
错误报告:
SQL 错误: ORA-01402: 视图 WITH CHECK OPTION where 子句违规
```

这里添加的 price 的值小于 10,所以出现错误提示。同样更新和删除操作也受到限制条件的约束。

8.8 综合案例——视图应用

本章介绍了 Oracle 数据库中视图的含义和作用,并且讲解了创建视图、修改视图和删除视图的方法。创建视图和修改视图是本章的重点。这两部分的内容比较多,而且比较复杂。希望读者能够认真学习这两部分的内容,并且在计算机上进行操作。读者在创建视图之后一定要查看视图的结构,确保创建的视图是正确的,修改过视图后也要查看视图的结构,保证修改是正确的。

1. 案例目的

掌握视图的创建、查询、更新和删除操作。

假如 HenanHebei 的 3 个学生参加 Tsinghua University、Peking University 的自学考试,现在需要用数据对其考试的结果进行查询和管理,Tsinghua University 的分数线为 40,Peking University 的分数线为 41。学生表包含了学生的学号、姓名、家庭地址和电话号码。报名表包含学号、姓名、所在学校和报名的学校。成绩表包含了学生的学号、姓名、成绩。表结构以及表中的内容分别如表 8-1~表 8-6 所示。

表 8-1 stu 表结构

字段名	数据类型	主键	外键	非空	唯一	自增
s_id	NUMBER(11)	是	否	是	是	否
s_name	VARCHAR2(20)	否	否	是	否	否
addr	VARCHAR2(50)	否	否	是	否	否
tel	VARCHAR2(50)	否	否	是	否	否

表 8-2 sign 表结构

字段名	数据类型	主键	外键	非空	唯一	自增
s_id	NUMBER (11)	是	否	是	是	否
s_name	VARCHAR2(20)	否	否	是	否	否
s_sch	VARCHAR2(50)	否	否	是	否	否
s_sign_sch	VARCHAR2(50)	否	否	是	否	否

表 8-3 stu_mark 表结构

字段名	数据类型	主键	外键	非空	唯一	自增
s_id	NUMBER (11)	是	否	是	是	否
s_name	VARCHAR2(20)	否	否	是	否	否
mark	NUMBER (11)	否	否	是	否	否

表 8-4 stu 表内容

s_id	s_name	addr	tel
1	XiaoWang	Henan	0371-12345678
2	XiaoLi	Hebei	***89072***
3	XiaoTian	Henan	0371-12345670

表 8-5 sign 表内容

s_id	s_name	s_sch	s_sign_sch
1	XiaoWang	Middle School1	Peking University
2	XiaoLi	Middle School2	Tsinghua University
3	XiaoTian	Middle School3	Tsinghua University

表 8-6 stu_mark 表内容

s_id	s_name	mark
1	XiaoWang	80
2	XiaoLi	71
3	XiaoTian	70

2. 案例操作过程

01 创建学生表 stu，插入 3 条记录。

创建学生表和插入数据代码如下：

```
CREATE TABLE stu
(
s_id NUMBER (11) PRIMARY KEY,
s_name VARCHAR2(20) NOT NULL,
addr VARCHAR2(50) NOT NULL,
tel VARCHAR2(50) NOT NULL
```

```
);
INSERT INTO stu VALUES
(1,'XiaoWang','Henan','0371-12345678') ;
INSERT INTO stu VALUES
(2,'XiaoLi','Hebei','***89072***') ;
INSERT INTO stu VALUES
(3,'XiaoTian','Henan','0371-12345670');
```

查询学生表 stu 结果如下:

```
SQL> SELECT * FROM stu;

 S_ID  S_NAME       ADDR     TEL
------ -------------- ------- --------------------
   1   XiaoWang     Henan    0371-12345678
   2   XiaoLi       Hebei    ***89072***
   3   XiaoTian     Henan    0371-12345670
```

通过上面的代码执行后,在当前的数据库中创建了一个表 stu,通过插入语句向表 stu 中插入了 3 条记录。stu 表的主键为 s_id。

02 创建报名表 sign,插入 3 条记录。

创建报名表并插入数据,代码如下:

```
CREATE TABLE sign
(
s_id NUMBER (11) PRIMARY KEY,
s_name VARCHAR2(20) NOT NULL,
s_sch VARCHAR2(50) NOT NULL,
s_sign_sch VARCHAR2(50) NOT NULL
);
INSERT INTO sign VALUES
(1,'XiaoWang','Middle School1','Peking University') ;
INSERT INTO sign VALUES
(2,'XiaoLi','Middle School2','Tsinghua University') ;
INSERT INTO sign VALUES
 (3,'XiaoTian','Middle School3','Tsinghua University');
```

查询报名表 sign 结果如下:

```
SQL> SELECT * FROM sign;

S_ID  S_NAME       S_SCH              S_SIGN_SCH
------ -------------- -------------------- ----------------------------
   1   XiaoWang     Middle School1     Peking University
   2   XiaoLi       Middle School2     Tsinghua University
   3   XiaoTian     Middle School3     Tsinghua University
```

创建一个 sign 表,同时向表中插入了 3 条报考记录。

03 创建成绩表 stu_mark，插入 3 条记录。

创建成绩表，代码如下：

```
CREATE TABLE stu_mark
(
s_id NUMBER (11) PRIMARY KEY ,
s_name VARCHAR2(20) NOT NULL,
mark NUMBER (11) NOT NULL
);
INSERT INTO stu_mark VALUES
(1,'XiaoWang',80) ;
INSERT INTO stu_mark VALUES
(2,'XiaoLi',71) ;
INSERT INTO stu_mark VALUES
(3,'XiaoTian',70);
```

查询成绩表 stu_mark 结果如下：

```
SQL> SELECT * FROM stu_mark;

S_ID  S_NAME          MARK
----- -------------- ------
    1 XiaoWang          80
    2 XiaoLi            71
    3 XiaoTian          70
```

创建 stu_mark 表，向学生的成绩表插入 3 条成绩记录。

04 创建考上 Peking University 的学生的视图。

创建考上 Peking University 的学生的视图，代码如下：

```
CREATE VIEW beida (id,name,mark,sch)
AS SELECT stu_mark.s_id,stu_mark.s_name,stu_mark.mark, sign.s_sign_sch
FROM stu_mark ,sign
WHERE stu_mark.s_id=sign.s_id AND stu_mark.mark>=41 AND
sign.s_sign_sch='Peking University';
```

查询视图 beida 结果如下：

```
SQL> SELECT *FROM beida;
 ID    NAME          MARK     SCH
----  -------------  -------  ----------------------
   1  XiaoWang         80     Peking University
```

视图 beida 包含了考上 Peking University 的学号、姓名、成绩和报考的学校名称，其中，报考的学校名称为 Peking University。通过 SELECT 语句进行查看，可以获得成绩在 Peking University 分数线之上的学生信息。

05 创建考上 Tsinghua University 的学生的视图。

创建考上 Tsinghua University 的学生的视图，代码如下：

```
CREATE VIEW qinghua (id,name,mark,sch)
AS SELECT stu_mark.s_id, stu_mark.s_name, stu_mark.mark, sign.s_sign_sch
FROM stu_mark ,sign
WHERE stu_mark.s_id=sign.s_id AND stu_mark.mark>=40 AND
sign.s_sign_sch='Tsinghua University';
```

查询视图 qinghua 结果如下：

```
SQL> SELECT * FROM qinghua ;
ID   NAME      MARK    SCH
----  ----------  ------  -------------------------
 2   XiaoLi     71     Tsinghua University
 3   XiaoTian   70     Tsinghua University
```

视图 qinghua 只包含了成绩在 Tsinghua University 分数线之上的学生的信息，这些信息包括学号、姓名、成绩和报考学校。

06 XiaoTian 的成绩在录入的时候多录了 50 分，对其录入成绩进行更正。

更新 XiaoTian 的成绩，代码如下：

```
UPDATE stu_mark SET mark = mark-50 WHERE stu_mark.s_name ='XiaoTian';
```

XiaoTian 的录入成绩发生了错误，当更新 XiaoTian 的成绩后，视图中是否还有 XiaoTian 被 Tsinghua University 录取的信息呢？

07 查看更新过后视图和表的情况。

查看更新后的表和视图情况，代码如下：

```
SELECT * FROM stu_mark;
SELECT * FROM qinghua;
```

执行结果如下：

```
SQL> SELECT * FROM stu_mark;

S_ID  S_NAME       MARK
----- ------------ ------
  1   XiaoWang     80
  2   XiaoLi       71
  3   XiaoTian     20

SQL> SELECT * FROM qinghua ;

ID   NAME    MARK    SCH
```

```
----  ----------  ------  -------------------------
   2  XiaoLi          71  Tsinghua University
```

从结果来看视图 qinghua 中已经不存在 XiaoTian 的信息了，说明更新成绩基本表 stu_mark 后，视图 qinghua 的内容也相应地更新了。

08 删除创建的视图。

删除 beida、qinghua 视图，执行的过程如下：

```
SQL> DROP VIEW beida;
view BEIDA已删除。
SQL> DROP VIEW qinghua;
view QINGHUA已删除。
```

语句执行完毕，qinghua 和 beida 的两个视图分别被成功地删除。

8.9 疑难解惑

疑问 1：Oracle 中视图和表的区别以及联系是什么？

两者的区别：

（1）视图是已经编译好的 SQL 语句，是基于 SQL 语句的结果集的可视化的表，而表不是。
（2）视图没有实际的物理记录，而基本表有。
（3）表是内容，视图是窗口。
（4）表占用物理空间，而视图不占用物理空间，视图只是逻辑概念的存在；表可以及时修改，但视图只能用创建的语句来修改。
（5）视图是查看数据表的一种方法，可以查询数据表中某些字段构成的数据，只是一些 SQL 语句的集合。从安全的角度来说，视图可以防止用户接触数据表，因而用户不知道表结构。
（6）表属于全局模式中的表，是实表。视图属于局部模式的表，是虚表。
（7）视图的建立和删除只影响视图本身，不影响对应的基本表。

两者的联系：

视图（view）是在基本表之上建立的表，它的结构（所定义的列）和内容（所有记录）都来自基本表，它依据基本表存在而存在。一个视图可以对应一个基本表，也可以对应多个基本表。视图是基本表的抽象和在逻辑意义上建立的新关系。

疑问 2：什么时候视图不能做更新操作？

当视图中包含有如下内容时，视图的更新操作将不能被执行：

（1）视图中不包含基表中被定义为非空的列。
（2）在定义视图的 SELECT 语句后的字段列表中使用了数学表达式。

（3）在定义视图的 SELECT 语句后的字段列表中使用集合函数。
（4）在定义视图的 SELECT 语句中使用了 DISTINCT、UNION、TOP、GROUP BY 或 HAVING 子句。

8.10 经典习题

（1）如何在一个表上创建视图？
（2）如果在多个表上建立视图？
（3）如何更改视图？
（4）如何查看视图的详细信息？
（5）如何更新视图的内容？
（6）如何理解视图和基本表之间的关系、用户操作的权限？

第9章 PL/SQL 编程

学习目标 | Objective

PL/SQL 是 Oracle 数据库对 SQL 语句的扩展。在普通 SQL 语句的使用上增加了编程语言的特点，所以 PL/SQL 就是把数据操作和查询语句组织在 PL/SQL 代码的过程性单元中，通过逻辑判断、循环等操作实现复杂的功能或者计算的程序语言。本章将介绍 PL/SQL 编程的相关知识。

内容导航 | Navigation

- 了解 PL/SQL 的基本概念
- 掌握使用常量和变量的方法
- 熟悉表达式的使用方法
- 掌握 PL/SQL 的控制结构与语句
- 熟悉 PL/SQL 中的异常
- 掌握 PL/SQL 中的函数

9.1 PL/SQL 概述

Oracle 通过 SQL 访问数据时，对输出结果缺乏控制，没有数组处理、循环结构和其他编程语言的特点。为此，Oracle 开发了 PL/SQL，用于对数据库数据的处理进行很好的控制。

9.1.1 PL/SQL 是什么

如果不使用 PL/SQL 语言，Oracle 一次只能处理一条 SQL 语句。每条 SQL 语句的处理都需要客户端向服务器端做调用操作，从而在性能上产生很大的开销，尤其是在网络操作中。如果使用 PL/SQL，一个块中的所有 SQL 语句作为一个组，只需要客户端向服务器端做一次调用，从而减少了网络传输。

PL/SQL 是一种程序语言，叫做过程化 SQL 语言（Procedural Language/SQL）。PL/SQL 是 Oracle 对标准数据库语言 SQL 的过程化扩充，它将数据库技术和过程化程序设计语言联系起来，是一种应用开发语言，可使用循环、分支处理数据，将 SQL 的数据操纵功能与过程化语言数据处理功能结合起来。PL/SQL 的使用，使 SQL 成为一种高级程序设计语言，支持高级语言的块操作、条件判断、循环语句、嵌套等，与数据库核心的数据类型集成，使 SQL 的程序设计效率更高。

总的来说，PL/SQL 具有以下特点。

（1）支持事务控制和 SQL 数据操作命令。

（2）支持 SQL 的所有数据类型，并且在此基础上扩展了新的数据类型，也支持 SQL 的函数和运算符。

（3）PL/SQL 可以存储在 Oracle 服务器中，提高程序的运行性能。

（4）服务器上的 PL/SQL 程序可以使用权限进行控制。

（5）良好的可移植性，可以移植到另一个 Oracle 数据库中。

（6）可以对程序中的错误进行自动处理，使程序能够在遇到错误的时候不会被中断。

（7）减少了网络的交互，有助于提高程序性能。

9.1.2 PL/SQL 的结构

PL/SQL 程序的基本单位是块（block），一个基本的 PL/SQL 块由三部分组成：声明部分、执行部分和异常处理部分。其中，声明部分以 DECLARE 作为开始标志，主要声明在可执行部分中调用的所有变量、常量、游标和用户自定义的异常处理。执行部分用 BEGIN 作为开始标志，主要包括对数据库中进行操作的 SQL 语句，以及对块中进行组织、控制的 PL/SQL 语句，这部分是必需的。异常处理部分以 EXCEPTION 为开始标志，主要包括在执行过程中出错或出现非正常现象时所做的相应处理。其中执行部分是必需的，其他两部分是可选的。

【例 9.1】一个简单 PL/SQL 程序，只包含执行部分的内容，代码如下：

```
BEGIN
DBMS_OUTPUT.PUT_LINE ('您好，这是一个简单的PL/SQL程序');
    END;
    /
```

打开 SQL Plus 并执行上面的代码，该实例运行结果如图 9-1 所示。

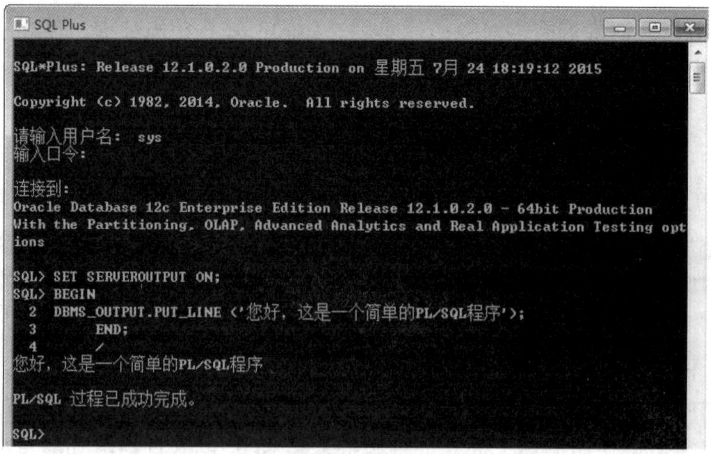

图 9-1　代码运行结果

如果看不到输出的语句,可以运行 "SET SERVEROUTPUT ON;"命令,打开 SQL Plus 的输出功能。

【例 9.2】包括声明和执行体两部分的结构,代码如下:

```
DECLARE
v_age number(5);
BEGIN
v_age:=25;
DBMS_OUTPUT.PUT_LINE ('您的年龄是: '|| v_age);
    END;
    /
```

该实例首先声明了一个变量,然后为变量赋值,最后输出变量的值,该实例运行结果如图 9-2 所示。

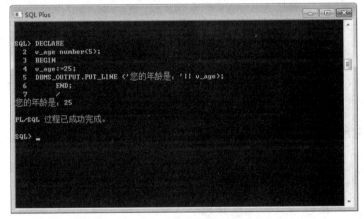

图 9-2 代码运行结果

【例 9.3】包括声明部分、执行体部分和异常处理部分的结构,代码如下:

```
DECLARE
v_ss_id  number(6);
BEGIN
SELECT S_ID
 INTO v_ss_id
  FROM FRUITS
WHERE FRUITS.F_NAME='apple';
DBMS_OUTPUT.PUT_LINE ('apple对应的编码是: '||v_ss_id);

EXCEPTION
   WHEN NO_DATA_FOUND THEN
   DBMS_OUTPUT.PUT_LINE (' apple没有对应的编码');
   WHEN TOO_MANY_ROWS THEN
   DBMS_OUTPUT.PUT_LINE (' apple对应的编码很多,请确认!');

END;
    /
```

该实例将从水果表 FRUITS 中查询产品名称为 apple 对应的产品编码，并将编码存储到变量 v_ss_id 中，最后输出到屏幕上，该实例运行结果如图 9-3 所示。

图 9-3　代码运行结果

如果返回记录超过一条或者没有返回记录，则会引发异常，此时程序会根据异常处理部分的内容进行操作。

9.1.3　PL/SQL 的编程规范

通过了解 PL/SQL 的编程规范，读者可以写出高质量的程序，从而减少工作时间，提高工作效率，其他开发人员也能清晰地阅读。PL/SQL 的编程规范如下：

1. PL/SQL 中允许出现的字符集

（1）字母，包括大写和小写。

（2）数字 0~9。

（3）空格、回车符和制表符。

（4）符号包括+、-、*、/、<、>、=、!、~、^、;、:、@、%、#、$、&、_、|、( )、[ ]、{ }、?。

2. PL/SQL 中的大小写问题

（1）关键字（BEGIN、EXCEPTION、END、IF THEN ELSE、LOOP、END LOOP）、数据类型（VARCHAR2、NUMBER）、内部函数（LEAST、SUBSTR）和用户定义的子程序，使用大写。

（2）变量名以及 SQL 中的列名和表名，使用小写。

3. PL/SQL 中的空白

（1）在等号或比较操作符的左右各留一个空格。

（2）主要代码段之间用空行隔开。

（3）结构词（DECLARE、BEGIN、EXCEPTION、END、IF 与 END IF、LOOP 与 END LOOP）居左排列。

（4）把同一结构的不同逻辑部分分开写在独立的行，即使这个结构很短。例如，IF 和 THEN

被放在同一行,而 ELSE 和 END IF 则放在独立的行。

4. PL/SQL 中必须遵守的要求

(1) 标识符不区分大小写。例如 NAME 和 Name、name 都是一样的。所有的名称在存储时都被自动修改为大写。
(2) 标识符中只能出现字母、数字和下划线,并且以字母开头。
(3) 不能使用保留字。若与保留字同名,则必须使用双引号括起来。
(4) 标识符最多 30 个字符。
(5) 语句使用分号结束。
(6) 语句的关键字、标识符、字段的名称和表的名称都需要空格的分割。
(7) 字符类型和日期类型需要使用单引号括起来。

5. PL/SQL 中的注释

适当地添加注释,可以提高代码的可读性。Oracle 提供了如下两种注释方法。

(1) 单行注释:使用"--"(两个短画线),可以注释后面的语句。
(2) 多行注释:使用"/*...*/",可以注释掉这两部分包含的部分。

【例 9.4】在程序中使用注释,代码如下:

```
DECLARE
  v_maxprice  number(8,2);                    --最大价格
BEGIN
  /*
    利用MAX函数获得产品最大的价格
  */
  SELECT MAX(F_PRICE) INTO v_maxprice
    FROM FRUITS;
  DBMS_OUTPUT.PUT_LINE ('水果的最大价格是:'|| v_maxprice);   --输出最大的价格
END;
  /
```

该实例运行结果如图 9-4 所示。

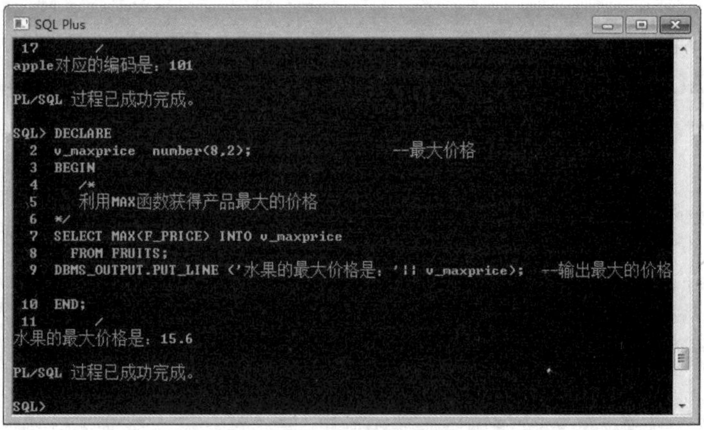

图 9-4　代码运行结果

从结果可以看出，注释并没有对执行产生任何影响，只是提高了程序的可读性。

9.2 使用常量和变量

常量和变量在 PL/SQL 的编程中经常被用到。通过变量，可以把需要的参数传递进来，经过处理后，还可以把值传递出去，最终返回给用户。

简单地说，常量是固化在程序代码中的信息，常量的值从定义开始就是固定的。常量主要用于为程序提供固定和精确的值，包括数值和字符串，如数字、逻辑值真（true）、逻辑值假（false）等都是常量。

常量的语法格式如下：

```
constant_name CONSTANT datatype
[NOT NULL]
{:=| DEFAULT} expression;
```

其中 constant_name 表示常量的名称。CONSTANT 是声明常量的关键词，如果是常量，该项是必需的。datatype 表示常量的数据类型。NOT NULL 表示常量值为非空。{:=| DEFAULT}表示常量必须显式地为其赋值。expression 表示常量的值或表达式。

变量，顾名思义，在程序运行过程中，其值可以改变。变量是存储信息的单元，它对应于某个内存空间，变量用于存储特定数据类型的数据，用变量名代表其存储空间。程序能在变量中存储值和取出值，可以把变量比作超市的货架（内存），货架上摆放着商品（变量），可以把商品从货架上取出来（读取），也可以把商品放入货架（赋值）。

变量的语法格式如下：

```
variable_name  datatype
[
[NOT NULL]
{:=| DEFAULT} expression;
];
```

其中 variable_name 表示变量的名称。datatype 表示变量的数据类型。NOT NULL 表示变量值为非空。{:=| DEFAULT}表示变量的赋值。expression 表示变量存储的值，也可以是表达式。

【例 9.5】在程序中使用常量和变量，代码如下：

```
DECLARE
v_fid   VARCHAR2(10);                              --水果ID
v_fname  VARCHAR2(255);                            --水果名称
v_fprice  number(8,2);                             --水果价格
v_date    DATE:=SYSDATE;
v_ceshi   CONSTANT  v_fname%TYPE:= '这是测试';      --测试
BEGIN
SELECT F_ID,F_NAME, F_PRICE  INTO v_fid,v_fname,v_fprice
  FROM FRUITS
```

```
        WHERE F_ID = 't1';
   DBMS_OUTPUT.PUT_LINE ('水果的ID是: '|| v_fid);
   DBMS_OUTPUT.PUT_LINE ('水果的名称是: '|| v_fname);
   DBMS_OUTPUT.PUT_LINE ('水果的价格是: '|| v_fprice);
   DBMS_OUTPUT.PUT_LINE ('目前的时间是: '|| v_date);
   DBMS_OUTPUT.PUT_LINE ('常量v_ceshi是: '|| v_ceshi);
   END;
     /
```

该实例运行结果如图 9-5 所示。

图 9-5 代码运行结果

9.3 使用表达式

在 PL/SQL 的编程中，表达式主要是用来计算结果。根据操作数据类型的不同，常见的表达式包括算术表达式、关系表达式和逻辑表达式。

算术表达式就是用算术运算符连接的语句，如"i+j+k;、20-x;、a*b;、j/k;"等均为合法的算术运算符的表达式。

【例 9.6】计算表达式（$86+20×3-15^2$）的绝对值，代码如下：

```
DECLARE
v_abs  number(8);
BEGIN
v_abs:=ABS(86+20*3-15**2);
DBMS_OUTPUT.PUT_LINE (' v_abs='|| v_abs);
END;
```

该实例运行结果如图 9-6 所示。

图 9-6 代码运行结果

关系表达式主要是由关系运算符连接起来的字符或数值，最终结果是一个布尔类型值。常见的关系运算符如下：

（1）等于号=。

（2）大于号>。

（3）小于号<。

（4）大于等于号>=。

（5）小于等于号<=。

（6）不等于号!=和<>。

逻辑表达式主要是由逻辑符号和常量或变量等组成的表达式。逻辑符号包括如下几种：

（1）逻辑非 NOT。

（2）逻辑或 OR。

（3）逻辑与 AND。

9.4　PL/SQL 的控制结构与语句

PL/SQL 是面向过程的编程语言，通过逻辑控制语句，可以实现不同的目的。

9.4.1 基本处理流程

对数据结构的处理流程，称为基本处理流程。在 PL/SQL 中，基本的处理流程包含三种结构，即顺序结构、选择结构和循环结构。

（1）顺序结构是 PL/SQL 程序中最基本的结构，按照语句出现的先后顺序依次执行，如图 9-7 所示。

（2）选择结构按照给定的逻辑条件来决定执行顺序，有单向选择、双向选择和多向选择之分，但程序在执行过程中都只执行其中一条分支。单向选择和双向选择结构如图 9-8 所示。

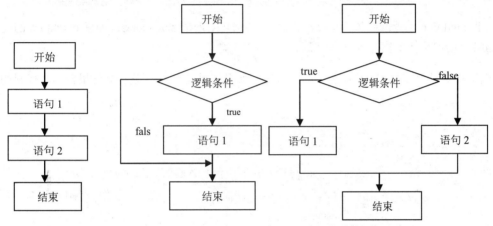

图 9-7 顺序结构　　　　　图 9-8 单向选择和双向选择结构

（3）循环结构即根据代码的逻辑条件来判断是否重复执行某一段程序，若逻辑条件为 true，则进入循环重复执行，否则结束循环。循环结构可分为条件循环和计数循环，如图 9-9 所示。

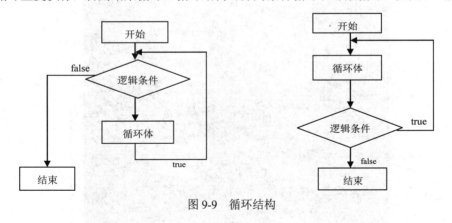

图 9-9 循环结构

一般而言，在 PL/SQL 中，程序总体是按照顺序结构执行的，而在顺序结构中可以包含选择结构和循环结构。

9.4.2 IF 条件控制语句

条件判断语句就是对语句中不同条件的值进行判断，进而根据不同的条件执行不同的语句。

条件判断语句主要包括 IF…结构、IF…ELSE…结构和 IF…ELSEIF…结构。

1. IF…结构

IF…结构是使用最为普遍的条件选择结构,每一种编程语言都有一种或多种形式的 if 语句,在编程中是经常被用到的。

IF…结构的语法格式如下:

```
IF condition THEN
statements;
END IF;
```

如果 condition 的返回结果为 true,就执行 IF 语句对应的 statements;如果 condition 的返回结果为 false,则继续往下执行。

【例 9.7】计算（86+20×3-15^2）的绝对值,如果结果大于 50,就将其结果输出,代码如下:

```
DECLARE
v_abs  number(8);
BEGIN
v_abs:=ABS(86+20*3-15**2);
IF v_abs>50 THEN
DBMS_OUTPUT.PUT_LINE (' v_abs='|| v_abs||' 该值是大于50的');
END IF;
DBMS_OUTPUT.PUT_LINE ('这是一个IF条件语句');
END;
    /
```

该实例运行结果如图 9-10 所示。

图 9-10　代码运行结果

2. IF…ELSE…结构

IF…ELSE…结构通常用于一个条件需要两个程序分支来执行的情况。IF…ELSE…结构的语法格式如下：

```
IF condition THEN
statements;
ELSE
statements;
END IF;
```

如果 condition 的返回结果为 true，就执行 IF 语句对应的 statements；如果 condition 的返回结果为 false，则执行 ELSE 后面的语句。

【例 9.8】计算（86+20×3-15^2）的绝对值，然后判断该值是否大于 80，将对应的结果输出，代码如下：

```
DECLARE
v_abs  number(8);
BEGIN
v_abs:=ABS(86+20*3-15**2);
IF v_abs>80 THEN
DBMS_OUTPUT.PUT_LINE (' v_abs='|| v_abs||' 该值是大于80的');
ELSE
DBMS_OUTPUT.PUT_LINE (' v_abs='|| v_abs||' 该值是小于80的');
END IF;
END;
/
```

该实例运行结果如图 9-11 所示。

图 9-11　代码运行结果

3. IF...ELSEIF...结构

IF…ELSEIF…结构可以提供多个 IF 条件选择，当程序执行到该结构部分时，会对每一个条件进行判断，一旦条件为 true，就会执行对应的语句，然后继续判断下一个条件，直到所有的条件判断完成。其语法结果如下：

```
IF condition1 THEN
statements;
ELSEIF condition2 THEN
statements;
…
[ELSE statements;]
END IF;
```

如果 condition 的返回结果为 true，就执行 IF 语句对应的 statements，如果 condition 的返回结果为 false，则执行 ELSE 后面的语句。

【例 9.9】根据不同的学习成绩，输出对应的成绩级别，代码如下：

```
DECLARE
v_abs  number(8);
BEGIN
v_abs:=88;
IF v_abs<60 THEN
DBMS_OUTPUT.PUT_LINE ('该考生成绩不及格');
ELSIF v_abs>=60 AND v_abs<70 THEN
DBMS_OUTPUT.PUT_LINE (' 该考生成绩及格');
ELSIF v_abs>=70 AND v_abs<85 THEN
DBMS_OUTPUT.PUT_LINE (' 该考生成绩良好');
ELSE
DBMS_OUTPUT.PUT_LINE (' 该考生成绩优秀');
END IF;
DBMS_OUTPUT.PUT_LINE (' 该考生成绩为'|| v_abs);

END;
/
```

该实例运行结果如图 9-12 所示。

图 9-12　代码运行结果

9.4.3 CASE 条件控制语句

CASE 语句是根据条件选择对应的语句执行，和 IF 语句比较相似。CASE 语句分为两种，包括简单的 CASE 语句和搜索式 CASE 语句。

1. 简单的 CASE 语句

它给出一个表达式，并把表达式结果同提供的几个可预见的结果做比较，如果比较成功，则执行对应的语句。该类型的语法格式如下：

```
[<<lable_name>>]
CASE case_operand
WHEN when_operand THEN
statement;
[
WHEN when_operand THEN
statement;
[
WHEN when_operand THEN
statement;
]…
[ELSE statement[statement;]]…;
END CASE [label_name];
```

其中<<lable_name>>是一个标签，可以选择性添加，提高可读性。case_operand 是一个表达式，通常是一个变量。when_operand 是 case_operand 对应的结果，如果相同，则执行对应的 statement。[ELSE statement[statement;]]表示当所有的 when_operand 都不能对应 case_operand 的值时，会执行 ELSE 处的语句。

【例 9.10】在 fruits 表中，用 CASE 语句找到水果编号对应的水果名称，然后输出到屏幕，代码如下：

```
DECLARE
v_fid  VARCHAR2(10);
BEGIN
SELECT F_ID INTO v_fid
  FROM FRUITS
WHERE FRUITS.F_ID='t1';
CASE v_fid
WHEN 'a1' THEN
DBMS_OUTPUT.PUT_LINE ('该水果名称为苹果');
WHEN 'b1' THEN
DBMS_OUTPUT.PUT_LINE ('该水果名称为草莓');
WHEN 'bs1' THEN
DBMS_OUTPUT.PUT_LINE ('该水果名称为橘子');
WHEN 'bs2' THEN
DBMS_OUTPUT.PUT_LINE ('该水果名称为甜瓜');
WHEN 't1' THEN
DBMS_OUTPUT.PUT_LINE ('该水果名称为香蕉');
```

```
WHEN 't2' THEN
DBMS_OUTPUT.PUT_LINE ('该水果名称为葡萄');
ELSE
DBMS_OUTPUT.PUT_LINE (' 没有对应的水果');
END CASE;

END;
    /
```

该实例运行结果如图 9-13 所示。

图 9-13　代码运行结果

2. 搜索式的 CASE 语句

搜索式的 CASE 语句会依次检测布尔值是否为 true，一旦为 true，那么它所在的 WHEN 子句会被执行，后面的布尔表达式将不再考虑。如果所有的布尔表达式都不为 true，那么程序会转到 ELSE 子句，如果没有 ELSE 子句，系统会给出异常。语法格式如下：

```
[<<lable_name>>]
CASE
WHEN boolean_expression THEN  statement;
 [boolean_expression THEN  statement; ]…
[ELSE statement[statement;]]…;
END CASE [label_name];
```

其中 boolean_expression 为布尔表达式。

【例 9.11】在 fruits 表中，用搜索式 CASE 语句找到水果编号对应的水果名称，然后输出到屏幕，代码如下：

```
DECLARE
v_fname   VARCHAR2(255);
BEGIN
SELECT F_NAME INTO v_fname
  FROM FRUITS
WHERE FRUITS.F_ID='b1';
CASE
WHEN v_fname='apple' THEN
DBMS_OUTPUT.PUT_LINE ('该水果名称为苹果');
WHEN v_fname='blackberry' THEN
DBMS_OUTPUT.PUT_LINE ('该水果名称为草莓');
WHEN v_fname=' orange' THEN
DBMS_OUTPUT.PUT_LINE ('该水果名称为橘子');
WHEN v_fname= ' melon '  THEN
DBMS_OUTPUT.PUT_LINE ('该水果名称为甜瓜');
WHEN v_fname='banana'  THEN
DBMS_OUTPUT.PUT_LINE ('该水果名称为香蕉');
WHEN v_fname='grape'  THEN
DBMS_OUTPUT.PUT_LINE ('该水果名称为葡萄');
ELSE
DBMS_OUTPUT.PUT_LINE (' 没有对应的水果');
END CASE;

END;
  /
```

该实例运行结果如图 9-14 所示。

图 9-14　代码运行结果

9.4.4 LOOP 循环控制语句

LOOP 语句主要是实现重复的循环操作。其语法格式如下：

```
[<<lable_name>>]
LOOP
statement…
END LOOP [label_name];
```

其中 LOOP 为循环的开始标记，statement 为 LOOP 语句中重复执行的语句，END LOOP 为循环结束标志。

LOOP 语句往往还需要和条件控制语句一起使用，这样可以避免出现死循环的情况。

【例 9.12】通过 LOOP 循环，实现每次循环都让变量递减 2，直到变量的值小于 1，然后终止循环，代码如下：

```
DECLARE
v_summ  NUMBER(4):=10;
BEGIN
<<bbscip_loop>>
LOOP
DBMS_OUTPUT.PUT_LINE ('目前v_summ 为: '|| v_summ);
v_summ:= v_summ-2;
IF v_summ<1 THEN
    DBMS_OUTPUT.PUT_LINE ('退出LOOP循环，当前v_summ 为: '|| v_summ);
     EXIT bbscip_loop;
END IF;
END LOOP;
END;
    /
```

该实例运行结果如图 9-15 所示。

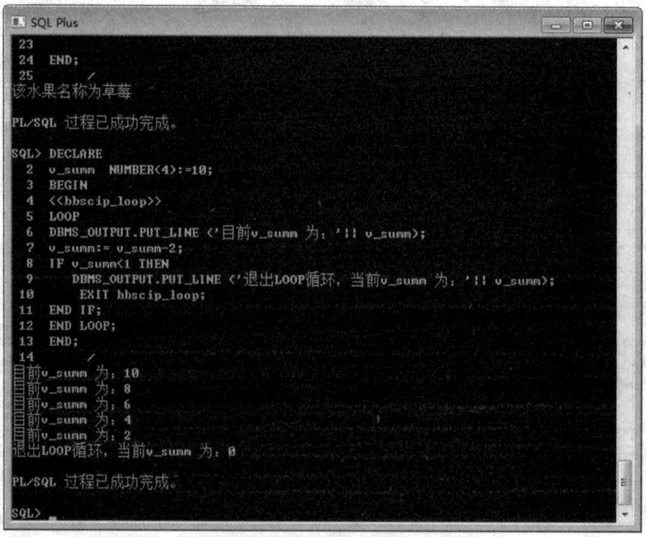

图 9-15 代码运行结果

9.5 PL/SQL 中的异常

PL/SQL 编程的过程中难免会出现各种错误，这些错误统称为异常，本节开始讲述异常的相关知识。

9.5.1 异常概述

PL/SQL 程序在运行的过程中，由于程序本身或者数据问题而引发的错误被称为异常。为了提高程序的健壮性，可以在 PL/SQL 块中引入异常处理部分，进行捕捉异常，并根据异常出现的情况进行相应的处理。

Oracle 异常分为两种类型：系统异常和自定义异常。其中系统异常又分为预定义异常和非预定义异常。

1. 预定义异常

Oracle 定义了异常的错误编号和名字，常见的预定义异常如下：

- NO_DATA_FOUND：SELECT ... INTO ... 时，没有找到数据。
- DUL_VAL_ON_INDEX：试图在一个有唯一性约束的列上存储重复值。
- CURSOR_ALREADY_OPEN：试图打开一个已经打开的游标。
- TOO_MANY_ROWS：SELECT ... INTO ... 时，查询的结果是多值。
- ZERO_DIVIDE：零被整除。

2. 非预定义异常

Oracle 定义了异常的错误编号，但没有定义名字。使用的时候，先声明一个异常名，通过伪过程 PRAGMA EXCEPTION_INIT 将异常名与错误号关联起来。

3. 自定义异常

程序员从业务角度出发制定的一些规则和限制。

【例 9.13】下面演示除数为零的异常，代码如下：

```
DECLARE
v_summ  NUMBER(4);
BEGIN
v_summ:=10/0;
DBMS_OUTPUT.PUT_LINE ('目前v_summ 为: '|| v_summ);
END;
    /
```

该实例运行结果如图 9-16 所示。

图 9-16　代码运行结果

9.5.2　异常处理

在 PL/SQL 中，异常处理分为 3 个部分：声明部分、执行部分和异常部分。其语法格式如下：

```
EXCEPTION
        WHEN e_name1 [OR e_name2 ... ] THEN
            statements;
        WHEN e_name3 [OR e_name4 ... ] THEN
            statements;
        ……
        WHEN OTHERS THEN
            statements;
END;
/
```

其中 EXCEPTION 表示声明异常，e_name1 为异常的名称，statements 为发生异常后如何处理。WHEN OTHERS THEN 是异常处理的最后部分，如果前面的异常没有被捕获，这是最终捕获的地方。

【例 9.14】下面演示除数为零的异常处理，代码如下：

```
DECLARE
v_summ  NUMBER(4);
BEGIN
v_summ:=10/0;
DBMS_OUTPUT.PUT_LINE ('目前v_summ 为: '|| v_summ);
EXCEPTION
WHEN ZERO_DIVIDE  THEN
DBMS_OUTPUT.PUT_LINE ('除数不能为零');
END;
    /
```

该实例运行结果如图 9-17 所示。

图 9-17 代码运行结果

9.6 PL/SQL 中的函数

在 PL/SQL 编程的过程中使用函数，可以将复杂的运算过程封装起来，提高工作的效率。函数通常用于返回特定的数据，其实质是一个有名字的 PL/SQL 块，作为一个对象存储于数据库，可以被反复执行。

函数通常被作为一个表达式来调用或存储过程的一个参数，具有返回值。其定义的语法规则如下：

```
CREATE [ OR REPLACE ] FUNCTION function name
   [
(parameter declaration [,parameter declaration] )
   ]
   RETURN datatype
   IS | AS
      [local variable declarations;...]
   BEGIN
      statement [statement|pragma]…
      [RECEPTION expression handler[exception handler]…]
   END [function_name];
```

其中 OR REPLACE 表示覆盖同名函数，FUNCTION 创建函数的关键字，function_name 表示函数的名称。parameter_declaration 表示函数的参数，有 IN、OUT、IN OUT 三种类型。RETURN datatype 表示函数返回值的类型。

【例 9.15】将水果为 apple 的价格打五折，代码如下：

```
CREATE FUNCTION pri
 (v_pric IN NUMBER(8,2),v_name IN VARCHAR2(255))
RETURE NUMBER
IS
BEGIN
IF v_name='apple' THEN
   RETURN(v_pric*0.5);
END IF;
END;
    /
```

函数定义完成后，即可开始调用，命令如下：

```
SELECT F_NAME,F_PRICE,pri(f_name,f_price) FROM fruits;
```

删除函数 pri 的命令如下：

```
DROP FUNCTION pri
```

9.7 疑难解惑

疑问 1：什么是复合类型的变量？

所谓复合类型的变量，就是每变量包含几个元素，可以存储多个值。复合类型的变量需要先定义，然后才能声明。最常用的三种类型包括记录类型、索引表类型和 VARRAY 数组。

疑问 2：如何查看函数？

函数创建完成后，被存储在 Oracle 服务器中，随时可以被调用。用户如果想查看，可以在数据字典 USER_PROCEDURES 中查看函数的属性、在数据字典 USER_SOURCE 中查看函数的源脚本。这两个数据字典属于视图，利用这两个视图不仅可以查看函数的相关信息，还可以查看存储过程的相关信息，在后面的章节会讲述存储过程的相关知识。

9.8 经典习题

（1）在 PL/SQL 中使用变量和常量。
（2）编写一个算术表达式的例子。
（3）编写一个 IF 语句的例子。
（4）编写一个 CASE 语句的例子。
（5）编写一个 LOOP 语句的例子。
（6）编写一个异常处理的例子。

第10章 存储过程

学习目标 | Objective

简单地说，存储过程就是一条或者多条 SQL 语句的集合，可视为批处理文件，但是其作用不仅限于批处理。本章主要介绍如何创建存储过程，如何调用、查看、修改、删除存储过程等。

内容导航 | Navigation

- 掌握如何创建存储过程
- 掌握如何调用存储过程
- 熟悉如何查看存储过程
- 掌握修改存储过程的无参数和有参数的使用方法
- 掌握修改存储过程的方法
- 熟悉如何删除存储过程
- 掌握综合案例中创建存储过程的方法和技巧

10.1 创建存储过程

在数据转换或查询报表时经常使用存储过程。它的作用是 SQL 语句不可替代的。本节主要讲述存储过程的概念和如何创建一个存储过程。

10.1.1 什么是存储过程

存储过程是指在 Oracle 数据库中，一组为了完成特定功能的 SQL 语句集，存储在数据库中经过第一次编译后再调用则不需要编译。用户通过指定存储过程的名字并给出参数（如果该存储过程带有参数）来执行它。存储过程是数据库中的一个重要对象，任何一个设计良好的数据库应用程序都应该用到存储过程。

相对于直接使用 SQL 语句，在应用程序中直接调用存储过程有以下好处：

（1）减少网络通信量。调用一个行数不多的存储过程与直接调用 SQL 语句的网络通信量可能不会有很大的差别，可是如果存储过程包含上百行 SQL 语句，那么其性能绝对比一条一条地调用 SQL 语句要高得多。

（2）执行速度更快。有两个原因：首先，在存储过程创建的时候，数据库已经对其进行了一次解析和优化；其次，存储过程一旦执行，在内存中就会保留一份这个存储过程，这样下次再执行同样的存储过程时，可以从内存中直接调用。

（3）更强的适应性：由于存储过程对数据库的访问是通过存储过程来进行的，因此数据库开发人员可以在不改动存储过程接口的情况下对数据库进行任何改动，而这些改动不会对应用程序造成影响。

（4）分布式工作：应用程序和数据库的编码工作可以分别独立进行，而不会相互压制。

10.1.2 创建存储过程

创建存储过程，需要使用 CREATE PROCEDURE 语句，基本语法格式如下：

```
CREATE [OR REPLACE] PROCEDURE [schema.] procedure_name
    [parameter_name [[IN]datatype[{:=DEFAULT}expression]]
    {IS|AS}
BODY:
```

CREATE PROCEDURE 为用来创建存储函数的关键字。OR REPLACE 表示如果指定的过程已经存在，则覆盖同名的存储过程。schema 表示该存储过程的所属机构。procedure_name 为存储过程的名称。parameter_name 为存储过程的参数名称。[IN]datatype[{:=DEFAULT}expression]设置传入参数的数据类型和默认值。{IS|AS}表示存储过程的连接词。BODY:表示函数体，是存储过程的具体操作部分，可以用 BEGIN...END 来表示 SQL 代码的开始和结束。

编写存储过程并不是一件简单的事情，可能存储过程中需要复杂的 SQL 语句，并且要有创建存储过程的权限。但是使用存储过程将简化操作，减少冗余的操作步骤，同时，还可以减少操作过程中的失误，提高效率，因此存储过程是非常有用的，而且应该尽可能地学会使用。

【例 10.1】创建一个简单的存储过程。输入代码如下：

```
CREATE PROCEDURE HELLO
AS
BEGIN
dbms_output.put_line('您好，这是一个简单的存储过程');
END;
```

上述代码中，此存储过程名为 HELLO，使用 CREATE PROCEDURE HELLO 语句定义。此存储过程没有参数。BEGIN 和 END 语句用来限定存储过程体，过程本身仅是输出一行字符串。

在 Oracle SQL Developer 中运行上面的代码，执行结果如下：

```
PROCEDURE HELLO 已编译
```

10.2 调用存储过程

存储过程已经定义好了，接下来需要知道如何调用这些存储过程。

直接调用存储过程的方法如下：

```
execute procedure_name;
```

也可以缩写成如下形式:

```
exec procedure_name;
```

其中 procedure_name 为存储过程的名称。

【例 10.2】调用存储过程 HELLO。

在 Oracle SQL Developer 中调用存储过程，如果想让 DBMS_OUTPUT.PUT_LINE 成功输出，需要把 SERVEROUTPUT 选项设置为 ON 状态。默认情况下，它是 OFF 状态的。

可以使用以下语句查看 SERVEROUTPUT 选项的状态：

```
SHOW SERVEROUTPUT
```

如果是 OFF 状态，则显示以下信息：

```
SERVEROUTPUT OFF
```

设置为 ON 状态的语句如下：

```
SET SERVEROUTPUT ON
```

在 Oracle SQL Developer 中运行下面的代码调用存储过程 HELLO：

```
exec HELLO;
```

运行结果如下：

您好，这是一个简单的存储过程

另外也可以在 BEGIN....END 中直接调用存储过程，调用语法如下：

```
BEGIN
   procedure_name;
END;
```

【例 10.3】调用存储过程 HELLO。

```
BEGIN
    HELLO;
END;
```

运行结果如下：

您好，这是一个简单的存储过程

10.3 查看存储过程

Oracle 存储了存储过程的状态信息,用户可以查看已经存在的存储过程,还可以到视图 USER_SOURCE 里查看。

【例 10.4】查看存储过程 HELLO。

查看存储过程的 SQL 语句如下:

```
SELECT * FROM USER_SOURCE WHERE NAME='HELLO' ORDER BY LINE;
```

在 Oracle SQL Developer 中运行上面的代码,结果如下:

```
NAME       TYPE              LINE   TEXT
HELLO      PROCEDURE         1      CREATE PROCEDURE HELLO
HELLO      PROCEDURE         2      AS
HELLO      PROCEDURE         3      BEGIN
HELLO      PROCEDURE         4      DBMS_OUTPUT.PUT_LINE('您好,这是一个简单的存储过程
');
HELLO      PROCEDURE         5      END;
```

从结果可以看出,每条记录中的 TEXT 字段都存储了语句脚本,这些脚本综合起来就是存储过程 HELLO 的内容。

 在查看存储过程中,需要把存储过程的名称大写,如果小写,则无法查询到任何内容。如果想查看所有的存储过程,可以在 ALL_SOURCE 视图中查询。

10.4 存储过程的参数

存储过程可以带参数,也可以不带参数。在数据转换时经常使用不带参数的存储过程。

10.4.1 无参数的存储过程

下面通过案例来学习不带参数的存储过程的使用方法和技巧。

【例 10.5】把数据表 fruits 中价格最低的两个水果的名称设置为"打折水果"。

创建存储过程的脚本如下:

```
CREATE PROCEDURE FRUITS_PRC
AS
BEGIN
UPDATE fruits SET f_name='打折水果'
WHERE f_id IN
```

```
(
SELECT f_id FROM
(SELECT * FROM  fruits ORDER BY f_price ASC)
WHERE ROWNUM<3
);
COMMIT;
END;
```

其中 COMMIT;表示提交更改。

在 Oracle SQL Developer 中运行上面的代码,结果如下:

```
PROCEDURE FRUITS_PRC 已编译
```

在 Oracle SQL Developer 中执行存储过程 FRUITS_PRC,语句如下:

```
EXEC FRUITS_PRC;
```

查看数据表 fruits 的记录是否发生变化,SQL 语句如下:

```
SELECT * FROM  fruits WHERE ROWNUM<3;
F_ID       F_NAME
---------- ----------
a2         打折水果
m2         打折水果
c0         cherry
b5         xxxx
t4         xbababa
a1         apple
t2         grape
l2         lemon
b2         berry
bs2        melon
o2         coconut
b1         blackberry
t1         banana
bs1        orange
m3         xxtt
m1         mango
```

从结果可以看出,存储过程已经生效。

10.4.2 有参数的存储过程

存储过程可以带有参数,使用参数可以增加存储过程的灵活性,为数据库编程带来很大的便利。存储过程的参数可以是常量、变量和表达式等。一旦为存储过程使用了参数,在执行存储过程时,就必须指定对应的参数。

【例 10.6】根据输入的水果类型编码,在数据表 fruits 中搜索符合条件的数据,并将数据输出。

创建存储过程的脚本如下：

```
CREATE PROCEDURE FRUITS_PRCC(parm_sid IN NUMBER(6))
AS
 cur_id fruits.f_id%type;                          --存放水果的编码
 cur_prtifo fruits%ROWTYPE;                        --存放表fruits的行记录

BEGIN
        SELECT fruits.f_id INTO cur_id
          FROM fruits
WHERE s_id = parm_sid;                             --根据水果类型编码获取水果的编码
 IF SQL%FOUND THEN
            DBMS_OUTPUT.PUT_LINE(parm_sid||':');
          END IF;
           FOR my_prdinfo_rec IN
             (
              SELECT * FROM fruits WHERE CATEGORY=cur_id)
             LOOP
              DBMS_OUTPUT.PUT_LINE('水果名称'|| my_prdinfo_rec.f_name
||'水果价格'|| my_prdinfo_rec.f_price
||'水果数量'|| my_prdinfo_rec.QUANTITY);
            END LOOP;
           EXCEPTION
           WHEN NO_DATA_FOUND THEN
              DBMS_OUTPUT.PUT_LINE('没有数据');
WHEN TOO_MANY_ROWS THEN
              DBMS_OUTPUT.PUT_LINE('数据过多');
END;
```

在 Oracle SQL Developer 中运行上面的代码，结果如下：

```
PROCEDURE FRUITS_PRCC 已编译
```

在 Oracle SQL Developer 中执行存储过程 FRUITS_PRCC，语句如下：

```
EXEC FRUITS_PRCC(106);
```

执行结果如下：

```
106:
水果名称 mango 水果价格 15.6 水果数量1
```

10.5 修改存储过程

要在 Oracle 中修改存储过程，可以使用 CREATE OR REPLACE PROCEDURE 语句，也就是覆盖原始的存储过程。

【例 10.7】修改存储过程 HELLO，代码如下：

```
CREATE OR REPLACE PROCEDURE HELLO
AS
BEGIN
DBMS_OUTPUT.PUT_LINE('这是修改后的存储过程');
END;
```

在 Oracle SQL Developer 中运行下面的代码调用存储过程 HELLO：

```
exec HELLO;
```

运行结果如下：

这是修改后的存储过程

10.6 删除存储过程

删除存储过程可以使用 DROP 语句，其语法结构如下：

```
DROP PROCEDURE [schema.] procedure_name
```

schema 表示存储过程所属的机构。procedure_name 为要移除的存储过程的名称。

【例 10.8】删除存储过程 HELLO，代码如下：

```
DROP PROCEDURE HELLO;
```

上面语句的作用就是删除存储过程 HELLO。

10.7 查看存储过程的错误

编写的存储过程难免会出现各种错误而导致编译失败，为了减少排查错误的范围，Oracle 提供了查看存储过程错误的方法：

```
SHOW ERRORS PROCEDURE procedure_name;
```

【例 10.9】创建一个有错误的存储过程，然后查看错误信息。

创建一个有错误的存储过程，运行代码如下：

```
CREATE OR REPLACE PROCEDURE HELLO
AS
BEGIN
DBMM_OUTPUT.PUT_LINE('这是有错误的存储过程');
END;
```

执行结果如下：

警告：创建的过程带有编译错误

查看错误的具体细节，代码如下：

```
SHOW ERRORS PROCEDURE HELLO;
```

结果如下：

```
Errors: check compiler log
4/1        PLS-00201: 必须声明标识符 'DBMM_OUTPUT.PUT_LINE'
4/1        PL/SQL: Statement ignored
```

从错误提示可知，错误是由第 4 行引起的，正确的写法如下：

```
DBMS_OUTPUT.PUT_LINE('这是有错误的存储过程');
```

10.8 综合案例——综合运用存储过程

通过这一章的学习，读者应该掌握如何运用存储过程以及 Oracle 的控制语句。所有的存储过程都存储在服务器上，只要调用就可以在服务器上执行。

1. 案例目的

通过实例掌握存储过程的创建和使用。

2. 案例操作过程

创建一个名称为 sch 的数据表，表结构如表 10-1 所示，将表 10-2 中的数据插入 sch 表中。

表 10-1 sch 表结构

字段名	数据类型	主键	外键	非空	唯一	自增
id	NUMBER(10)	是	否	是	是	否
name	VARCHAR2(50)	否	否	是	否	否
glass	VARCHAR2(50)	否	否	是	否	否

表 10-2 sch 表内容

id	name	glass
1	xiaoming	glass 1
2	xiaojun	glass 2

创建一个 sch 表，并且向 sch 表中插入表格中的数据，代码如下：

```
CREATE TABLE sch(id NUMBER(10), name VARCHAR2(50),glass VARCHAR2(50));
INSERT INTO sch VALUES(1,'xiaoming','glass 1');
INSERT INTO sch VALUES(2,'xiaojun','glass 2');
```

通过命令 DESC 命令查看创建的表格，结果如下：

```
SQL> DESC sch;
```

```
名称         空值    类型
-----  --  ------   ------
ID              NUMBER(10)
NAME            VARCHAR2(50)
GLASS           VARCHAR2(50)
```

通过 SELECT * FROM sch 来查看插入表格的内容,结果如下:

```
ID    NAME         GLASS
----- ------------ -----------
 1    xiaoming     glass 1
 2    xiaojun      glass 2
```

创建一个存储过程用来统计表 sch 中的记录数和 sch 表中 id 的和。

创建一个可以统计表格内记录条数的存储函数,函数名为 count_sch(),代码如下:

```
CREATE OR REPLACE PROCEDURE COUNT_SCH
AS
cur_count number(6);
cur_sum number(6);
BEGIN
        SELECT COUNT(*) INTO cur_count
          FROM sch;
SELECT SUM(id) INTO cur_sum
        FROM sch;

IF SQL%FOUND THEN
        DBMS_OUTPUT.PUT_LINE('记录总数:'||cur_count);
        DBMS_OUTPUT.PUT_LINE('记录总数:'||cur_sum);
        END IF;
END;
```

在 Oracle SQL Developer 中运行上面的代码,结果如下:

```
PROCEDURE COUNT_SCH 已编译
```

在 Oracle SQL Developer 中执行存储过程 COUNT_SCH,语句如下:

```
EXEC COUNT_SCH;
```

执行结果如下:

```
记录总数:2
id总和:3
```

10.9 疑难解惑

疑问 1:存储过程中的代码可以改变吗?

目前，Oracle 还不提供对已存在的存储过程代码的修改，如果必须要修改存储过程，可以使用 CREATE OR REPLACE PROCEDURE 语句覆盖掉同名的存储过程。

疑问 2：删除存储过程需要注意什么问题？

存储过程之间可以相互调用，如果删除被调用的存储过程，那么重新编译时调用者会出现错误，所以在删除操作时，最好要分清各个存储过程之间的关系。

10.10 经典习题

（1）写一个名称为 WORD 的存储过程，可以自定义功能。
（2）调用存储过程 WORD。
（3）修改 WORD。

第11章 Oracle触发器

学习目标 | Objective

Oracle 的触发器和存储过程一样，都是嵌入到 Oracle 的一段程序。触发器是由事件来触发某个操作，这些事件包括 INSERT、UPDATAE 和 DELETE 语句。如果定义了触发程序，当数据库执行这些语句的时候就会激发触发器执行相应的操作，触发程序是与表有关的命名数据库对象，当表上出现特定事件时，将激活该对象。本章通过实例来介绍触发器的含义、如何创建触发器、查看触发器、触发器的使用方法以及如何删除触发器。

内容导航 | Navigation

- 了解什么是触发器
- 掌握创建触发器的方法
- 掌握查看触发器的方法
- 掌握触发器的使用技巧
- 掌握修改触发器和删除触发器的方法
- 熟练掌握综合案例中使用触发器的方法和技巧

11.1 创建触发器

学习了存储过程后，再学习触发器会比较容易，它们之间相似的地方。

11.1.1 触发器是什么

触发器（trigger）是个特殊的存储过程，不同的是，执行存储过程要使用 EXEC 语句来调用，而触发器的执行不需要使用 EXEC 语句来调用，也不需要手工启动，只要当一个预定义的事件发生的时候，就会被 Oracle 自动调用。比如当对 fruits 表进行操作（INSERT、DELETE 或 UPDATE）时就会激活它执行。

触发器可以查询其他表，而且可以包含复杂的 SQL 语句。它们主要用于满足复杂的业务规则或要求。例如：可以根据客户当前的账户状态，控制是否允许插入新订单。本节将介绍如何创建触发器。

11.1.2 创建只有一个执行语句的触发器

创建一个触发器的语法如下:

```
CREATE TRIGGER TRIGGER_NAME trigger_time trigger_event
ON tbl_name FOR EACH ROW trigger_stmt
```

其中 TRIGGER_NAME 标识触发器名称,用户自行指定。trigger_time 标识触发时机,可以指定为 before 或 after。trigger_event 标识触发事件,包括 INSERT、UPDATE 和 DELETE。tbl_name 标识建立触发器的表名,即在哪张表上建立触发器。trigger_stmt 是触发器程序体。触发器程序可以使用 begin 和 end 作为开始和结束,中间包含多条语句。将在下一节讲解多个执行语句的触发器。

【例 11.1】创建一个单执行语句的触发器。

首先创建一个 account 表,表中有两个字段,分别为: acct_num 字段(定义为整数类型),amount 字段(定义成小数类型),代码如下:

```
CREATE TABLE account (acct_num NUMBER(6), amount NUMBER(10,2));
```

其次创建一个名为 INS_SUM 的触发器,触发的条件是向数据表 account 插入数据之前,输出提示信息,代码如下:

```
CREATE TRIGGER INS_SUM
BEFORE INSERT
ON account
    BEGIN
 IF INSERT THEN
        DBMS_OUTPUT.PUT_LINE('下面将开始插入数据');
    END IF;
        END ;
```

检验触发器是否生效,向表中插入数据:

```
INSERT INTO account VALUES (1,10.22);
```

执行结果如下:

```
下面将开始插入数据
1 行已插入。
```

从结果可以看出,在插入数据前,启动了触发器。

11.1.3 创建有多个执行语句的触发器

【例 11.2】创建一个包含多个执行语句的触发器。

创建 4 张表,代码如下:

```
CREATE TABLE test1(a1 NUMBER(6));
```

```
CREATE TABLE test2(a2 NUMBER(6));
CREATE TABLE test3(a3 NUMBER(6) GENERATED BY DEFAULT AS IDENTITY PRIMARY KEY);
CREATE TABLE test4(
  a4 NUMBER(6) GENERATED BY DEFAULT AS IDENTITY PRIMARY KEY,
  b4 NUMBER(6) DEFAULT 0
);
```

创建一个包含多个执行语句的触发器,代码如下:

```
CREATE TRIGGER TESTREF
BEFORE INSERT
ON test1
  FOR EACH ROW
 BEGIN
    INSERT INTO test2 SET a2 = NEW.a1;
    DELETE FROM test3 WHERE a3 = NEW.a1;
    UPDATE test4 SET b4 = b4 + 1 WHERE a4 = NEW.a1;
    END
```

上面的代码是创建了一个名为 TESTREF 的触发器,这个触发器的触发条件是在向表 test1 插入数据前执行触发器的语句,具体执行的代码如下:

```
SQL> INSERT INTO test1 VALUES (1);
SQL> INSERT INTO test1 VALUES (3);
SQL> INSERT INTO test1 VALUES (1);
SQL> INSERT INTO test1 VALUES (7);
SQL> INSERT INTO test1 VALUES (1);
SQL> INSERT INTO test1 VALUES (8);
SQL> INSERT INTO test1 VALUES (4);
SQL> INSERT INTO test1 VALUES (4);
```

那么 4 个表中的数据如下:

```
SQL> SELECT * FROM test1;
 A1
------
  1
  3
  1
  7
  1
  8
  4
  4


SQL> SELECT * FROM test2;
A2
------
```

```
   1
   3
   1
   7
   1
   8
   4
   4


SQL> SELECT * FROM test3;
 A3
----
   2
   5
   6
   9
  10


SQL> SELECT * FROM test4;

 A4  B4
---- ------
   1    3
   2    0
   3    1
   4    2
   5    0
   6    0
   7    1
   8    1
   9    0
  10    0
```

执行结果显示,在向表 test1 插入记录的时候,test2、test3、test4 都发生了变化。从这个例子看 INSERT 触发了触发器,向 test2 中插入了 test1 中的值,删除了 test3 中相同的内容,同时更新了 test4 中的 b4,即与插入的值相同的个数。

11.2 查看触发器

查看触发器是指查看数据库中已存在的触发器的定义、状态和语法信息等,可以通过命令来查看已经创建的触发器。

11.2.1 查看触发器的名称

用户可以查看已经存在的触发器的名称。

【例 11.3】查看触发器名称的命令如下:

```
SELECT OBJECT_NAME FROM USER_ OBJECTS
WHERE OBJECT_TYOE='TRIGGER';
```

结果如下:

```
OBJECT_NAME
----------
INS_SUM
TESTREF
```

11.2.2 查看触发器的内容信息

有了触发器的名称，就可以查看触发器的具体内容了。

【例 11.4】查看触发器 INS_SUM 的内容信息，命令如下:

```
SELECT * FROM USER_SOURCE WHERE NAME= ' INS_SUM' ORDER BY LINE;
```

结果如下:

```
NAME      TYPE      LINE TEXT
INS_SUM   TRIGGER    1   CREATE TRIGGER INS_SUM
INS_SUM   TRIGGER    2     BEFORE INSERT
INS_SUM   TRIGGER    3     ON account
INS_SUM   TRIGGER    4     BEGIN
INS_SUM   TRIGGER    5     IF INSERT THEN
INS_SUM   TRIGGER    6       DBMS_OUTPUT.PUT_LINE('下面将开始插入数据');
INS_SUM   TRIGGER    7     END IF;
INS_SUM   TRIGGER    8       END ;
```

11.3 触发器的使用

触发程序是与表有关的命名数据库对象，当表上出现特定事件时，将激活该对象。在某些触发程序的用法中，可用于检查插入到表中的值，或对更新涉及的值进行计算。

触发程序与表相关，当对表执行 INSERT、DELETE 或 UPDATE 语句时，将激活触发程序。可以将触发程序设置为在执行语句之前或之后激活。例如，可以在从表中删除每一行之前，或在更新每一行之后激活触发程序。

【例 11.5】创建一个在 account 表插入记录之后，更新 myevent 数据表的触发器。

数据表 myevent 定义如下:

```
CREATE TABLE myevent
(
id MUMBER(11) DEFAULT NULL,
evt_name VARCHAR2(20) DEFAULT NULL
) ;
```

创建了一个 TRIG_INSERT 的触发器，在向表 account 插入数据之后会向表 myevent 插入一组数据，代码执行如下：

```
CREATE TRIGGER TRIG_INSERT
AFTER INSERT
ON account
BEGIN
IF INSERT THEN
INSERT INTO myevent VALUES (2,'after insert');
  END IF;
END ;
```

检验触发器的效果，代码如下，

```
SQL> INSERT INTO account VALUES (1,1.00);
SQL> INSERT INTO account VALUES (2,2.00);

SQL> SELECT * FROM myevent;

 ID    NAME
------ --------------
 2     after insert
 2     after insert
```

从执行的结果来看，是创建了一个名称为 TRIG_INSERT 的触发器，它是在向 account 插入记录之后进行触发，执行的操作是向表 myevent 插入一条记录。

11.4 修改触发器

Oracle 中如果要修改触发器，使用 CREATE OR REPLACE TRIGGER 语句，也就是覆盖原始的存储过程。

【例 11.6】修改触发器 INS_SUM，代码如下：

```
CREATE OR REPLACE TRIGGER INS_SUM
BEFORE INSERT
ON account
   BEGIN
 IF INSERT THEN
       DBMS_OUTPUT.PUT_LINE('这是修改后的触发器');
     END IF;
       END ;
```

检验触发器是否被修改，向表中插入数据：

```
INSERT INTO account VALUES (2,10.22);
```

执行结果如下：

这是修改后的触发器
1 行已插入。

从结果可以看出，触发器被成功修改。

11.5 删除触发器

使用 DROP TRIGGER 语句可以删除 Oracle 中已经定义的触发器，删除触发器语句基本语法格式如下：

```
DROP TRIGGER [schema.]TRIGGER_NAME
```

其中，schema 表示该触发器的所属机构，是可选的。TRIGGER_NAME 是要删除的触发器的名称。

【例 11.7】删除一个触发器，代码如下：

```
DROP TRIGGER INS_SUM;
```

11.6 综合案例——触发器使用

本章介绍了 Oracle 数据库的触发器的定义和作用、创建触发器、查看触发器、使用触发器和删除触发器等内容。创建触发器和使用触发器是本章的重点内容。在创建触发器的时候，一定要弄清楚触发器的结构；在使用触发器的时候，要清楚触发器触发的时间（BEFORE 或 AFTER）和触发的条件（INSERT、DELETE 或 UPDATE）。在创建触发器后，要清楚怎么修改触发器。

1. 案例目的

掌握触发器的创建和调用方法。

下面是创建触发器的实例，每更新一次 persons 表的 num 字段后，都要更新 sales 表对应的 sum 字段。其中，persons 表结构如表 11-1 所示，sales 表结构如表 11-2 所示，persons 表内容如表 11-3 所示，按照操作过程完成操作。

表 11-1　persons 表结构

字段名	数据类型	主键	外键	非空	唯一	自增
name	VARCHAR2 (40)	否	否	是	否	否
num	NUMBER (11)	否	否	是	否	否

表 11-2　sales 表结构

字段名	数据类型	主键	外键	非空	唯一	自增
name	VARCHAR2 (40)	否	否	是	否	否
sum	NUMBER (11)	否	否	是	否	否

表 11-3　persons 表内容

name	Num
xiaoming	20
xiaojun	69

2. 案例操作过程

01 创建一个业务统计表 persons。

创建一个业务统计表 persons，代码如下：

```
CREATE TABLE persons (name VARCHAR2(40), num NUMBER(11));
```

02 创建一个销售额表 sales。

创建一个销售额表 sales，代码如下：

```
CREATE TABLE sales (name VARCHAR2(40), sum NUMBER(11));
```

03 创建一个触发器。

创建一个触发器，在插入 persons 表的 num 字段后，更新 sales 表的 sum 字段，代码如下：

```
CREATE TRIGGER NUM SUM
AFTER INSERT
ON persons
  BEGIN
 IF INSERT THEN
        INSERT INTO sales VALUES (NEW.name,7*NEW.num);
    END IF;
        END ;
```

04 向 persons 表中插入记录，代码如下：

```
INSERT INTO persons VALUES ('xiaoxiao',20);
INSERT INTO persons VALUES ( 'xiaohua',69);
```

05 查询 persons 表中的记录，代码如下：

```
SQL> SELECT * FROM persons;

NAME     NUM
---------- ------
xiaoxiao  20
xiaohua   69
```

06 查询 sales 表中的记录，代码如下：

```
SQL> SELECT *FROM sales;

NAME         NUM
----------   --------
 xiaoxiao    140
 xiaohua     483
```

从执行的结果来看，在 persons 表插入记录之后，NUM_SUM 触发器计算插入到 persons 表中的数据，并将结果插入到 sales 表中相应的位置。

11.7 疑难解惑

疑问 1：创建触发器时须特别注意什么问题？

在使用触发器的时候需要注意，对于相同的表，相同的事件只能创建一个触发器，比如对表 account 创建了一个 BEFORE INSERT 触发器，那么如果对表 account 再次创建一个 BEFORE INSERT 触发器，Oracle 将会报错，此时，只可以在表 account 上创建 AFTER INSERT 或者 BEFORE UPDATE 类型的触发器。灵活地运用触发器将为操作省去很多麻烦。

疑问 2：为什么要及时删除不用的触发器？

触发器定义之后，每次执行触发事件，都会激活触发器并执行触发器中的语句。如果需求发生变化，而触发器没有进行相应的改变或者删除，则触发器仍然会执行旧的语句，从而会影响新的数据的完整性。因此，要将不再使用的触发器及时删除。

11.8 经典习题

（1）创建 INSERT 事件的触发器。
（2）创建 UPDATE 事件的触发器。
（3）创建 DELETE 事件的触发器。
（4）查看触发器。
（5）删除触发器。

第12章 游 标

学习目标 | Objective

查询语句可能返回多条记录，如果数据量非常大，那么需要使用游标来逐条读取查询结果集中的记录。应用程序可以根据需要滚动或浏览其中的数据。本章将介绍游标的概念、游标的分类、游标的基本操作等内容。

内容导航 | Navigation

- 了解游标的基本概念
- 掌握显式游标的使用方法
- 掌握隐式游标的使用方法
- 掌握综合案例中游标的操作技巧和方法

12.1 认识游标

游标是 Oracle 的一种数据访问机制，它允许用户访问单独的数据行，用户可以对每一行进行单独处理，从而降低系统开销和潜在的阻隔情况，用户也可以使用这些数据生成 SQL 代码并立即执行或输出。

12.1.1 游标的概念

游标类似一个可以变动的光标。类似于 C 语言中的指针，它可以指向结果集中的任意位置。在查看或处理结果集中的数据时，游标可以提供在结果集中向前或向后浏览数据的功能。当要对结果集进行逐行单独处理时，必须声明一个指向该结果集的游标变量。游标默认指向的是结果集的首记录。

默认情况下，游标可以返回当前执行的行记录，只能返回一行记录。如果想要返回多行，需要不断地滚动游标，把需要的数据查询一遍。用户可以操作游标所在位置行的记录，例如把返回记录作为另一个查询的条件等。

12.1.2　游标的优点

SELECT 语句返回的是一个结果集，但有的时候应用程序并不总是能对整个结果集进行有效的处理，游标便提供了这样一种机制，它能从包括多条数据记录的结果集中每次提取一条记录，游标总是与一条 SQL 选择语句相关联，由结果集和指向特定记录的游标位置组成。使用游标具有以下优点。

（1）允许程序对由 SELECT 查询语句返回的行集中的每一行执行相同或不同的操作，而不是对整个集合执行同一个操作。
（2）提供对基于游标位置的表中的行进行删除和更新的能力。
（3）游标作为数据库管理系统和应用程序设计之间的桥梁，将两种处理方式连接起来。

12.1.3　游标的分类

Oracle 中游标分为静态游标和 REF 游标两类。本章只对常用的静态游标作详细介绍。静态游标分为两种类型：

（1）显式游标：在使用之前必须有明确的游标声明和定义，这样的游标定义会关联数据查询语句，通常会返回一行或多行。打开游标后，用户可以利用游标的位置对结果集进行检索，使之返回单一的行记录，用户可以操作此记录。关闭游标后，就不能再对结果集进行任何操作。显式游标需要用户自己写代码完成，一切由用户控制。
（2）隐式游标：隐式游标和显式游标不同，它被数据库自动管理，此游标用户无法控制，但能得到他的属性信息。

12.2　显式游标

介绍完游标的概念和分类等内容之后，下面将向各位读者介绍如何操作显式游标，对于显式游标的操作主要有以下内容：声明游标、打开游标、读取游标中的数据和关闭游标。

12.2.1　显式游标的语法

使用游标之前，要声明游标。声明显式游标的语法如下：

```
CURSOR cursor_name
   [(parameter_name  datatype,…)]
     IS select_statement;
```

其中 CURSOR 表示声明游标，cursor_name 是游标的名称，parameter_name 表示参数名称，datatype 表示参数类型，select_statement 是游标关联的 SELECT 语句。

【例 12.1】声明名称为 cursor_fruit 的游标，输入语句如下。

```
DECLARE CURSOR cursor_fruit
IS SELECT f_name, f_price FROM fruits ;
```

上面的代码中，定义光标的名称为 cursor_fruit，SELECT 语句表示从 fruits 表中查询出 f_name 和 f_price 字段的值。

12.2.2 打开游标

在使用游标之前，必须打开游标，打开游标的语法格式如下：

```
OPEN cursor_name;
```

【例 12.2】打开上例中声明的名称为 cursor_fruit 的游标，输入语句如下。

```
OPEN cursor_fruit;
```

12.2.3 读取游标中的数据

打开游标之后，就可以读取游标中的数据了，FETCH 命令可以读取游标中的某一行数据。FETCH 语句语法格式如下。

```
FETCH cursor_name INTO Record_name;
```

读取的记录放到变量当中。如果想让读取多个记录，FETCH 需要和循环语句一起使用，直到某个条件不符合要求而退出。使用 FETCH 时游标属性%ROWCOUNT 会不断累加。

【例 12.3】使用名称为 cursor_fruit 的游标，检索 fruits 表中的记录，输入语句如下。

```
FETCH cursor_fruit INTO Record_name;
```

12.2.4 关闭游标

打开游标以后，服务器会专门为游标开辟一定的内存空间存放游标操作的数据结果集合，同时游标的使用也会根据具体情况对某些数据进行封锁。所以在不使用游标的时候，可以将其关闭，以释放游标所占用的服务器资源。关闭游标使用 CLOSE 语句，语法格式如下。

```
CLOSE cursor_name
```

【例 12.4】关闭名称为 cursor_fruit 的游标，输入语句如下。

```
CLOSE cursor_fruit;
```

12.2.5 使用显式游标的案例

下面通过一个案例来学习显式游标的整个过程。

【例 12.5】定义名称为 frt_cur 的游标，然后打开、读取和关闭游标 frt_cur。输入语句如下。

```
set serveroutput on;
DECLARE
CURSOR frt_cur

IS SELECT f_id,f_name FROM fruits;
```

```
    cur_fruits  frt_cur%ROWTYPE;
BEGIN
  OPEN  frt_cur;
     FETCH frt_cur INTO cur_fruits;
     dbms_output.put_line(cur_fruits.f_id||'.'||cur_fruits.f_name);
CLOSE  frt_cur;
     END;
```

上述代码的具体含义如下:

- set serveroutput on: 打开 oracle 自带的输出方法 dbms_output。
- CURSOR frt_cur: 声明一个名称为 frt_cur 的游标。
- IS SELECT f_id,f_name FROM fruits: 表示游标关联的查询。
- cur_fruits frt_cur%ROWTYPE: 定义一个游标变量,名称为 cur_fruits。
- OPEN frt_cur: 表示打开游标。
- FETCH frt_cur INTO cur_fruits:表示利用 FETCH 语句从结果集中提取指针指向的当前行记录。
- dbms_output.put_line(cur_fruits.f_id||'.'||cur_fruits.f_name): 表示输出结果并换行,这里输出表 fruits 中的 f_id 和 f_name 两个字段的值。

在 Oracle SQL Developer 中运行上面的代码,执行结果如下:

```
a1.apple
```

通过上面的案例,读者可以充分理解显示游标的 4 个基本步骤。

12.2.6 使用显式游标的 LOOP 语句

上一节的案例中只提取一条数据,如果用户想使用显式游标提取多条记录,就需要一个遍历结果集的方法,这就是 LOOP 语句的作用。

【例 12.6】通过 LOOP 语句遍历游标,输入语句如下。

```
set serveroutput on;
DECLARE
CURSOR frt_loop_cur
IS SELECT f_id,f_name,f_price FROM fruits
WHERE f_price>10;

cur_id   fruits.f_id%TYPE;
cur_name  fruits.f_name%TYPE;
cur_price  fruits.f_name%TYPE;

BEGIN
  OPEN  frt_loop_cur;
```

```
        LOOP
           FETCH frt_loop_cur INTO cur_id,cur_name,cur_price;
           EXIT WHEN frt_loop_cur%NOTFOUND;
           dbms_output.put_line(cur_id||'.'||cur_name
                        ||'.'||cur_price);
        END LOOP;
     CLOSE  frt_loop_cur;
END;
```

其中代码 cur_id fruits.f_id%TYPE 表示变量类型同表 fruits 对应的字段类型一致，代码 EXIT WHEN frt_loop_cur%NOTFOUND 表示利用游标的属性实现没有记录时退出循环。

在 Oracle SQL Developer 中运行上面的代码，执行结果如下：

```
b1.blackberry.10.2
bs1.orange.11.2
t1.banana.10.3
m1.mango.15.6
m3.xxtt.11.6
```

案例中通过使用 LOOP 语句，把所有符合条件的记录全部输出。

12.2.7 使用 BULK COLLECT 和 FOR 语句的游标

使用 FETCH…INTO…语句只能提取单条数据。如果数据比较大的情况下，执行效率就比较低。为了解决这一问题，也可以使用 FETCH…BULK COLLECT INTO…语句批量提取数据。

【例 12.7】通过 BULK COLLECT 和 FOR 语句遍历游标，输入语句如下。

```
set serveroutput on;
DECLARE
CURSOR frt_collect_cur
IS SELECT * FROM fruits
WHERE f_price>10;
TYPE FRT_TAB IS TABLE OF FRUITS%ROWTYPE;
frt_rd FRT_TAB;
BEGIN
   OPEN  frt_collect_cur;
      LOOP
         FETCH frt_collect_cur BULK COLLECT INTO frt_rd LIMIT 2;
         FOR i in 1..frt_rd.count LOOP
         dbms_output.put_line(frt_rd(i).f_id||'.'||frt_rd(i).f_name
                        ||'.'||frt_rd(i).f_price);
         END LOOP;
         EXIT WHEN frt_collect_cur%NOTFOUND;
      END LOOP;
   CLOSE  frt_collect_cur;
END;
```

其中以下代码是和定义表 fruits 行对象一致的集合类型 frt_rd，该变量用于存放批量得到的数据。

```
TYPE FRT_TAB IS TABLE OF FRUITS%ROWTYPE;
frt_rd FRT_TAB;
```

LIMIT 2 表示每次提取两条。

在 Oracle SQL Developer 中运行上面的代码，执行结果如下：

```
b1.blackberry.10.2
bs1.orange.11.2
t1.banana.10.3
m1.mango.15.6
m3.xxtt.11.6
```

12.2.8 使用 CURSOR FOR LOOP 语句的游标

通过使用 CURSOR FOR LOOP 语句，可以在不声明变量的情况下，提取数据。

【例 12.8】通过 CURSOR FOR LOOP 语句遍历游标，输入语句如下。

```
set serveroutput on;
DECLARE
CURSOR frt1 IS SELECT * FROM fruits
WHERE f_price<10;
BEGIN
  FOR curfrt1 IN frt1
      LOOP
          dbms_output.put_line(curfrt1.f_id||'.'|| curfrt1.f_name
                      ||'.'|| curfrt1.f_price);
      END LOOP;
END;
```

在 Oracle SQL Developer 中运行上面的代码，执行结果如下：

```
a1.apple.5.2
bs2.melon.8.2
t2.grape.5.3
o2.coconut.9.2
c0.cherry.3.2
a2.apricot.2.2
l2.lemon.6.4
b2.berry.7.6
m2.xbabay.2.6
t4.xbababa.3.6
b5.xxxx.3.6
```

12.2.9 显式游标的属性

利用游标属性可以得到游标执行的相关信息。显式游标有以下 4 个属性：

- %ISOPEN：用于判断游标属性是否打开，如果打开则返回 TRUE，否则返回 FALSE。
- %FOUND：用于检查行数据是否有效。如果有效则返回 TRUE，否则返回 FALSE。
- %NOTFOUND：与%FOUND 属性相反。如果没有提取出数据则返回 TRUE，否则返回 FALSE。

- %ROWCOUNT：表示累计到当前为止使用 FETCH 提取数据的行数。

【例 12.9】通过%ISOPEN 属性判断游标是否打开，输入语句如下。

```
set serveroutput on;
DECLARE
CURSOR frt2 IS SELECT * FROM fruits;
cur_fruits  fruits%ROWTYPE;
BEGIN
   IF frt2%ISOPEN THEN
       FETCH frt2 INTO cur_fruits;
       dbms_output.put_line(cur_fruits.f_id||'.'|| cur_fruits.f_name
                   ||'.'|| cur_fruits.f_price);
 ELSE
dbms_output.put_line('游标frt2没有打开');
END IF;
END;
```

在 Oracle SQL Developer 中运行上面的代码，执行结果如下：

```
游标 frt2 没有打开
```

【例 12.10】通过%FOUND 属性判断数据的有效性，输入语句如下。

```
set serveroutput on;
DECLARE
CURSOR frt_found_cur
IS SELECT * FROM fruits;
cur_prodrcd FRUITS%ROWTYPE;
BEGIN
   OPEN frt_found_cur;
      LOOP
         FETCH frt_found_cur INTO cur_prodrcd;
         IF frt_found_cur%FOUND THEN
         dbms_output.put_line(cur_prodrcd.f_id||'.'|| cur_prodrcd.f_name
                     ||'.'|| cur_prodrcd.f_price);
         ELSE
           dbms_output.put_line('没有数据被提取');
             EXIT;
END IF;
     END LOOP;
   CLOSE  frt_found_cur;
END;
```

在 Oracle SQL Developer 中运行上面的代码，执行结果如下：

```
   a1.apple.5.2
   b1.blackberry.10.2
   bs1.orange.11.2
   bs2.melon.8.2
   t1.banana.10.3
```

```
t2.grape.5.3
o2.coconut.9.2
c0.cherry.3.2
a2.apricot.2.2
l2.lemon.6.4
b2.berry.7.6
m1.mango.15.6
m2.xbabay.2.6
t4.xbababa.3.6
m3.xxtt.11.6
b5.xxxx.3.6
没有数据被提取
```

%NOTFOUND 属性的含义与%FOUND 属性正好相反，这里就不作讲解。

【例 12.11】通过%ROWCOUNT 属性查看已经返回了多少行记录。输入语句如下。

```
set serveroutput on;
DECLARE
CURSOR frt_rowcount_cur
IS SELECT * FROM fruits
WHERE f_price<8;
TYPE FRT_TAB IS TABLE OF FRUITS%ROWTYPE;
frt_count_rd FRT_TAB;

BEGIN
   OPEN  frt_rowcount_cur;
      LOOP
         FETCH frt_rowcount_cur BULK COLLECT INTO frt_count_rd LIMIT 2;
         FOR i in frt_count_rd.first..frt_count_rd.last LOOP
dbms_output.put_line(frt_count_rd(i).f_id||'.'
|| frt_count_rd(i).f_name||'.'|| frt_count_rd(i).f_price);
      END LOOP;
      IF mod(frt_rowcount_cur%ROWCOUNT,2)=0 THEN
dbms_output.put_line('读取到第'||frt_rowcount_cur%ROWCOUNT||'
条记录');
         ELSE
 dbms_output.put_line( '读取到单条记录为'
||frt_rowcount_cur%ROWCOUNT||'条记录');
        END IF;
      EXIT WHEN  frt_rowcount_cur%NOTFOUND;
    END LOOP;
   CLOSE  frt_rowcount_cur;
END;
```

在 Oracle SQL Developer 中运行上面的代码，执行结果如下：

```
a1.apple.5.2
t2.grape.5.3
读取到第2
条记录
c0.cherry.3.2
```

```
a2.apricot.2.2
读取到第4
条记录
l2.lemon.6.4
b2.berry.7.6
读取到第6
条记录
m2.xbabay.2.6
t4.xbababa.3.6
读取到第8
条记录
b5.xxxx.3.6
读取到单条记录为9条记录
```

12.3 隐式游标

上一节向各位读者介绍了显式游标的使用方法和技巧，本节将对隐式游标的使用方法进行介绍，包括使用隐式游标、隐式游标的属性和如何在游标中使用异常处理。

12.3.1 使用隐式游标

隐式游标是由数据库自动创建和管理的游标，默认名称为 SQL，也称为 SQL 游标。

每当运行 SELECT 语句时，系统会自动打开一个隐式游标，用户不能控制隐式游标，但是可以使用隐式游标。

【例 12.12】使用隐式游标，输入语句如下。

```
set serveroutput on;
DECLARE
cur_id   fruits.f_id%TYPE;
cur_name   fruits.f_name%TYPE;
cur_price   fruits.f_name%TYPE;
BEGIN
SELECT f_id,f_name,f_price INTO cur_id,cur_name,cur_price
FROM fruits
WHERE f_price=5.3;
IF SQL%FOUND THEN
      dbms_output.put_line(cur_id||'.'||cur_name||'.'||cur_price);
END IF;
END;
```

在 Oracle SQL Developer 中运行上面的代码，执行结果如下：

```
t2.grape.5.3
```

上面代码中的判断条件：

```
WHERE f_price=5.3;
```

必须保证只有一条记录符合要求,因为 SELECT INTO 语句只能返回一条记录,如果返回多条记录,在 Oracle SQL Developer 中运行时,会提示:实际返回的行数超过请求的行数。

12.3.2 隐式游标的属性

隐式游标的属性种类和显式游标是一样的,但是属性的含义有一定的区别:

- %ISOPEN:Oracle 自行控制该属性,返回永远是 FALSE。
- %FOUND:该属性反映了操作是否影响了数据,如果影响了数据,返回 TRUE,否则返回 FALSE。
- %NOTFOUND:与%FOUND 属性相反。如果操作没有影响数据则返回 TRUE,否则返回 FALSE。
- %ROWCOUNT:该属性反映了操作对数据影响的数量。

【例 12.13】验证隐式游标的 ISOPEN 属性返回值为 FALSE 的特性,输入语句如下。

```
set serveroutput on;
DECLARE
BEGIN
   DELETE FROM fruits;
     IF SQL%ISOPEN THEN
       dbms_output.put_line('游标打开了');
 ELSE
dbms_output.put_line('游标没有打开');
     END IF;
END;
```

在 Oracle SQL Developer 中运行上面的代码,执行结果如下:

游标没有打开
%FOUND属性在INSERT、UPDATE和DELETE执行对数据有影响时会返回TRUE,而SELECT INTO语句只要语句返回,该属性即为TRUE。

【例 12.14】隐式游标属性%FOUND 的应用,输入语句如下。

```
set serveroutput on;
DECLARE
     cur_id  fruits.f_id%TYPE;
cur_name  fruits.f_name%TYPE;
cur_price  fruits.f_price%TYPE;
BEGIN
   SELECT f_id ,f_name,f_price INTO cur_id,cur_name,cur_price
 FROM fruits;

   EXCEPTION
   WHEN TOO_MANY_ROWS THEN
```

```
    IF SQL%FOUND THEN
         dbms_output.put_line('%FOUND 为 TRUE');
         DELETE FROM fruits WHERE f_price=100.2;
      IF SQL%FOUND THEN
         dbms_output.put_line('删除数据了');
END IF;
       END IF;
END;
```

以下代码的含义是当返回多条数据时会出现 TOO_MANY_ROWS 异常,脚本执行 THEN 后面的脚本,这是对可能引起的异常的处理。

```
EXCEPTION
    WHEN TOO_MANY_ROWS THEN
```

以下代码表示当 SQL%FOUND 为 TURE 时,执行删除操作。

```
DELETE FROM fruits WHERE f_price=100.2;
```

以下代码表示继续判断 SQL%FOUND 是否为 TURE,如果是 TURE,则继续 THEN 后的操作。

```
IF SQL%FOUND THEN
      dbms_output.put_line('删除数据了');
```

在 Oracle SQL Developer 中运行上面的代码,执行结果如下:

```
%FOUND为TRUE
```

从结果可以看出该属性的使用方法和特征。由于在删除操作时没有在数据库中找到符合 WHERE 条件的记录,所以没有删除操作,此时的 SQL%FOUND 为 FALSE,后面的删除提示没有执行。

%NOTFOUND 属性的含义与%FOUND 属性正好相反,这里就不作讲解。

【例 12.15】通过%ROWCOUNT 属性查看已经返回了多少行记录。输入语句如下。

```
set serveroutput on;
DECLARE
     cur_id  fruits.f_id%TYPE;
cur_name  fruits.f_name%TYPE;
cur_price  fruits.f_price%TYPE;
cur_count  varchar2(8);
BEGIN
   SELECT f_id ,f_name,f_price INTO cur_id,cur_name,cur_price
 FROM fruits;

   EXCEPTION
   WHEN NO_DATA_FOUND THEN
     dbms_output.put_line('SQL%ROWCOUNT');
 dbms_output.put_line('没有数据');
```

```
      WHEN TOO_MANY_ROWS THEN
         cur_count:= SQL%ROWCOUNT;
    dbms_output.put_line(' SQL%ROWCOUNT值为: '||cur_count);
END;
```

Oracle SQL Developer 中运行上面的代码，执行结果如下：

```
SQL%ROWCOUNT值为: 1
```

通过结果可知，定义变量 cur_count 保存 SQL%ROWCOUNT 是成功的。

12.3.3 游标中使用异常处理

从上一节例子可以看出，当出现异常情况时，用户可以提前做好处理操作。如果不加处理，则脚本会中断操作，可见，合理地处理异常，可以维护脚本运行的稳定性。

【例 12.16】在游标中使用异常处理。

为了演示效果，可以先将 fruits 表中的数据删除，SQL 语句如下：

```
delete fruits;
```

针对没有数据的异常处理代码如下：

```
set serveroutput on;
DECLARE
      cur_id  fruits.f_id%TYPE;
cur_name  fruits.f_name%TYPE;
BEGIN
    SELECT f_id ,f_name INTO cur_id,cur_name
 FROM fruits;

    EXCEPTION
    WHEN NO_DATA_FOUND THEN
    dbms_output.put_line('没有数据');

END;
```

Oracle SQL Developer 中运行上面的代码，执行结果如下：

```
没有数据
```

通过结果可知，对于没有数据的异常情况，用户提前做好了处理。

12.4 综合案例——游标的综合应用

本节将讲述一个游标的综合应用案例。通过本节的学习，可以更加熟练操作游标，从而解决实际工作中的问题。

1. 案例目的

案例中牵涉两张表，分别为 fruit（水果表）和 fruitage（水果信息表）。利用游标转换两张表的数据，要求把价格高于 10 的水果放到 fruitage 中。

2. 案例操作过程

01 创建 fruit 表并插入数据。创建 fruit 表，输入语句如下：

```
CREATE TABLE fruit
(
f_id      varchar2(10)    NOT NULL,
f_name    varchar2(255)   NOT NULL,
f_price   number (8,2)    NOT NULL
);
```

为了演示，需要插入如下数据：

```
INSERT INTO fruit VALUES ('a1', 'apple',5.2);
INSERT INTO fruit VALUES ('b1','blackberry', 10.2);
INSERT INTO fruit VALUES ('bs1','orange', 11.2);
INSERT INTO fruit VALUES('bs2','melon',8.2);
INSERT INTO fruit VALUES ('t1','banana', 10.3);
INSERT INTO fruit VALUES ('t2','grape', 5.3);
INSERT INTO fruit VALUES ('o2','coconut', 9.2);
```

02 创建表 fruitage。表 fruitage 和表 fruit 的字段一致，利用以下语句创建：

```
CREATE TABLE fruitage AS SELECT * FROM fruit
WHERE 2=3;
```

如果 WHERE 后面的条件为真，则复制表时把数据也一起复制。

03 创建游标，完成数据转移的要求。

```
set serveroutput on;
DECLARE
     cur_id fruit.f_id%TYPE;
cur_name fruit.f_name%TYPE;
cur_price fruit.f_price%TYPE;
CURSOR frt_cur
IS SELECT f_id ,f_name f_price INTO cur_id,cur_name,cur_price
 FROM fruit
WHERE f_price>10;
BEGIN
```

```
    OPEN  frt_cur;
    LOOP
      FETCH frt_cur INTO cur_id,cur_name,cur_price;
  IF frt_cur%FOUND THEN
      INSERT INTO fruitage VALUES(cur_id, cur_name,cur_price);
  ELSE
          dbms_output.put_line('已经取出所有数据,共有'||frt_cur%ROWCOUNT
||'条记录');
EXIT;
END IF;
END LOOP;
CLOSE  frt_cur;
    END;
```

在 Oracle SQL Developer 中运行上面的代码,执行结果如下:

已经取出所有数据,共有3条记录

12.5 疑难解惑

1. 游标使用完后如何处理?

在使用完游标之后,一定要将其关闭,关闭游标的作用是释放游标和数据库的连接,将其从内存中删除,删除将释放系统资源。

2. 执行游标后,没有输出内容,只显示"匿名块已完成",怎么回事?

在 Oracle SQL Developer 中运行游标内容,必须在开头部分添加如下代码:

```
set serveroutput on;
```

否则,运行完成只会显示以下信息:

匿名块已完成

12.6 经典习题

(1) 游标的含义及分类?
(2) 使用游标的基本操作步骤都有哪些?
(3) 打开 stu_info 表,使用游标查看 stu_info 表中成绩小于 70 的记录。

第 13 章　管理表空间

学习目标 | Objective

在 Oracle 中，创建数据库时需要同时指定数据库建立的表空间，所以表空间是非常重要的知识。本章节主要介绍表空间的基础知识和管理表空间的方法等知识。通过本章节的学习，读者可以熟练地在创建数据库时指定表空间和大文件表空间。

内容导航 | Navigation

- 了解什么是表空间
- 掌握查看表空间的方法
- 掌握管理表空间的方法
- 掌握管理临时表空间的方法
- 掌握管理数据文件的方法

13.1　什么是表空间

表空间是 Oracle 数据库的必备知识。本节主要讲述表空间的基本知识。

表空间是数据库的逻辑划分，Oracle 数据库被划分成多个表空间的逻辑区域，这样就形成了 Oracle 数据库的逻辑结构。一个表空间只能属于一个数据库。所有的数据库对象都存放在指定的表空间中，但主要存放的是表，所以称作表空间。一个 Oracle 数据库能够有一个或多个表空间，而一个表空间则对应着一个或多个物理的数据库文件。表空间是 Oracle 数据库恢复的最小单位，容纳着许多数据库实体，如表、视图、索引、聚簇、回退段和临时段等。

Oracle 数据库中至少存在一个表空间，即 SYSTEM 的表空间。每个 Oracle 数据库均有 SYSTEM 表空间，这是数据库创建时自动创建的。SYSTEM 表空间必须保持联机，因为其包含着数据库运行所要求的基本信息，包括关于整个数据库的数据字典、联机求助机制、所有回退段、临时段、自举段、所有的用户数据库实体、其他 Oracle 软件产品要求的表。

一个小型应用的 Oracle 数据库通常仅包括 SYSTEM 表空间，然而一个稍大型应用的 Oracle 数据库采用多个表空间会对数据库的使用带来更大的方便。

Oracle 表空间的作用能帮助 DBA 用户完成以下工作：

（1）决定数据库实体的空间分配。

（2）设置数据库用户的空间份额。
（3）控制数据库部分数据的可用性。
（4）分布数据在不同的设备之间以改善性能。
（5）备份和恢复数据。

用户创建数据库实体时必须在给定的表空间中具有相应的权力，所以对一个用户来说，要操纵一个 Oracle 数据库中的数据，应该：

（1）被授予关于一个或多个表空间中的 RESOURCE 特权。
（2）被指定默认表空间。
（3）被分配指定表空间的存储空间使用份额。
（4）被指定默认临时段表空间，建立不同的表空间，设置最大的存储容量。

13.2 查看表空间

在 Oracle 12c 中，默认的表空间有 5 个，分别为 SYSTEM、SYSAUX、UNDOTBS1、TEMP 和 USERS。

【例 13.1】查询当前登录用户默认的表空间的名称，SQL 语句如下：

```
SELECT TABLESPACE_NAME FROM DBA_TABLESPACES;
```

查询结果如下：

```
TABLESPACE_NAME
------------------------------
SYSTEM
SYSAUX
UNDOTBS1
TEMP
USERS
```

从结果可以看出，默认情况下有 5 个表空间。各个表空间的含义如下：

- SYSTEM 表空间：用来存储 SYS 用户的表、视图和存储过程等数据库对象。
- SYSAUX 表空间：用于安装 Oracle 12c 数据库使用的实例数据库。
- UNDOTBS1 表空间：用于存储撤销信息。
- TEMP 表空间：用户存储 SQL 语句处理的表和索引的信息。
- USERS 表空间：存储数据库用户创建的数据库对象。

如果要查看某个用户的默认表空间，可以通过 DBA_USERS 数据字典进行查询。

【例 13.2】查询 SYS、SYSDG、SYSBACKUP、SYSTEM 和 SYSKM 用户的默认表空间，SQL 语句如下：

```
SELECT DEFAULT_TABLESPACE,USERNAME FROM DBA_USERS WHERE USERNAME LIKE 'SYS%';
```

查询结果如下:

```
DEFAULT_TABLESPACE             USERNAME
------------------------------ ------------------------------
USERS                          SYSDG
USERS                          SYSKM
USERS                          SYSBACKUP
SYSTEM                         SYSTEM
SYSTEM                         SYS
```

从结果可以看出, SYSDG、SYSBACKUP 和 SYSKM 用户的默认表空间是 USERS，SYS 和 SYSTEM 用户的默认表空间是 SYSTEM。

如果想要查看表空间的使用情况，可以使用数据字典 DBA_FREE_SPACE。

【例 13.3】查询 SYSTEM 默认表空间的使用情况，SQL 语句如下：

```
SELECT * FROM DBA_FREE_SPACE WHERE TABLESPACE_NAME='SYSTEM';
```

结果如下:

```
TABLESPACE_NAME    FILE_ID  BLOCK_ID   BYTES     BLOCKS   RELATIVE_FNO
---------------  ---------- ---------- --------- --------- ----------
---------- -------------
SYSTEM              1        103216    3801088    464        1
```

13.3 管理表空间

在 Oracle 数据库中，用户可以对表空间进行创建、修改和删除等操作。

13.3.1 创建表空间

使用 CREATE TABLESPACE 语句可以创建表空间，语法规则如下：

```
CREATE TABLESPACE tablespace_name
DATAFILE filename SINE size
[AUTOEXTENO[ON/OFF]]NEXT size
[MAXSIZE size]
[PERMANENT|TEMPORARY]
[EXTENT MANAGEMENT
[DICTIONARY|LOCAL
[AUTOALLOCATE|UNIFORM.[SIZE integer[K|M]]]]
```

其中 tablespace_name 为创建表空间的名称。

DATAFILE filename SINE size：指定在表空间中存放数据文件的文件名和数据库文件的大小。

[AUTOEXTENO[ON/OFF]]NEXT size：指定数据文件的扩展方式，ON 代表自动扩展，OFF

为非自动扩展，NEXT 后指定自动扩展的大小。

[MAXSIZE size]：指定数据文件为自动扩展方式时的最大值。

[PERMANENT|TEMPORARY]：指定表空间的类型，PERMANENT 表示永久表空间，TEMPORARY 表示临时性表空间。如果不指定表空间的类型，默认为永久性表空间。

EXTENT MANAGEMENT DICTIONARY|LOCAL：指定表空间的管理方式，DICTIONARY 是指字典管理方式，LOCAL 是指本地的管理方式。默认情况下的管理方式为本地管理方式。

【例 13.4】创建一个表空间，名称为 MYTEM，大小为 30MB，SQL 语句如下：

```
CREATE TABLESPACE MYTEM
DATAFILE 'MYTEM.DBF' SIZE 30M;
```

结果如下：

```
tablespace MYTEM 已创建。
```

其中 MYTEM.DBF 为表空间的数据文件。

【例 13.5】创建一个表空间，名称为 MYTEM，大小为 20MB，可以自动扩展，最大值为 256KB，SQL 语句如下：

```
CREATE TABLESPACE MYTEMM
DATAFILE 'MYTEMM.DBF' SIZE 20M
AUTOEXTENO ON NEXT 256KB
MAXSIZE 2048M;
```

结果如下：

```
tablespace MYTEMM 已创建。
```

13.3.2 设置表空间的可用状态

表空间的可用状态为两种：联机状态和脱机状态。如果是联机状态，此时用户可以操作表空间；如果是脱机状态，此时表空间是不可用的。

设置表空间的可用状态的语法格式如下：

```
ALTER TABLESPACE tablespace {ONLINE|OFFLINE[NORMAL|TEMPORARY|IMMEDIATE]}
```

其中 ONLINE 表示设置表空间为联机状态。OFFLINE 为脱机状态，包括 NORMAL 为正常状态，TEMPORARY 为临时状态，IMMEDIATE 为立即状态。

【例 13.6】把表空间 MYTEMM 设置为脱机状态，脱机状态为临时状态，SQL 语句如下：

```
ALTER TABLESPACE MYTEMM OFFLINE TEMPORARY;
```

结果如下：

```
tablespace MYTEMM已变更。
```

如果想恢复表空间 MYTEMM 为联机状态,可用以下语句:

```
ALTER TABLESPACE MYTEMM LINE;
```

13.3.3 设置表空间的读写状态

根据需要,用户可以把表空间设置成只读或者可读写状态。具体的语法格式如下:

```
ALTER TABLESPACE tablespace READ {ONLY|WRITE};
```

其中 ONLY 为只读状态,WRITE 为可以读写状态。

【例 13.7】把表空间 MYTEMM 设置为只读状态,SQL 语句如下:

```
ALTER TABLESPACE MYTEMM READ ONLY;
```

结果如下:

```
tablespace MYTEMM已变更。
```

【例 13.8】把表空间 MYTEMM 设置为可读写状态,SQL 语句如下:

```
ALTER TABLESPACE MYTEMM READ WRITE;
```

结果如下:

```
tablespace MYTEMM已变更。
```

在设置表空间为只读状态之前,需要保证表空间为联机状态。

13.3.4 重命名表空间

对于已经存在的表空间,可以根据需要更改名称。语法格式如下:

```
ALTER TABLESPACE oldname RENAME TO newname;
```

【例 13.9】把表空间 MYTEMM 的名称更改为 MYTEMNEW,SQL 语句如下:

```
ALTER TABLESPACE MYTEMM RENAME TO MYTEMNEW;
```

结果如下:

```
tablespace MYTEMM已变更。
```

并不是所有的表空间都可以命名,系统自动创建的不可更名,例如 SYSTEM 和 SYSAUX 等;另外表空间必须是联机状态才可以重命名。

13.3.5 删除表空间

删除表空间的方式有两种,包括使用本地管理方式和使用数据字典的方式。相比而言,使用本地方式删除表空间的速度更快些,所以在删除表空间前,可以先把表空间的管理方式修改为本地管理,然后再删除表空间。

删除表空间的语法格式如下：

```
DROP TABLESPACE tablespace_name [INCLUDING CONTENTS] [CASCADE CONSTRAINTS];
```

其中[INCLUDING CONTENTS]表示在删除表空间时把表空间文件也删除，[CASCADE CONSTRAINTS]表示在删除表空间时把表空间中的完整性也删除。

【例 13.10】删除表空间 MYTEM，SQL 语句如下：

```
DROP TABLESPACE MYTEM INCLUDING CONTENTS;
```

结果如下：

```
tablespace MYTEMM已删除。
```

13.3.6 建立大文件表空间

创建大文件空间和普通表空间的语法格式非常类似，定义大文件表空间的语法格式如下：

```
CREATE BIGFILE TABLESPACE tablespace_name
DATAFILE filename SINE size
```

【例 13.11】建立大文件空间，名称为 MYBG，SQL 语句如下：

```
CREATE BIGFILE TABLESPACE MYBG
DATAFILE mybg.dbf SINE 3G;
```

结果如下：

```
tablespace MYBG已创建。
```

创建了 3GB 的数据文件 mybg.dbf。

13.4 管理临时表空间

临时表空间也是表空间的一种，主要用来存放临时的数据信息。本节主要讲述临时表空间的一些操作。

13.4.1 创建临时表空间

在数据库中存储操作时，当内存不够时写入临时表空间，当执行完对数据库的操作后，该空间的内容自动清空。

创建临时表空间的语法格式如下：

```
CREATE TEMPORARY TABLESPACE tablespace_name
TEMAFILE filename SINE size
```

【例 13.12】创建一个表空间，名称为 MYTT，大小为 30MB，SQL 语句如下：

```
CREATE TABLESPACE MYTT
TEMAFILE 'MYTT.DBF' SIZE 30M;
```

结果如下:

```
tablespace MYTT已创建。
```

对于已经存在的表空间,可以修改为临时表空间。

【例 13.13】把表空间 MYTEM 修改为临时表空间,SQL 语句如下:

```
ALTER DEFAULT TEMAFILE TABLESPACE MYNTT
```

结果如下:

```
tablespace MYTEM已更改。
```

13.4.2 查看临时表空间

使用数据字典 DBA_TEMP_FILES 可以查看临时表空间。

【例 13.14】查询临时表空间的名称,SQL 语句如下:

```
SELECT TABLESPACE_NAME FROM DBA_TEMP_FILES;
```

查询结果如下:

```
TABLESPACE_NAME
------------------------------
MYTT
MYNTT
```

13.4.3 创建临时表空间组

临时表空间组是由多个表空间组成的,每一个临时表空间组至少要包含一个临时表空间,而且临时表空间组的名称不能和其他表空间重名。

创建临时表空间组的语法格式如下:

```
CREATE TEMPORARY TABLESPACE tablespace_name
TEMAFILE filename SINE size TABLESPACE GROUP group_name;
```

【例 13.15】创建一个临时表空间组,名称为 testgroup,大小为 20MB,SQL 语句如下:

```
CREATE TEMPORARY TABLESPACE MYTTN
TEMAFILE 'test.dbf' SINE 20M TABLESPACE GROUP testgroup;
```

对于已经存在的临时表空间,可以将其移动到指定的临时表空间组中。

【例 13.16】将临时表空间 MYTT 移到临时表空间组 testgroup 中,SQL 语句如下:

```
ALTER TABLESPACE MYTT GROUP testgroup;
```

13.4.4 查看临时表空间组

通过数据字典 DBA_TABLESPACE_GROUPS，可以查看临时表空间组信息。

【例 13.17】查看临时表空间组信息，SQL 语句如下：

```
SELECT * FROM DBA_TABLESPACE_GROUPS;
```

查询结果如下：

```
GROUP_NAME          TABLESPACE_NAME
--------------------  --------------------------------
TESTGROUP           MYTT
TESTGROUP           MYNTT
```

13.4.5 删除临时表空间组

在删除临时表空间组时，需要把临时表空间组中的临时表空间一起删除。具体删除临时空间组的语法格式如下：

```
DROP TABLESPACE tablespace_name INCLUDING CONTENTS AND DATAFILES;
```

【例 13.18】删除临时表空间组 TESTGROUP，SQL 语句如下：

```
DROP TABLESPACE TESTGROUP INCLUDING CONTENTS AND DATAFILES;
```

在删除临时表空间组时，不能删除默认的临时表空间。

13.5 管理数据文件

在创建和管理表空间时，都会用到数据文件。本节主要讲述数据文件的一些操作。

13.5.1 移动数据文件

在 Oracle 数据库中，创建表空间时，数据文件也同时被创建了。根据实际工作的需要，可以把当前表空间中的数据文件移动到其他表空间中。

移动数据文件的基本步骤如下：

（1）把要存放数据文件所用的表空间设置成脱机状态。语句如下：

```
ALTER TABLESPACE MYTEMM OFFLINE;
```

（2）可以手动把要移动的文件移动到其他的表空间中。

（3）更改数据文件的名称。语句如下：

```
ALTER TABLESPACE MYTEMM RENAME oldfilename TO newfilename;
```

（4）把该表空间设置成联机状态。语句如下：

```
ALTER TABLESPACE MYTEMM ONLINE;
```

13.5.2 删除数据文件

对应不再使用的数据文件,可以进行删除操作。如果数据文件处于以下 3 种情况,不可被删除。

(1)数据文件或者数据文件所在的表空间处于只读状态。
(2)数据文件中存在数据。
(3)数据文件是表空间中唯一或第一个数据文件。

13.6 疑难解惑

1. 临时表空间组删除后能恢复吗?

临时表空间组删除后不能恢复,所以在删除操作时必须慎重。在删除临时表空间组后,临时表空间组的文件并没有删除,如果要删除临时表空间组的临时表空间,需要先把临时表空间组中的临时表空间移除。

2. 创建表空间时用什么方式?

使用本地表空间管理的方式可以减少数据字典表的竞争现象,并且也不需要对空间进行回收,因此,在 Oracle 中最好使用本地表空间管理的方式创建表空间。

13.7 经典习题

(1)简述什么是表空间?
(2)创建一个表空间并进行修改操作。
(3)创建一个临时表空间。
(4)创建一个临时表空间组。
(5)移动数据文件到指定的表空间中。
(6)删除数据文件。

第14章 事务与锁

学习目标 | Objective

Oracle 中提供了多种数据完整性的保证机制，如约束、触发器、事务和锁管理等。事务管理主要是为了保证一批相关数据库中数据的操作能全部被完成，从而保证数据的完整性。锁机制主要是执行对多个活动事务的并发控制。它可以控制多个用户对同一数据进行的操作，使用锁机制，可以解决数据库的并发问题。本章将介绍事务与锁相关的内容，主要有事务的原理与管理常用语句、事务的类型和应用、锁的作用与类型、锁的应用等。

内容导航 | Navigation

- 了解什么是事务
- 掌握管理事务的常用语句
- 掌握设置保存点的方法
- 掌握事务的应用案例
- 了解什么是锁
- 掌握锁的分类
- 掌握锁等待和死锁的发生过程
- 熟练掌握综合案例中死锁的应用案例

14.1 事务管理

事务是 Oracle 中的基本工作单元，它是用户定义的一个数据库操作序列，这些操作要么做要么全不做，是一个不可分割的工作单位。本节将学习事务的管理方法。

14.1.1 事务是什么

事务是一组包含一条或多条语句的逻辑单元，在事务中的语句被作为一个整体，要么被一起提交，作用在数据库上，使数据库数据被修改；要么一起被撤销，对数据库不做任何修改。

例如常见的银行账号之间转账的例子，主要操作为 3 步完成：第一步在源账号中减少转账金额，例如减少一万；第二步在目标账号中增加转账金额，增加1万；第三步在事务日志中记录该事务。

在上面的 3 步操作中，如果有一步失败，整个事务都会回滚，所有的操作都将撤销，目标账号和源账号上的金额都不会发生变化。

14.1.2 事务的属性

事务是作为单个逻辑工作单元执行的一系列操作。一个逻辑工作单元必须有四个属性，称为原子性（Atomic）、一致性（Consistent）、隔离性（Isolated）和持久性（Durable），简称 ACID 属性，只有这样才能成为一个事务。

（1）原子性：事务必须是原子工作单元；对于其数据修改，要么全都执行，要么全都不执行。

（2）一致性：事务在完成时，必须使所有的数据都保持一致状态。在相关数据库中，所有规则都必须应用于事务的修改，以保持所有数据的完整性。事务结束时，所有的内部数据结构都必须是正确的。

（3）隔离性：由并发事务所做的修改必须与任何其他并发事务所做的修改隔离。事务识别数据时数据所处的状态，要么是另一并发事务修改它之前的状态，要么是第二个事务修改它之后的状态，事务不会识别中间状态的数据。这称为可串行性，因为它能够重新装载起始数据，并且重播一系列事务，以使数据结束时的状态与原始事务执行的状态相同。

（4）持久性：事务完成之后，它对于系统的影响是永久性的。该修改即使出现系统故障也将一直保持。

14.1.3 事务管理的常用语句

Oracle 中常用的事务管理语句包含如下几条。

- SET TRANSACTION：设置事务的属性。
- COMMIT：提交事务。
- SAVEPIONT：设置事务点。
- ROLLBACK：事务失败时执行回滚操作。
- ROLLBACK TO SAVEPIONT：回滚到保存点。

一个事务中可以包含一条语句或者多条语句甚至一段程序，一段程序中也可以包含多个事务。事务可以根据需求把一段事务分成多个组，每个组可以理解为一个事务。

14.1.4 事务的类型

事务的类型分为两种，包括显式事务和隐式事务。

1. 显式事务

显式事务是通过命令完成的，具体语法规则如下：

```
新事务开始
sql statement
```

```
….
COMMIT|ROLLBACK;
```

其中 COMMIT 表示提交事务，ROLLBACK 表示事务回滚。

Oracle 事务不需要设置开始标记。通常有下列情况之一时，事务会开启：

（1）登录数据库后，第一次执行 DML 语句。

（2）当事务结束后，第一次执行 DML 语句。

2．隐式事务

隐式事务没有非常明确的开始和结束点，Oracle 中的每一条数据操作语句，例如 SELECT、INSERT、UPDATE 和 DELETE 都是隐式事务的一部分，即使只有一条语句，系统也会把这条语句当作一个事务，要么执行所有语句，要么什么都不执行。

默认情况下，隐式事务 AUTOCOMMIT（自动提交）为打开状态，可以控制提交的状态：

```
SET AUTOCOMMIT ON/OFF
```

当有以下情况出现时，事务会结束。

（1）执行 DDL 语句，事务自动提交。比如使用 CREATE、GRANT 和 DROP 等命令。

（2）使用 COMMIT 提交事务，使用 ROLLBACK 回滚事务。

（3）正常退出 SQL Plus 是自动提交事务、非正常退出则 ROLLBACK 事务回滚。

14.1.5　事务的应用实例

事务主要作用是保证数据的一致性。在事务没有提交前，当前会话所做的操作其他会话不会看到。下面通过案例来理解事务的特性。

【例 14.1】理解事务的特性。

为了演示效果，可以创建一个数据表 pt 并插入数据，命令如下：

```
CREATE TABLE  pt
(
id MUMBER(6)
);
INSERT INTO pt VALUES (100);
```

登录 SQL Plus，定义窗口为 SQL Plus1。执行更新操作：

```
UPDATE pt SET id=200;
```

执行成功后，查询表 pt 的内容是否变化，结果如下：

```
SELECT * FROM pt;
  ID
----------
  200
```

以同样的用户登录新的 SQL Plus，定义窗口为 SQL Plus2，同样查询表 pt 的内容，结果如下：

```
SELECT * FROM pt;
  ID
----------
 100
```

从结果可知，当会话 1 还没有提交时，会话 2 还不能看到修改的数据。
在 SQL Plus1 窗口中提交事务，命令如下：

```
COMMIT;
```

执行完成后提示如下：

提交完成

再次在窗口 SQL Plus2 中查询表 pt 的内容，结果如下：

```
SELECT * FROM pt;
  ID
----------
 200
```

14.1.6 事务的保存点

在事务中可以根据实际的工作需要设置保存点，保存点可以设置在任何位置，当然也可以设置多个保存点，这样就可以把一个长的事务根据需要划分为多个小的段，这样操作的好处是当对数据的操作出现问题时不需要全部回滚，只需要回滚到保存点即可。

事务可以回滚保存点以后的操作，但是保存点会被保留，保存点以前的操作不会回滚。下面仍然通过一个案例来理解保存点的应用。

向数据表 pt 中插入数据，此时隐式事务已经自动打开，命令如下：

```
INSERT INTO pt VALUES (300);
```

创建保存点，名称为 BST，命令如下：

```
SAVEPOINT BST;
```

保存点创建成功后，提示信息如下：

保存点已创建

继续向数据表 pt 中插入数据，命令如下：

```
INSERT INTO pt VALUES (400);
```

此时查看 pt 表中的记录，结果如下：

```
SELECT * FROM pt;
  ID
----------
```

```
   200
   300
   400
```

回滚到保存点 BST，命令如下：

```
ROLLBACK TO BST;
```

此时查看 pt 表中的记录，结果如下：

```
SELECT * FROM pt;
  ID
----------
  200
  300
```

从结果可以看出，保存点以后的操作被回滚，保存点以前的操作被保留。

事务开始之后，事务中所有的操作都会写到事务日志中，写到日志中的事务，一般有两种：一是针对数据的操作，例如插入、修改和删除，这些操作的对象是大量的数据；另一种是针对任务的操作，例如创建索引。当取消这些事务操作时，系统自动执行这种操作的反操作，保证系统的一致性。系统自动生成一个检查点机制，这个检查点周期地检查事务日志，如果在事务日志中，事务全部完成，那么检查点事务日志中的事务提交到数据库中，并且在事务日志中做一个检查点提交标识。如果在事务日志中，事务没有完成，那么检查点将事务日志中的事务不提交到数据库中，并且在事务日志中做一个检查点未提交的标识。

14.2 锁

Oracle 支持多用户共享同一数据库，但是，当多个用户对同一个数据库进行修改时，会产生并发问题，使用锁可以解决用户存取数据的这个问题，从而保证数据库的完整性和一致性。

14.2.1 锁是什么

在多个会话同时操作一个表时，需要防止事务之间的破坏性交互，此时就需要对优先操作的会话进行锁定。可见锁是一种在共享资源中控制访问的机制。

从事务的分离性可以看出，当前事务不能影响其他事务，所以当多个会话访问相同的资源时，数据库会利用锁确保他们向队列一样依次进行。Oracle 处理数据时用到的锁是自动获取的，但是 Oracle 也允许用户手动锁定数据。对于一般的用户，通过系统的自动锁管理机制基本可以满足使用要求，但如果对数据安全、数据库完整性和一致性有特殊要求，则需要亲自控制数据库的锁和解锁，这就需要了解 Oracle 的锁机制，掌握锁的使用方法。

如果不使用锁机制，对数据的并发操作会带来下面一些问题：脏读、幻读、非重复性读取、丢失更新。

1. 脏读

当一个事务读取的记录是另一个事务的一部分时，如果第一个事务正常完成，就没有什么问题，如果此时另一个事务未完成，就产生了脏读。例如，员工表中编号为 1001 的员工工资为 1740，如果事务 1 将工资修改为 1900，但还没有提交确认；此时事务 2 读取员工的工资为 1900；事务 1 中的操作因为某种原因执行了 ROLLBACK 回滚，取消了对员工工资的修改，但事务 2 已经把编号为 1001 的员工的数据读走了。此时就发生了脏读。如果此时用了行级锁，第一个事务修改记录时封锁该行，那么第二个事务只能等待，这样就避免了脏数据的产生，从而保证了数据的完整性。

2. 幻读

当某一数据行执行 INSERT 或 DELETE 操作，而该数据行恰好属于某个事务正在读取的范围时，就会发生幻读现象。例如，现在要对员工涨工资，将所有工资低于 1700 的都涨到新的 1900，事务 1 使用 UPDATE 语句进行更新操作，事务 2 同时读取这一批数据，但是在其中插入了几条工资小于 1900 的记录，此时事务 1 如果查看数据表中的数据，会发现自己 UPDATE 之后还有工资小于 1900 的记录！幻读事件是在某个凑巧的环境下发生的，简而言之，它是在运行 UPDATE 语句的同时有人执行了 INSERT 操作。因为插入了一个新记录行，所以没有被锁定，并且能正常运行。

3. 非重复性读取

如果一个事务不止一次地读取相同的记录，但在两次读取中间有另一个事务刚好修改了数据，则两次读取的数据将出现差异，此时就发生了非重复读取。例如，事务 1 和事务 2 都读取一条工资为 2310 的数据行，如果事务 1 将记录中的工资修改为 2500 并提交，而事务 2 使用的员工的工资仍为 2310。

4. 丢失更新

一个事务更新了数据库之后，另一个事务再次对数据库更新，此时系统只能保留最后一个数据的修改。

例如对一个员工表进行修改，事务 1 将员工表中编号为 1001 的员工工资修改为 1900，而之后事务 2 又把该员工的工资更改为 3000，那么最后员工的工资为 3000，导致事务 1 的修改丢失。

使用锁将可以实现并发控制，能够保证多个用户同时操作同一数据库中的数据而不发生上述数据不一致的现象。

14.2.2 锁的分类

Oracle 中提供了两种锁模式，包括排他锁和共享锁。

（1）排他锁：用于数据修改操作，例如 INSERT、UPDATE 或 DELETE，确保不会同时对同一资源进行多重更新。

（2）共享锁：用于读取数据操作，允许多个事务读取相同的数据，但不允许其他事务修改当前数据，如 SELECT 语句。当多个事务读取一个资源时，资源上存在共享锁，任何其他事务都不能修改数据，除非将事务隔离级别设置为可重复读或者更高的级别，或者在事务生存周期内用锁定提示对共享锁进行保留，那么一旦数据完成读取，资源上的共享锁立即得以释放。

14.2.3 锁的类型

Oracle 按对象的不同，使用不同类型的锁来管理并发会话对数据对象的操作，从而使数据库实现高度的并发访问。

按照操作对象，锁分为以下几种类型：

- DML 锁：该类型的锁主要为了保护数据，也称为数据锁。
- DDL 锁：用于保护模式中对象的结构。
- 内部闩锁：完全自动调用，主要保护数据库的内部结构。

DML 锁主要保证了并发访问数据的完整性，可以分为行级锁和表级锁。

- 行级锁：属于排他锁，也被称为事务锁。当修改表的记录时，需要对将要修改的记录添加行级锁，防止两个事务同时修改相同的记录，事务结束后，该锁也会释放。
- 表级锁：主要作用是防止在修改表的数据时，表的结构发生变化。

下面通过案例进行验证操作。
在 SQL Plus 中修改表 pt 的记录，命令如下：

```
UPDATE pt SET id=800 WHERE id=300;
```

此时已经锁定了该表，在事务结束前，不允许其他会话对表 pt 进行 DDL 操作。
打开另一个 SQL Plus 窗口，对表进行 DDL 操作，命令如下：

```
DROP TABLE pt;
```

结果如下：

```
错误报告：
SQL 错误: ORA-00054: 资源正忙, 但指定以 NOWAIT 方式获取资源, 或者超时失效
```

在 Oracle 中除了执行 DML 时自动为表添加锁外，用户还可以手动添加锁。添加锁的语法规则如下：

```
LOCK TABLE [schema.] table IN
    [EXCLUSIVE]
    [SHARE]
    [ROW EXCLUSIVE]
    [SHARE ROW EXCLUSIVE]
    [ROW SHARE*| SHARE UPDATE*]
    MODE[NOWAIT]
```

如果要释放锁，只需要使用 ROLLBACK 命令即可。

14.2.4 锁等待和死锁

由排他锁机制可知，当一个会话正在修改表的某个记录时，会对该记录进行加锁，如果此时另外一个会话也来修改此记录，会因为等不到排他锁而一直等待，数据库长时间没有响应，直到第

一个会话把事务提交，释放排他锁后，第二个会话才能对数据进行修改操作。

下面通过一个案例来理解锁等待。

打开 SQL Plus 窗口，修改 pt 表中 id 为 200 的记录，命令如下：

```
UPDATE pt SET id=600 WHERE id=200;
```

如果修改更改，提示如下：

```
已更新1行
```

此时虽然更新操作已经完成，但是事务还没有提交。

打开另外一个 SQL Plus 窗口，同样修改 pt 表中 id 为 200 的记录，命令如下：

```
UPDATE pt SET id=800 WHERE id=200;
```

此时的执行效果不会提示已更新，而是一直等待。主要原因是第一个会话封锁了该记录，事务还没有结束，锁不会释放；而第二个会话得不到该记录的排他锁，所以只能等待。

在两个或多个任务中，如果每个任务锁定了其他任务试图锁定的资源，此时会造成这些任务永久阻塞，从而出现死锁。此时系统处于死锁状态。

1. 死锁的原因

在多用户环境下，死锁的发生是由于两个事务都锁定了不同的资源的同时又都在申请对方锁定的资源，即一组进程中的各个进程均占有不会释放的资源，但因互相申请其他进程占用的不会释放的资源而处于一种永久等待的状态。形成死锁有 4 个必要条件：

（1）请求与保持条件：获取资源的进程可以同时申请新的资源。

（2）非剥夺条件：已经分配的资源不能从该进程中剥夺。

（3）循环等待条件：多个进程构成环路，并且其中每个进程都在等待相邻进程正占用的资源。

（4）互斥条件：资源只能被一个进程使用。

2. 可能会造成死锁的资源

每个用户会话可能有一个或多个代表它运行的任务，其中每个任务可能获取或等待获取各种资源。以下类型的资源可能会造成阻塞，并最终导致死锁。

锁。等待获取资源（如对象、页、行、元数据和应用程序）的锁可能导致死锁。例如，事务 T1 在行 r1 上有共享锁（S 锁）并等待获取行 r2 的排他锁（X 锁）。事务 T2 在行 r2 上有共享锁（S 锁）并等待获取行 r1 的排他锁（X 锁）。这将导致一个锁循环，其中，T1 和 T2 都等待对方释放已锁定的资源。

工作线程。排队等待可用工作线程的任务可能导致死锁。如果排队等待的任务拥有阻塞所有工作线程的资源，则将导致死锁。例如，会话 S1 启动事务并获取行 r1 的共享锁（S 锁）后，进入睡眠状态。在所有可用工作线程上运行的活动会话正尝试获取行 r1 的排他锁（X 锁）。因为会话 S1 无法获取工作线程，所以无法提交事务并释放行 r1 的锁。这将导致死锁。

内存。当并发请求等待获得内存，而当前的可用内存无法满足其需要时，可能发生死锁。例如，两个并发查询（Q1 和 Q2）作为用户定义函数执行，分别获取 10MB 和 20MB 的内存。如果每个查询需要 30MB 而可用总内存为 20MB，则 Q1 和 Q2 必须等待对方释放内存，这将导致死锁。

并行查询执行的相关资源。通常与交换端口关联的处理协调器、发生器或使用者线程至少包含一个不属于并行查询的进程时，可能会相互阻塞，从而导致死锁。此外，当并行查询启动执行时，Oracle 将根据当前的工作负荷确定并行度或工作线程数。如果系统工作负荷发生意外更改，例如，当新查询开始在服务器中运行或系统用完工作线程时，则可能发生死锁。

3. 减少死锁的策略

复杂的系统中不可能百分之百地避免死锁，从实际出发为了减少死锁，可以采用以下策略：

（1）在所有事务中以相同的次序使用资源。
（2）使事务尽可能简短并且在一个批处理中。
（3）为死锁超时参数设置一个合理范围，如 3～30 分钟；超时，则自动放弃本次操作，避免进程挂起。
（4）避免在事务内和用户进行交互，减少资源的锁定时间。

14.3 综合案例——死锁的案例

死锁的锁等待的一个特例，通常发生在两个或者多个会话之间。下面通过案例来理解死锁的发生过程。

打开第一个 SQL Plus 窗口，修改表 pt 中 id 字段为 200 的记录，命令如下：

```
UPDATE pt SET id=600 WHERE id=200;
```

打开第二个 SQL Plus 窗口，修改表 pt 中 id 字段为 300 的记录，命令如下：

```
UPDATE pt SET id=800 WHERE id=300;
```

目前，第一个会话锁定了 id 字段为 200 的记录，第二个会话锁定了 id 字段为 300 的记录。
第一个会话修改第二个会话已经修改的记录，命令如下：

```
UPDATE pt SET id=600 WHERE id=300;
```

此时第一个会话出现了锁等待，因为他修改的记录被第二个会话锁定。
第二个会话修改第一个会话修改的记录，命令如下：

```
UPDATE pt SET id=800 WHERE id=200;
```

此时会出现死锁的情况。Oracle 会自动检测死锁的情况，并释放一个冲突锁，并把消息传给对方事务。此时第一个会话窗口中提示检测到死锁，信息如下：

错误报告：
SQL 错误：ORA-00068：等待资源时检测到死锁

此时 Oracle 自动做出处理，重新回到锁等待的情况。

14.4 疑难解惑

1. 事务和锁应用上的区别什么？

事务将一段语句作为一个单元来处理，这些操作要么全部成功，要么全部失败。事务包含四个特性：原子性、一致性、隔离性和持久性。事务的方式分为显示事务和隐式事务。以"COMMIT"或"ROLLBACK"语句结束。锁是另一个和事务紧密联系的概念，对于多用户系统，使用锁来保护指定的资源。在事务中使用锁，防止其他用户修改另外一个事务中还没有完成的事务中的数据。SQL Server 中有多种类型的锁，允许事务锁定不同的资源。

2. 事务和锁有什么关系？

Oracle 中可以使用多种机制来确保数据的完整性，例如约束、触发器以及本章介绍的事务和锁等。事务和锁的关系非常紧密。事务包含一系列的操作，这些操作要么全部成功，要么全部失败，通过事务机制管理多个事务，保证事务的一致性，事务中使用锁保护指定的资源，防止其他用户修改另外一个还没有完成的事务中的数据。

14.5 经典习题

（1）简述事务的原理。
（2）事务都有哪些类型。
（3）为什么会产生死锁？
（4）常用的锁类型有哪些？

第15章 Oracle的安全管理

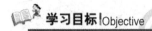

Oracle 是一个多用户数据库,具有功能强大的访问控制系统,可以为不同用户指定允许的权限。用户管理包括管理用户账号、权限等。本章将向读者介绍 Oracle 用户管理中的相关知识点,包括:权限表、账户管理和权限管理。

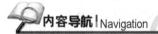

- 掌握账户管理的方法
- 掌握权限管理的方法
- 掌握角色管理的用法
- 掌握概要文件管理的方法

15.1 账户管理

Oracle 提供许多语句用来管理用户账号,这些语句可以用来管理包括创建用户、删除用户、密码管理和权限管理等内容。Oracle 数据库的安全性,需要通过账户管理来保证。本节将介绍 Oracle 中如何对账户进行管理。

15.1.1 管理账号概述

根据每个用户访问 Oracle 数据的需求不同,Oracle 需要赋予不同的操作权限,即用户所赋予的权限,这是数据库管理员经常遇到的问题。如果管理员对用户权限分配不合理,将会对数据库的安全造成一定的隐患。

Oracle 中用户登录数据库的主要方式有如下 3 种:

(1)密码验证方式:把验证密码放在 Oracle 数据库中,这是最常用的验证方式,同时安全性也比较高。

(2)外部验证方式:这种验证的密码通常与数据库所在的操作系统的密码一致。

(3)全局验证方式:这种验证方式也不是把密码放在 Oracle 数据库中,也是不常用的验证方式。

15.1.2 新建普通用户

创建新用户，必须有相应的权限来执行创建操作。在 Oracle 数据库中，创建用户时需要特别注意的用户的密码必须以字母开头。

用户可以使用 CREATE USER 语句创建用户。语法规则如下：

```
CREATE USER username IDENTIFIED BY password
OR EXTERNALLY AS certificate_DN
OR GLOBALLY AS directory_DN
[DEFAULT TABLESPACE tablespace]
[TEMPORARY TABLESPACE tablespace| tablespace_group_name]
[QUOTA size|UNLIMITED ON tablespace]
[PROFILE profile]
[PASSWORD EXPIRE]
[ACCOUNT LOCK|UNLOCK]
```

username 表示创建的用户的名称；IDENTIFIED BY password 表示以口令作为验证方式；EXTERNALLY AS certificate_DN 表示外部验证方式；GLOBALLY AS directory_DN 表示全局验证方式。

DEFAULT TABLESPACE 表示设置默认表空间，如果忽略该语句，那么创建的用户就存在数据库的默认表空间中。如果数据库没有设置默认表空间，那么创建的用户就放在 SYSTEM 表空间中。TEMPORARY TABLESPACE 设置临时表空间或者临时表空间组，可以把临时表空间存放在临时表空间组中，如果忽略该语句，那么就会把临时的文件存放到当前数据库中默认的临时表空间中，如果没有默认的临时表空间，那么就会把临时文件放到 SYSTEM 的临时表空间中。

QUOTA 表示设置当前用户使用表空间的最大值,在创建用户时可以有多个 QUOTA 来设置用户在不同表空间中能够使用的表空间大小。如果设置成 UNLIMITED，表示对表空间的使用没有限制。PROFILE 设置当前用户使用的概要文件的名称，如果忽略了该字句，那么该用户就使用当前数据库中默认的概要文件。PASSWORD EXPIRE 用于设置当前用户密码立即处于过期状态，用户如果想再登录数据库必须要更改密码。ACCOUNT 用于设置锁定状态：如果设置成 LOCK，那么用户不能访问数据库；如果设置成 UNLOCK，那么用户可以访问数据库。

【例 15.1】以口令验证的方式，使用 CREATE USER 创建一个用户，用户名是 USER01，密码是 mypass，并且设置成密码立即过期的方式，实现代码如下：

```
CREATE USER USER01
IDENTIFIED BY mypass
DEFAULT TABLESPACE mytest
QUOTA 20M ON mytest
TEMPORARY TABLESPACE mytemp
PROFILE my_test
PASSWORD EXPIRE;
```

上述代码创建了用户 USER01，密码为 mypass，用户 USER01 的默认表空间为 mytest，用户可以在表空间 mytest 中使用的磁盘限额为 20MB，用户 USER01 的临时表空间是 mytemp，用户 USER01 的概要文件是 my_test，并且用户的密码是立即过期状态。

【例 15.2】以外部验证的方式，使用 CREATE USER 创建一个用户，用户名是 USER02，实现代码如下：

```
CREATE USER USER02
IDENTIFIED EXTERNALLY
DEFAULT TABLESPACE mytest
QUOTA 10M ON mytest
PROFILE my_test;
```

上述代码创建了用户 USER02，验证方式为外部验证，用户 USER02 的默认表空间为 mytest，用户可以在表空间 mytest 中使用的磁盘限额为 10MB，用户 USER02 的概要文件是 my_test。

15.1.3 修改用户信息

在 Oracle 数据库中，可以使用 ALTER USER 语句修改用户信息。具体使用的语法规则如下：

```
ALTER USER username IDENTIFIED
 {BY password[REPLACE old_password]
 | EXTERNALLY [AS certificate_DN]
 | GLOBALLY [AS directory_DN]
 }
[DEFAULT TABLESPACE tablespace]
[TEMPORARY TABLESPACE tablespace| tablespace_group_name]
[QUOTA size|UNLIMITED ON tablespace]
[PROFILE profile]
[PASSWORD EXPIRE]
[ACCOUNT LOCK|UNLOCK]
```

上面的各个参数的含义和创建用户的参数含义一样，这里就不再重复讲述。

【例 15.3】修改 USER01 的密码为 newpassword，实现代码如下：

```
ALTER USER USER01
IDENTIFIED BY newpassword
DEFAULT TABLESPACE mytest;
```

【例 15.4】修改 USER01 的临时表空间为 newmytemp，实现代码如下：

```
ALTER USER USER01
TEMPORARY TABLESPACE mytempt;
```

【例 15.5】设置 USER01 的密码为立即过期，实现代码如下：

```
ALTER USER USER01
PASSWORD EXPIRE;
```

15.1.4 删除用户

在 Oracle 数据库中，可以使用 DROP USER 语句删除用户，具体的语法规则如下：

```
DROP USER username [CASCADE];
```

username 为用户的名称。关键字 CASCADE 是可选参数，如果要删除的用户中没有任何数据库对象，可以省略 CASCADE 关键字。

【例 15.6】使用 DROP USER 删除账户 USER01，DROP USER 语句如下：

```
DROP USER USER01 CASCADE;
```

DROP USER 不能自动关闭任何打开的用户对话。而且，如果用户有打开的对话，此时取消用户，命令则不会生效，直到用户对话被关闭后才能生效。一旦对话被关闭，用户也被取消，此用户再次试图登录时将会失败。

15.2 权限管理

权限管理主要是对登录到 Oracle 的用户进行权限验证。所有用户的权限都存储在 Oracle 的权限表中，不合理的权限规划会给 Oracle 服务器带来安全隐患。数据库管理员要对所有用户的权限进行合理规划管理。Oracle 权限系统的主要功能是证实连接到一台给定主机的用户，并且赋予该用户在数据库上的 SELECT、INSERT、UPDATE 和 DELETE 权限。本节将为读者介绍 Oracle 权限管理的内容。

15.2.1 授权

授权就是为某个用户授予权限。合理的授权可以保证数据库的安全。Oracle 中可以使用 GRANT 语句为用户授予权限。

在 Oracle 中，必须是拥有 GRANT 权限的用户才可以执行 GRANT 语句。授予权限包括授予系统权限和授予对象权限。

授予系统权限的语法如下：

```
GRANT system_privilege
|ALL PRIVILEGES TO {user IDENTIFIED BY password|role|}
[WITH ADMIN OPTION]
```

system_privilege 表示创建的系统权限名称。ALL PRIVILEGES 表示可以设置除 SELECT ANY DICTIONARY 权限以外的所有系统权限；{user IDENTIFIED BY password|role|}表示设置权限的对象，role 代表的是设置角色的权限。WITH ADMIN OPTION 表示当前给予授权的用户还可以给其他用户进行系统授权的赋予。

【例 15.7】使用 GRANT 语句为用户 USER01 赋予一个系统权限 session，实现代码如下：

```
GRANT create session to USER01
```

【例 15.8】使用 GRANT 语句为用户 USER02 赋予一个系统权限 session，并且该用户也有授予 create session 的权限，实现代码如下：

```
GRANT create session to USER02 WITH ADMIT OPTION
```

授予对象权限的语法规则如下：

```
GRANT object_privilege|ALL
ON schema.object
TO user|role
[WITH ADMIN OPTION]
[WITH THE GRANT ANY OBJECT]
```

其中 object_privilege 表示创建的对象权限名称，如果选择 ALL，则代表授予用户所有的对象权限，这个权限在使用的时候一定要注意。schema.object 表示为用户授予的对象权限使用的对象；user|role 中的 user 代表是用户，role 代表是角色。WITH ADMIN OPTION 表示当前给予授权的用户还可以给其他用户进行系统授权的赋予。WITHTHE GRANT ANY OBJECT 表示当前给予授权的用户还可以给其他用户进行对象授权的赋予。

【例 15.9】使用 GRANT 语句为用户 USER01 赋予表对象 FRT 更新的权限，实现代码如下：

```
GRANT UPDATE ON FRT TO USER01
```

15.2.2 收回权限

收回权限就是取消已经赋予用户的某些权限。收回用户不必要的权限可以在一定程度上保证系统的安全性。Oracle 中使用 REVOKE 语句取消用户的某些权限。

收回权限包括收回系统权限和收回对象权限。

只有数据库管理员才能收回系统权限，而且撤销系统权限的前提是当前的用户已经存在要撤销的系统权限。收回系统权限的语法规则如下：

```
REVOKE system_privilege
FROM user|role
```

【例 15.10】使用 REVOKE 语句收回用户 USER01 的系统权限 session，实现代码如下：

```
REVOKE create session FROM USER01
```

使用 REVOKE 语句也可以收回对象权限。具体的语法规则如下：

```
REVOKE object_privilege|ALL
ON schema.object
FROM user|role
[CASCADE CONTRAINTS]
```

[CASCADE CONTRAINTS]选项表示该用户授予其他用户的权限也一并收回。

【例 15.11】使用 REVOKE 语句收回用户 USER02 在 FRT 对象上的更新权限，实现代码如下：

```
REVOKE UPDATE ON FRT FROM USER02
```

收回系统权限和收回对象权限有不同的地方。如果撤销用户的系统权限，那么该用户授予其他用户的系统权限仍然存在。如果撤销用户的对象权限，那么该用户授予其他用户的对象权限也被收回。

15.2.3 查看权限

在 Oracle 中，用户的权限存放在数据库的数据字典中，用户的系统权限存放在数据字典 DBA_SYS_PRIVS 中，用户的对象权限存放在数据字典 DBA_TAB_PRIVS 中。数据库管理员可以通过用户名查看用户的权限。

【例 15.12】查看 ANONYMOUS 用户的系统权限，实现代码如下：

```
SELECT * FROM DBA_SYS_PRIVS WHERE GRANTEE='ANONYMOUS';
```

查询结果如下：

```
GRANTEE      PRIVILEGE                    ADMIN_OPTION   COMMON
---------    ----------------------       ------------   ------
ANONYMOUS    CREATE SESSION                NO            YES
```

【例 15.13】查看 ANONYMOUS 用户的对象权限，实现代码如下：

```
SELECT PRIVILEGE FROM DBA_TAB_PRIVS WHERE GRANTEE='ANONYMOUS';
```

查询结果如下：

```
PRIVILEGE
---------
UPDATE
SELECT
INSERT
DELETE
EXECUTE
```

如果想查看系统中所有用户的名称等信息，可以使用下列命令之一：

```
SELECT * FROM DBA_USERS;
SELECT * FROM ALL_USERS;
SELECT * FROM USER_USERS
```

15.3 角色管理

角色相当于 Windows 操作系统中的用户组，可以集中管理数据库或服务器的权限。

15.3.1 角色概述

数据库角色是针对某个具体数据库的权限分配,数据库用户可以作为数据库角色的成员,继承数据库角色的权限,数据库管理人员也可以通过管理角色的权限来管理数据库用户的权限。

用户和角色是不同的,用户是数据库的使用者,角色是权限的授予对象,给用户授予角色,相当于给用户授予一组权限。数据库中的角色可以授予多个用户,一个用户也可以被授予多个角色。角色是数据库中管理员定义的权限集合,可以方便地对不同用户的权限授予。

例如创建一个具有插入权限的角色,那么被赋予这个角色的用户,都具备了插入的权限。

15.3.2 创建角色

实际的数据库管理过程中,通过创建角色,可以分组管理用户的权限。下面将介绍角色的创建过程。

创建角色的具体语法如下:

```
CREATE ROLE role
[NOT IDENTIDIED| IDENTIFIED BY[ password]| IDENTIFIED BY
EXETERNALLY| IDENTIFIED BY GLOBALLY]
```

NOT IDENTIDIED 表示创建角色的验证方式为不需要验证,IDENTIFIED BY[password] 表示创建角色的验证方式为口令验证,IDENTIFIED BY EXETERNALLY 表示创建角色的验证方式为外部验证,IDENTIFIED BY GLOBALLY] 表示创建角色的验证方式为全局验证。

【例 15.14】创建角色 MYROLE,实现代码如下:

```
CREATE ROLE MYROLE
NOT IDENTIDIED;
```

角色创建完成后,即可对角色赋予权限,具体语法格式如下:

```
GRANT system_privilege
|ALL PRIVILEGES TO role
[WITH ADMIN OPTION]
```

【例 15.15】赋予 MYROLE 角色 CREATE SESSION 权限,实现代码如下:

```
GRANT CREATE SESSION TO MYROLE;
```

给角色授予权限时,数据库管理员必须拥有 GRANT_ANY_ PRIVILEGES 权限才可以给角色赋予任何权限。

15.3.3 设置角色

角色创建完成后还不能直接使用,还需要把角色赋予用户才能使角色生效。将角色赋予用户的具体语法如下:

```
GRANT role TO user
```

【例 15.16】 将角色 MYROLE 赋予 USER01，实现代码如下：

```
GRANT MYROLE TO USER01;
```

一个用户可以同时被赋予多个角色，被赋予的多个角色是否生效可以自行设置，设置的方法如下：

```
SET ROLE role
SET ROLE ALL
SET ROLE ALL EXCEPT role
SET ROLE NONE
```

其中 SET ROLE role 表示指定的角色生效。SET ROLE ALL 表示设置用户的所有角色都生效。SET ROLE ALL EXCEPT role 表示设置 EXCEPT 后的角色不失效。SET ROLE NONE 表示设置用户的角色都失效。

【例 15.17】 设置角色 MYROLE 在当前用户上生效，实现代码如下：

```
SET ROLE MYROLE;
```

也可以通过以下代码实现：

```
SET ROLE ALL EXCEPT MYROLE;
```

15.3.4 修改角色

角色创建完成后，还可以修改其内容。具体的语法规则如下：

```
ALTER ROLE role
[NOT IDENTIDIED| IDENTIFIED BY[ password]| IDENTIFIED BY
EXETERNALLY| IDENTIFIED BY GLOBALLY]
```

上面的代码只能修改角色本身，如果想修改已经赋予角色的权限或者角色，则要使用 GRANT 或者 REVOKE 来完成。

15.3.5 查看角色

用户可以查询数据库中已经存在的角色，也可以查询指定用户的角色的相关信息。

【例 15.18】 查询 SYSTEM 用户的角色，实现代码如下：

```
SELECT GRANTED_ROLE,DEFAULT_ROLE FROM DBA_ROLE_PRIVS
WHERE GRANTEE='SYSTEM';
```

结果如下：

```
GRANTED_ROLE                   DEFAULT_ROLE
----------------------         ------------
AQ_ADMINISTRATOR_ROLE          YES
DBA                            YES
MGMT_USER                      YES
```

15.3.6 删除角色

对于不再需要的角色，可以删除。在删除角色的同时，所有拥有该角色的用户也将自动撤销该角色所授予的权限。

删除角色的语法格式如下：

```
DROP ROLE rolename
```

【例 15.19】使用 DROP ROLE 删除角色 MYROLE，语句如下：

```
DROP ROLE MYROLE;
```

15.4 管理概要文件 PROFILE

Oracle 数据库中的概要文件为 PROFILE，为数据库的管理带来极大的便利，本章节将讲述概要文件的相关操作。

15.4.1 PROFILE 概述

PROFILE 就是 Oracle 数据库中的概要文件，主要用于存放数据库中的系统资源或者数据库使用限制的内容。默认情况下，如果用户没有创建概要文件，则使用系统的默认概要文件，名称为 DEFAULT。

概要文件会给数据库管理员带来很大的便利，数据库管理员可以先对数据库中的用户分组，根据每一组的权限不同，建立不同的概要文件，这样便于管理用户。

值得注意的是，概要文件只能用于用户，不能在角色中使用。

15.4.2 创建概要文件

数据库中默认的概要文件为 PROFILE，根据实际的需要，可以创建概要文件。

创建概要文件的语法格式如下：

```
CREATE PROFILE profile
LIMIT
 {resource_parameters|password_parameters}
```

resource_parameters 表示资源参数，主要包括如下：

- CPU_PER_SESSION：表示一个会话占用 CPU 的总量。
- CPU_PER_CALL：表示允许一个调用占用 CPU 的最大值。
- CONNECT_TIME：代表运行一个持续的会话的最大值。

password_parameters 表示口令参数，主要包括如下：

- PASSWORD_LIFE_TIME：指的是多少天后口令失效。
- PASSWORD_REUSE_TIME：指密码保留的时间。

- PASSWORD_GRACE_TIME：是指设置密码失效后锁定。

【例 15.20】创建一个概要文件 MYPROFILE，设置密码保留天数为 80 天。实现代码如下：

```
CREATE PROFILE MYPROFILE
LIMIT
PASSWORD_REUSE_TIME 80;
```

15.4.3 修改概要文件

使用 ALTER PROFILE 语句可以修改已经存在的概要文件，语法格式如下：

```
ALTER PROFILE profile
LIMIT
 {resource_parameters|password_parameters}
```

【例 15.21】修改概要文件 MYPROFILE，设置 CONNECT_TIME 为 2000。实现代码如下：

```
CREATE PROFILE MYPROFILE
LIMIT
CONNECT_TIME 2000;
```

15.4.4 删除概要文件

对于不需要的概要文件，可以做删除操作。具体的语法格式如下：

```
DROP PROFILE profile [CASCADE]
```

如果删除的概要文件已经被用户使用过，那么删除概要文件时要加上 CASCADE 关键词，这样用户所使用的概要文件也被撤销。如果概要文件没有被使用过，可以省略该关键词。

【例 15.22】使用 DROP PROFILE 删除概要文件，语句如下：

```
DROP PROFILE MYPROFILE CASCADE;
```

在 Oracle 中，默认的概要文件 PROFILE 是不能被删除的。

15.5 疑难解惑

疑问 1：如何查询已经存在的概要文件？

概要文件被保存在数据字典 DBA_PROFILES 中，如果想查询概要文件，可以使用如下语句：

```
SELECT * FROM DBA_PROFILES;
```

疑问 2：角色如何继承？

一个角色可以继承其他角色的权限集合。例如角色 MYROLE 语句具备了对表 fruits 的增加删除权限。此时创建一个新的角色 MYROLE01，该角色继承角色 MYROLE 的权限，实现的语句如下：

```
GRANT MYROLE TO MYROLE01;
```

15.6 经典习题

创建数据库 Team，定义数据表 player，语句如下：

```
CREATE TABLE player
{
playid     NUMBER(6) PRIMARY KEY,
playname   VARCHAR2(30) NOT NULL,
teamnum    NUMBER(6) NOT NULL UNIQUE,
info       VARCHAR2(50)
};
```

执行以下操作：

（1）创建一个新账户，用户名为 account1，密码为 oldpwd1。授权该用户对数据库中 player 表的 SELECT 和 INSERT 权限，并且授权该用户对 player 表的 info 字段的 UPDATE 权限。

（2）更改 account1 用户的密码为 newpwd2。

（3）查看授权给 account1 用户的权限。

（4）收回 account1 用户的权限。

（5）将 account1 用户的账号信息从系统中删除。

第16章 控制文件和日志

学习目标 | Objective

Oracle 控制文件主要用来存放数据库的名字、数据库的位置等信息。日志记录了 Oracle 数据库日常操作。控制文件和日志文件都存储了 Oracle 数据库中的重要信息。本章节主要讲述控制文件和日志文件的使用方法和技巧。

内容导航 | Navigation

- 了解什么是控制文件
- 了解什么是 Oracle 日志
- 掌握应用控制文件的用法
- 掌握管理日志文件的用法

16.1 控制文件简介

控制文件是数据库中最小的文件，是一个二进制文件，其中包括了数据库的结构信息，同时也包括了数据文件和日志文件的一些信息，控制文件虽小，但可以说是 Oracle 中最重要的文件，只有 Oracle 进程才能够更新控制文件中的内容，控制文件中主要包括数据库名称、位置、联机或者脱机状态、Redo Log File 的位置和名称、表空间名称、Archive Log File 信息、CheckPoint 信息、Undo 信息、RMAN 信息等，从上面对控制文件中包含的内容也可以看出控制文件在整个 Oracle 中的重要性。

控制文件在每个数据库中都存在，但是一个控制文件只能属于一个数据库。这就像是工作证，每个员工都有工作证，但是一个工作证只能属于一个员工。在创建数据库时，控制文件被自动创建，如果数据库的信息发生变化，控制文件也会随之改变，控制文件不能手动修改，只能由 Oracle 数据库本身来修改,控制文件在数据库启动和关闭时都要使用,如果没有控制文件，数据库将无法工作。

【例 16.1】在数据字典中查看控制文件的信息。实现代码如下：

```
desc v$controlfile
```

运行结果如下：

```
名称                    空值        类型
--------------------  ------      --------------
STATUS                            VARCHAR2(7)
NAME                              VARCHAR2(513)
IS_RECOVERY_DEST_FILE             VARCHAR2(3)
BLOCK_SIZE                        NUMBER
FILE_SIZE_BLKS                    NUMBER
CON_ID                            NUMBER
```

在数据字典前面加 V$，表示是当前实例的动态视图。从结果可以看出，控制文件的数据字典就是一组表和视图结构，存放数据库所用的有关信息，对用户来说是一组只读的表。

16.2 控制文件的应用案例

本节主要讲述控制文件的一些应用操作和技巧。

16.2.1 查看控制文件的内容

通过数据字典 v$controlfile，可以查看控制文件的存放位置和状态。

【例 16.2】在数据字典中查看控制文件的存放位置和状态。实现代码如下：

```
SELECT name, status FROM v$controlfile;
```

运行结果如下：

```
NAME                                              STATUS
------------------------------------              -------
F:\APP\TEST\ORADATA\ORCL\CONTROL01.CTL
F:\APP\TEST\ORADATA\ORCL\CONTROL02.CTL
```

16.2.2 更新控制文件的内容

当数据文件出现增加、重命名和删除等操作时，Oracle 服务器会立刻更新控制文件以反映数据库结构的这种变化。每次在数据库的结构发生变化后，为了防止数据丢失都要备份控制文件。各进程根据分工的不同分别把数据库更改后的信息写入到控制文件中：

- 日志写入进程负责把当前日志序列号记录到控制文件中。
- 校验点进程负责把校验点的信息记录到控制文件中。
- 归档进程负责把归档日志的信息记录到控制文件中。

为了应对磁盘损坏等数据灾难的情况，用户可以把控制文件进行镜像操作，这样即使一个文件被破坏，其他的控制文件依然存在，数据也不会丢失，数据库还可以正常运行。

16.2.3 使用 init.ora 多路复用控制文件

控制文件虽然由数据库直接创建,但是在数据库初始化之前,用户可以进行修改操作这个初始化文件 init.ora,要修改 init.ora,需要先找到它的存放位置,这个文件的位置在安装目录的 admin\orcl\pflie 下,如图 16-1 所示。

图 16-1 init.ora 的位置

在修改 init.ora 文件之前,先通过复制把控制文件复制到不同的位置,然后用记事本打开 init.ora 文件,找到 control_files 参数后即可进行修改,如果 16-2 所示。修改时需要注意,在每个控制文件之间是通过逗号分隔的,并且每一个控制文件都是用双括号括起来的。在修改控制文件的路径之前,需要把控制文件复制一份进行保存,以免数据库无法启动。

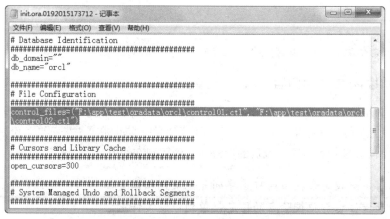

图 16-2 修改 init.ora 文件

16.2.4 使用 SPFILE 多路复用控制文件

除了修改 init.ora 初始化参数的方式可以实现多路复用控制文件外,还可以通过 SPFILE 方式实现多路复用,它们的原理和修改参数是一样的。

控制文件和日志 第16章

【例 16.3】使用 SPFILE 多路复用控制文件。具体操作步骤如下:

01 修改 control_files 参数。

在确保数据库是打开状态时,使用以下命令修改 control_files 参数,语句如下:

```
ALTER SYSTEM SET control_files='文件的路径1',
'文件的路径2',
'文件的路径3',…,
'文件的路径n' scope=spfile;
```

02 关闭数据库。

在数据库打开时,数据库中的文件是无法操作的。关闭数据库的命令如下:

```
shutdown immediate;
```

03 在 DOS 下复制文件到指定位置。

在 DOS 窗口下使用复制命令在指定位置增加一个控制文件。具体命令如下:

```
copy 旧文件, 新文件
```

04 启动数据库实例并验证。

文件复制完成后,使用 startup 命令重新启动数据库。

```
startup
```

在数据库字典 controlfile 中重新查询现存的控制文件,命令如下:

```
SELECT name, status FROM v$controlfile;
```

16.2.5 创建控制文件

虽然有多种保护控制文件的方法,但是仍然不能完全保证控制文件不出现丢失和损坏的情况。特别是以下两种情况出现时:

- 需要永久地修改数据库的参数设置。
- 当控制文件全部损坏,无法修复时。

为此,从本节开始,将学习如何手动创建控制文件。

【例 16.4】手动创建控制文件。具体操作步骤如下:

01 找原有的数据文件和重做日志的路径。

获取数据文件重做日志路径的方法有两种:

- 当控制文件没有损坏时,从控制文件中直接获取。

- 如果控制文件损坏了，从数据字典 v$datafile 中获取数据文件的信息，从数据字典 v$logfile 中获取日志文件的信息。

当然，使用上面两种方法的前提是数据库能够正常启动。如果数据库不能正常启动，那么需要根据系统的错误信息来查找原因。在创建新的控制文件并且使用它打开数据库以后，Oracle 会对数据字典和控制文件的内容进行检查。如果发现数据字典包含了某个数据文件而控制文件没有列出这个数据文件，Oracle 数据库就会报错。数据库管理员可以根据这些信息来判断是否缺少必要的数据文件，一步步查找到真正的数据文件。

获取数据文件的命令如下：

```
SELECT name FROM v$datafile;
```

查询结果如下：

```
NAME
-----------------------------------------------------------
F:\APP\TEST\ORADATA\ORCL\SYSTEM01.DBF
F:\APP\TEST\ORADATA\ORCL\PDBSEED\SYSTEM01.DBF
F:\APP\TEST\ORADATA\ORCL\SYSAUX01.DBF
F:\APP\TEST\ORADATA\ORCL\PDBSEED\SYSAUX01.DBF
F:\APP\TEST\ORADATA\ORCL\UNDOTBS01.DBF
F:\APP\TEST\ORADATA\ORCL\USERS01.DBF
F:\APP\TEST\ORADATA\ORCL\PDBORCL\SYSTEM01.DBF
F:\APP\TEST\ORADATA\ORCL\PDBORCL\SYSAUX01.DBF
F:\APP\TEST\ORADATA\ORCL\PDBORCL\SAMPLE_SCHEMA_USERS01.DBF
F:\APP\TEST\ORADATA\ORCL\PDBORCL\EXAMPLE01.DBF
F:\APP\TEST\PRODUCT\12.1.0\DBHOME_1\DATABASE\MYTEM.DBF
```

获取日志文件的命令如下：

```
SELECT member FROM v$logfile;
```

结果如下：

```
MEMBER
-----------------------------------------------------------
F:\APP\TEST\ORADATA\ORCL\REDO03.LOG
F:\APP\TEST\ORADATA\ORCL\REDO02.LOG
F:\APP\TEST\ORADATA\ORCL\REDO01.LOG
```

02 关闭数据库。

在创建控制文件之前，需要先关闭数据库。命令如下：

```
shutdown immediate;
```

为了保证数据库的安全，关闭数据库后，应该把数据库的日志文件、数据库文件，参数文件等备份到其他硬盘上。

03 创建新的控制文件。

把原来的控制文件备份到其他位置后,还需要启动一个数据库实例。启动实例的语句如下:

```
startup nomount;
```

参数 nomount 表示只启动实例。

启动实例后就可以创建控制文件了。创建控制文件的语句如下:

```
create controlfile
reuse database "数据库实例名" noresetlogs
//是否重做日志或重命名数据库,noarchivelog代表归档状态
maxlogfiles      //最大日志文件大小
maxlogmembers    //日志文件组的成员数
maxinstances     //最大实例的个数
maxloghistory    //最大历史日志文件个数
logfile          //日志文件
group1 '日志文件的路径1' size 日志文件的大小,
…
groupn '日志文件的路径n' size 日志文件的大小
datafile         //数据文件
'路径1',
…
'路径n'
character set we8dec
```

参数 noresetlogs 表示在创建控制文件时不需要重做日志文件和重命名数据库,否则可以使用 resetlogs 参数。

04 使用 SPFILE 方法修改 init.ora 中 controlfiles 参数。
05 验证控制文件。

重启数据库后,查询 v$controlfile 数据字典,检查控制文件是否全部正确加载。如果数据库加载不了,可以重新启动数据库服务。验证的命令如下:

```
SELECT name FROM v$controlfile;
```

至此,控制文件创建成功。

16.3 日志简介

Oracle 日志主要分为两类,包括重做日志文件和归档日志文件。重做日志文件是 Oracle 数据库正常运行不可缺少的文件。重做日志文件主要记录数据库操作的过程。在需要恢复数据库时,重做日志文件可以把那个日志从备份还原的数据库上再执行一次,从而达到数据库的最新状态。

Oracle 系统在运行时有归档模式和非归档模式。在归档模式下,如果重做日志文件全部写满后,就把第一个重做日志文件写入归档日志文件中,再把日志文件写到第一个重做日志文件中,使用归

档方式可以方便以后的恢复操作。在非归档模式下，所有的日志文件都写在重做日志文件中，如果重做日志文件写满了，那么就把前面的日志文件覆盖了。

【例 16.5】在数据字典中查看日志文件的信息。实现代码如下：

```
desc v$logfile;
```

运行结果如下：

```
名称                              空值      类型
-----------------------------     --       --------------
GROUP#                                     NUMBER
STATUS                                     VARCHAR2(7)
TYPE                                       VARCHAR2(7)
MEMBER                                     VARCHAR2(513)
IS_RECOVERY_DEST_FILE                      VARCHAR2(3)
CON_ID                                     NUMBER
```

在归档模式下，Oracle 的性能会受到一定的影响，所以 Oracle 默认采用的是非归档模式。获取当前 Oracle 的归档模式可以从 v$database 数据字典中查看。

【例 16.6】查看 v$database 数据字典中的描述内容。实现代码如下：

```
desc v$database;
```

如果需要查看当前数据库的模式，可以查看当前数据库的 log_mode 的值即可。

【例 16.7】查看当前数据库的模式。实现代码如下：

```
SELECT name, log_mode FROM v$database;
```

查询结果如下：

```
NAME        LOG_MODE
---------   ------------
ORCL        NOARCHIVELOG
```

从结果可以看出，当前模式为非归档模式。如果结果为 ARCHIVELOG，则表示当前模式为归档模式。

16.4 管理日志文件

在 Oracle 数据库中，日志文件全部存放在日志文件组中。本节将讲述日志文件的管理方法。

16.4.1 新建日志文件组

通过日志文件组，数据库管理员可以轻松地管理日志文件。创建日志文件组的语法如下：

```
ALTER DATABASE [database_name]
```

```
ADD LOGFILE GROUP n
Filename SIZE m;
```

其中参数 database_name 为要修改的数据库名，如果省略，表示为当前数据库。参数 n 为创建日志工作组的组号，组号在日志组中必须是唯一的。参数 filename 表示日志文件组的存在位置。参数 m 表示日志文件组的大小，默认情况下大小为 50MB。

【例 16.8】新建日志文件组。实现代码如下：

```
ALTER DATABASE
ADD LOGFILE GROUP 6
('F:\app\test\oradata\orcl\mylogn.log') SIZE 20M;
```

执行结果如下：

```
database add LOGFILE已变更。
```

可见数据库中已经创建了新的日志文件组。

16.4.2 添加日志文件到日志文件组

添加日志文件和添加日志文件组的语法非常类似。语法规则如下：

```
ALTER DATABASE [database name]
ADD LOGFILE MEMMER
Filename TO GROUP n;
```

其中参数 database_name 为要修改的数据库名，如果省略，表示为当前数据库。参数 filename 表示日志文件的存在位置。参数 n 为日志文件填入的组号。

【例 16.9】新建日志文件组。实现代码如下：

```
ALTER DATABASE
ADD LOGFILE MEMBER
'F:\app\test\oradata\orcl\mylog.log'
TO GROUP 6;
```

执行结果如下：

```
database add LOGFILE已变更。
```

此时创建的日志文件添加到日志文件组 6 中，添加的日志文件名称为 mylog.log。

16.4.3 删除日志文件组和日志文件

使用 ALTER DATABASE 语句可以删除日志文件组，具体的语法规则如下：

```
ALTER DATABASE [database name]
DROP LOGFILE
GROUP n;
```

其中参数 n 为日志文件组的组号。

【例 16.10】删除日志文件组 6。实现代码如下：

```
ALTER DATABASE
DROP LOGFILE
GROUP 6;
```

执行结果如下：

```
database drop LOGFILE已变更。
```

此时日志文件组 6 被成功删除掉。

删除日志文件的方法与删除文件组的语法类似，语法格式如下：

```
ALTER DATABASE [database name]
DROP LOGFILE MEMBER
filename;
```

其中参数 filename 表示日志文件的名称，当然也包括日志文件的路径。

【例 16.11】删除日志文件 mylog.log。实现代码如下：

```
ALTER DATABASE
DROP LOGFILE MEMBER
'F:\app\test\oradata\orcl\mylog.log';
```

执行结果如下：

```
database drop LOGFILE已变更。
```

此时日志文件 mylog.log 被成功删除掉。

16.4.4 查询日志文件组和日志文件

用户可以查询已经存在的日志文件组和日志文件。

查找日志文件组主要是通过 V$LOG 来查询，下面通过案例来讲解具体的方法。

【例 16.12】查询 V$LOG 中的组号（GROUP#），成员数（MEMBERS）和状态（STATUS）的信息。实现代码如下：

```
SELECT GROUP#, MEMBERS,STATUS FROM V$LOG;
```

执行结果如下：

```
GROUP#    MEMBERS STATUS
--------- --------- -----------------
1         1         CURRENT
2         1         INACTIVE
3         1         INACTIVE
6         1         INACTIVE
```

查询日志文件主要是通过 V$LOGFILE 来查询，下面通过案例来讲解具体的方法。

【例 16.13】查询 V$LOGFILE 中的组号（GROUP#），成员（MEMBER）的信息。实现代码如下：

```
SELECT GROUP#, MEMBERS FROM V$LOGFILE;
```

执行结果如下:

```
GROUP#     MEMBER
---------- ----------
3          F:\APP\TEST\ORADATA\ORCL\REDO03.LOG
2          F:\APP\TEST\ORADATA\ORCL\REDO02.LOG
1          F:\APP\TEST\ORADATA\ORCL\REDO01.LOG
6          F:\APP\TEST\ORADATA\ORCL\MYLOGN.LOG
```

16.5 疑难解惑

疑问 1：联机日志文件的状态有哪些？

在 Oracle 日志文件中，最容易模糊的就是日志文件的 3 个状态，它们的含义如下：

- current: 表示 LGWR 正在写的日志文件。
- active: 表示 LGWR 正在写的日志文件，实例恢复时需要这种文件。
- inactive: 表示 LGWR 正在写的日志文件，实例恢复时也不会用到这种文件。

疑问 2：如何提高日志的切换频率？

通过参数 ARCHIVE_LAG_TARGET 可以控制日志切换的时间间隔，以秒为单位。通过减少时间间隔，从而实现提高日志的切换频率。例如以下代码：

```
SQL> ALTER SYSTEM SET ARCHIVE_LAG_TARGET=50 SCOPE=both;
```

通过上面的命令，可以实现日志每 50 秒切换一次。

16.6 经典习题

（1）创建控制文件，然后验证是否成功创建。
（2）控制文件的多路复用怎么操作。
（3）创建日志文件组。
（4）创建日志文件、删除日志文件。

第17章 数据备份与还原

学习目标|Objective

尽管采取了一些管理措施来保证数据库的安全,但是不确定的意外情况总是有可能造成数据的损失,例如意外的停电、管理员不小心的操作失误都可能会造成数据的丢失。保证数据安全的最重要的一个措施是确保对数据进行定期备份。如果数据库中的数据丢失或者出现错误,可以使用备份的数据进行还原,这样就尽可能地降低了意外原因导致的损失。Oracle 提供了多种方法对数据进行备份和还原。本章将介绍数据备份、数据还原和数据导入导出的相关知识。

内容导航|Navigation

- 了解什么是数据备份
- 掌握各种数据备份的方法
- 掌握各种数据还原的方法
- 掌握表的导入和导出方法

17.1 数据备份

数据备份是数据库管理员非常重要的工作。系统意外崩溃或者硬件的损坏都可能导致数据库的丢失,因此 Oracle 管理员应该定期地备份数据库,使得在意外情况发生时,尽可能减少损失。本节将介绍数据备份的 2 种方法。

17.1.1 冷备份

冷备份也就是脱机备份,当数据库正常关闭后,通过脱机备份可将关键性文件复制到另外的存储位置,脱机备份是一种快速、安全的备份方法。

冷备份的优点:

- 备份快速、安全、简便。
- 可快速执行时间点恢复。
- 能与归档方法相结合,做数据库"最佳状态"的恢复。
- 对备份文件维护简单、安全。

冷备份的不足：

- 单独使用时，只能将数据库恢复到备份时的状态。
- 备份过程中数据库必须处于脱机状态，对数据库要求较高的业务势必造成损失。
- 只能进行物理备份，对存储介质造成空间浪费。
- 恢复过程中只能进行完整数据库恢复，不能进行更小粒度的恢复。

冷备份需要备份的文件如下：

- 所有数据文件。
- 所有控制文件。
- init.ora 文件等参数文件。

【例 17.1】下面讲述具体如何冷备份数据库。

首先正常关闭数据库，使用以下 3 行命令之一即可：

```
shutdown immediate
shutdown transactional
shutdown normal
```

然后通过操作系统命令或者手动复制文件到指定位置，此时需要较大的介质存储空间。

17.1.2 热备份

热备份也称为联机备份，在数据库的归档模式下进行备份。

【例 17.2】查看数据库中日志的状态。

```
archive log list;
```

查询结果如下：

数据库日志模式	不归档模式
自动归档	已禁用
归档目标	USE_DB_RECOVERY_FILE_DEST
最早的联机日志序列	208
当前日志序列	211

从结果可以看出，目前数据库的日志模式是不归档模式，同时自动模式也是已禁用的。

【例 17.3】设置数据库日志模式为归档模式，使用以下语句完成：

```
alter system set log_archive_start=true scope=spfile;
shutdown immediate;
startup mount;
alter database achivelog;
```

其中第一行的作用修改系统的日志方式为归档模式。第二行作用是关闭数据库。第三行作用是启动 mount 实例,但是不启动数据库。第四行更改数据库为归档模式。

设置完成后,再次查询当前数据库的归档模式,命令如下:

```
archive log list;
```

查询结果如下:

数据库日志模式	归档模式
自动归档	启用
归档目标	USE_DB_RECOVERY_FILE_DEST
最早的联机日志序列	208
当前日志序列	211

从结果可以看出,当前日志模式已经修改为归档模式,并且自动存档已经启动。

把数据库设置成归档模式后,就可以进行数据库的备份与恢复操作。

【例 17.4】备份表空间 MYTEM。

将数据库的状态设置为打开状态,改变数据库的状态为 open,命令如下:

```
alter database open;
```

备份表空间 MYTEM,开始命令如下:

```
alter tablespace MYTEM begin backup;
```

打开数据库中的 oradata 文件夹,把文件复制到磁盘中的另外一个文件夹或其他磁盘上。

结束备份命令如下:

```
alter tablespace MYTEM end backup;
```

17.2 数据还原

管理人员操作的失误、计算机故障以及其他意外情况,都会导致数据的丢失和破坏。当数据丢失或意外破坏时,可以通过还原已经备份的数据尽量减少数据丢失和破坏造成的损失。本节将介绍数据还原的方法。

【例 17.5】恢复表空间 MYTEM 中的数据文件。

对当前的日志进行归档,命令如下:

```
alter system archive log current;
```

一般情况下,一个数据库中包含 3 个日志文件,所以需要使用 3 次下面的语句来切换日志文件:

```
alter system switch logfile;
```

关闭数据库服务,命令如下:

```
shutdown immediate;
```

删除数据文件并重新启动数据库。首先找到数据库文件的存放位置，默认情况下，数据库文件存放在数据库的 oradata 文件夹中。如果不清楚数据库文件的存放位置，可以在 V$datafile 数据字典中查看表空间中数据文件的位置，找到数据文件后删除即可，然后启动数据库。启动数据库的命令如下：

```
startup;
```

此时如果缺少数据库文件，会显示错误信息。

在恢复数据文件之前，先把数据文件设置成脱机状态，并且删除该数据文件。命令如下：

```
alter database datafile 6 offline drop;
```

把数据库设置成 OPEN 状态，命令如下：

```
alter database open;
```

在数据库的状态是 OPEN 时就可以恢复数据库了。恢复表空间 MYTEM 的数据文件命令如下：

```
recover datafile 6;
```

这里的编号 6 是数据文件的编号。

数据恢复完成后，设置数据文件为联机状态，命令如下：

```
alter database datafile 6 online;
```

至此，数据文件的恢复完成。在恢复数据库中的数据时，把数据库文件设置成脱机状态后，就需要把之前备份好的数据复制到原来的数据文件存放的位置，否则会提示错误。

17.3 表的导出和导入

有时会需要将 Oracle 数据库中的数据导出到外部存储文件中，Oracle 数据库中的数据表可以导出，同样这些导出文件也可以导入到 Oracle 数据库中。本小节将介绍数据导出和导入的常用方法。

17.3.1 用 EXP 工具导出数据

在 DOS 窗口下，输入以下语句，然后根据提示即可导出表。

```
C:\> EXP username/password
```

其中 username 是登录数据库的用户名，password 为用户密码。注意这里的用户不能为 SYS。

【例 17.6】导出数据表 books，代码如下：

```
C:\> EXP system/ Manager123 file=f: \mytest.dmp tables=books;
```

这里指出了导出文件的名称和路径，然后指出导出表的名称。如果要导出多个表，可以在各个表之间用逗号隔开。

导出表空间和导出表不同，导出表空间的用户必须是数据库的管理员角色。导出表空间的命令如下：

```
C:\> EXP username/password   FILE=filename.dmp   TABLESPACES=tablespaces_name
```

其中参数 username/password 表示具有数据库管理员权限的用户名和密码，filename.dmp 表示存放备份的表空间的数据文件，tablespaces_name 表示要备份的表空间名称。

【例 17.7】导出表空间 MYTEM，代码如下：

```
C:\> EXP system/ Manager123 file=f: \mytest01.dmp   TABLESPACES=MYTEM
```

17.3.2 用 EXPDP 导出数据

EXPDP 是从 ORCALE 10g 开始提供的导入导出工具，采用的是数据泵技术，该技术是在数据库之间或者数据库与操作系统之间传输数据的工具。

数据泵技术的主要特性如下：

- 支持并行处理导入、导出任务。
- 支持暂停和重启导入、导出任务。
- 支持通过联机的方式导出或导入远端数据库中的对象。
- 支持在导入时实现导入过程中自动修改对象属主、数据文件或数据所在表空间。
- 导入/导出时提供了非常细粒度的对象控制，甚至可以详细制定是否包含或不包含某个对象。

下面开始讲述使用 EXPDP 导出数据的过程。

1. 创建目录对象

使用 EXPDP 工具之前，必须创建目录对象，具体的语法规则如下：

```
SQL> CREATE DIRECTORY directory_name AS 'file_name';
```

其中参数 directory_name 为创建目录的名称，file_name 表示存放数据的文件夹名。

【例 17.8】创建目录对象 MYDIR，代码如下：

```
SQL> CREATE DIRECTORY MYDIR AS 'DIRMP';
```

结果如下：

```
directory MYDIR 已创建。
```

2. 给使用目录的用户赋权限

新创建的目录对象不是所有用户都可以使用,只有拥有该目录权限的用户才可以使用。假设备份数据库的用户是 SCOTT,那么赋予权限的具体语法如下:

```
SQL> GRANT READ,WRITE ON DIRECTORY directory_name TO SCOTT;
```

其中参数 directory_name 表示目录的名称。

【例 17.9】将目录对象 MYDIR 权限赋予 SCOTT,代码如下:

```
SQL> GRANT READ,WRITE ON DIRECTORY MYDIR TO SCOTT;
```

运行结果如下:

赋权成功。

3. 导出指定的表

创建完目录后,即可使用 EXPDP 工具导出数据,操作也是在 DOS 的命令窗口中完成。
指定备份表的语法格式如下:

```
C:\> EXP username/password DIRECTORY= directory_name DUMPFILE= file_name TABLE=table_name;
```

其中参数 directory_name 表示存放导出数据的目录名称。file_name 表示导出数据存放的文件名。table_name 表示准备导出的表名,如果导出多个表,可以用逗号隔开。

【例 17.10】导出数据表 BOOKS,代码如下:

```
C:\> EXP scott/tiger  DIRECTORY= MYDIR DUMPFILE=mytemp.dmp TABLE=BOOKS;
```

17.3.3 用 IMP 导入数据

导入数据是导出数据的逆过程,使用 EMP 导出的数据,可以使用 IMP 导入数据。

【例 17.11】使用 EXP 导出 fruits 表,命令如下:

```
C:\> EXP scott/tiger file=f: \mytest2.dmp tables=fruits;
```

【例 17.12】使用 IMP 导入 fruits 表,命令如下:

```
C:\> IMP  scott/tiger file= mytest2.dmp  tables=fruits;
```

17.3.4 用 IMPDP 导入数据

使用 EXPDP 导出数据后,可以使用 IMPDP 将数据导入。

【例 17.13】使用 IMPDP 导入 BOOKS 表,命令如下:

```
C:\>IMPDP scott/tiger  DIRECTORY= MYDIR DUMPFILE=mytemp.dmp TABLE=BOOKS;
```

如果数据库中 BOOKS 表已经存在,此时会报错,解决方式是在上面代码后加上 ignore=y 即可。

17.4 疑难解惑

疑问 1:如何判断数据导出是否成功?

在做导出操作时,无论是否成功,都会有提示信息。常见的信息的含义如下:

(1)导出成功,没有任何错误,将会提示如下的信息。

```
Export terminated successfully without warnings
```

(2)导出完成,但是某些对象有问题,将会提示如下的信息。

```
Export terminated successfully with warnings
```

(3)导出失败,将会提示如下的信息。

```
Export terminated unsuccessfully
```

疑问 2:如何把数据导出到磁带上?

Oracle 的导出工具 EXP 支持把数据直接备份到磁带上,这样可以减少把数据备份到本地磁盘,然后备份到磁带上的中间环节。命令如下:

```
EXP system/ Manager123 file=/dev/rmt0  tables=books;
```

其中参数 file 指定的就是磁带的设备名。

17.5 经典习题

(1)使用冷备份的方法备份数据文件。
(2)使用热备份的方式备份数据文件。
(3)还原备份的数据。
(4)使用各种方法导出和导入数据文件。

第18章 Oracle性能优化

学习目标 | Objective

Oracle 性能优化就是通过合理安排资源，调整系统参数使 Oracle 运行更快、更节省资源。Oracle 性能优化包括查询速度优化、更新速度优化、Oracle 服务器优化等。本章将为读者讲解以下几个内容：性能优化的介绍、查询优化、数据库结构优化、Oracle 服务器优化。

内容导航 | Navigation

- 了解什么是优化
- 掌握优化查询的方法
- 掌握优化数据库结构的方法
- 掌握优化 Oracle 服务器的方法

18.1 优化简介

优化 Oracle 数据库是数据库管理员和数据库开发人员的必备技能。Oracle 优化，一方面是找出系统的瓶颈，提高 Oracle 数据库整体的性能；另一方面需要合理的结构设计和参数调整，以提高用户操作响应的速度；同时还要尽可能节省系统资源，以便系统可以提供更大负荷的服务。本节将为读者介绍优化的基本知识。

Oracle 数据库优化是多方面的，原则是减少系统的瓶颈，减少资源的占用，增加系统的反应速度。例如，通过优化文件系统，提高磁盘 I\O 的读写速度；通过优化操作系统调度策略，提高 Oracle 在高负荷情况下的负载能力；优化表结构、索引、查询语句等使查询响应更快。

众所周知，从内存中直接读取数据的速度远远大于从磁盘中读取数据，然而影响内存读取速度的因素有两个，包括内存的大小和内存的分配、使用和管理方法。由于 Oracle 提供了自动内存管理机制，所以用户只需要手动分配内存即可。Oracle 中的内存主要包括两部分：系统全局区和进程全局区。它们既可以在数据库启动时进行加载，也可以在数据库使用中进行设置。下面将详细讲述这两部分的具体管理方法。

18.1.1 修改系统全局区

系统全局区，简称为 SGA，是 System Global Area 的缩写。SGA 是共享的内存机构，主要存储的是数据库的公用信息,因此 SGA 也被称为共享全局区。SGA 主要包括共享池、缓冲区、大型池、java 池和日志缓冲区。

【例 18.1】查看当前数据库的 SGA 状态,命令如下:

```
SQL> show parameter sga;
```

查询结果如下:

```
NAME                                 TYPE          VALUE
------------------------------------ ------------- -----------
lock_sga                             boolean       FALSE
pre_page_sga                         boolean       TRUE
sga_max_size                         big integer   1648M
sga_target                           big integer   0
unified_audit_sga_queue_size         integer       1048576
```

其中需要注意的结果有两个,sga_max_size 和 sga_target。其中 sga_max_size 是为 SGA 分配的最大内存,sga_target 指定的是数据库可管理的最大内存。如果 sga_target 值为 0,表示关闭共享内存区。

在 Oracle 中,管理员还可以通过视图 V$sgastat 来查看 SGA 的具体分配情况。命令如下:

```
SQL> SELECT * FROM v$sgastat;
```

客户端接收到查询语句后,首先进行语法分析,其次是语义分析,然后才是执行步骤。在执行步骤以前的操作就是 SQL 语句的预处理,这些预处理都是在共享池中进行缓存,缓存的标示是根据 SQL 语句所形成的 Hash 值。服务器收到 SQL 语句是根据 Hash 值在共享池中查找是否已经有预处理的 SQL 语句,如果存在,则直接进行数据库操作,否则将进行语法分析。对于共享池来说,存在命中率的概念,也就是直接从共享池中获取执行计划的成功率。成功率越高,代表数据库的性能越高。因此,共享池命中率是影响 SQL 语句的重要指标。

```
NAMESPACE            GETHITRATIO       PINHITRATIO
-------------------- ----------------- -----------
SQL AREA             0.4170824773      0.8984711785
TABLE/PROCEDURE      0.7304022819      0.7962924099
BODY                 0.8535031847      0.8787401575
TRIGGER              0.6666666667      0.6666666667
INDEX                0.1353383459      0.1407407407
CLUSTER              0.9551569507      0.9611650485
DIRECTORY            0.8125            0.8125
QUEUE                0.6666666667      0.6
RULESET              0                 0.6666666667
SUBSCRIPTION         0                 0
EDITION              0.9950248756      0.9946380697
DBLINK               0.9864864865      1
OBJECT ID            0                 1
SCHEMA               0.995688726       1
DBINSTANCE           0                 1
```

```
SQL AREA STATS          0.05980528512           0.05980528512
SQL AREA BUILD          0.1088339223            1
PDB                     0.5                     1
AUDIT POLICY            0.98                    0.98
PDBOPER                 0.1666666667            1
```

其中 GETHITRATIO 为 SQL 语句解析时，直接获得解释计划的命中率。PINHITRATIO 是执行命中率。

【例 18.2】修改 SGA 内存大小，命令如下：

```
SQL> alter system set sga_max_size=2000m scope=spfile;
```

结果如下：

```
system SET已变更。
```

其中 scope=spfile 表示设置作用到数据库启动文件中，一旦数据库重启，则该参数将立即重启。

修改参数 sga_target 为 2000MB，代码如下：

```
SQL> alter system set sga_target =2000m scope=spfile;
```

结果如下：

```
system SET已变更。
```

数据库重启后，SGA 的大小已经被成功修改了。

18.1.2 修改进程全局区

进程全局区简称为 PGA。每个客户端连接到 Oracle 服务器都由服务器分配一定的内存来保持连接，并将在该内存中实现用户私有操作。所有用户连接的内存集合就是 Oracle 数据库的 PGA。

【例 18.3】查看 PGA 的状态，命令如下：

```
show parameter pga;
```

查询结果如下：

```
NAME                            TYPE                VALUE
---------------                 ----------------    -------------
pga_aggregate_limit             big integer         2G
pga_aggregate_target            big integer         0
```

参数 pga_aggregate_target 可以制定 PGA 内存的最大值。当 pga_aggregate_target 值大于 0 时，Oracle 将自动管理 pga 内存。

【例 18.4】修改 PGA 的大小，命令如下：

```
SQL>alter system set pga_aggregate_target=500M scope=both;
```

结果如下：

```
system SET已变更。
```

其中 scope=both 表示同时修改当前环境与启动文件 spfile。

18.2 优化查询

查询是数据库中最频繁的操作，提高查询速度可以有效地提高 Oracle 数据库的性能。本节将为读者介绍优化查询的方法。

18.2.1 分析查询语句的执行计划

如果想要分析 SQL 语句的性能，可以查看该语句的执行计划，从而分析每一步执行是否存在问题。

查看执行计划的方法有以下两种。

1. 通过设置 AUTOTRACE 查看执行计划

设置 autotrace 的具体含义如下：

（1）SET AUTOTRACE OFF：此为默认值，即关闭 AUTOTRACE。
（2）SET AUTOTRACE ON EXPLAIN：只显示执行计划。
（3）SET AUTOTRACE ON STATISTICS：只显示执行的统计信息。
（4）SET AUTOTRACE ON：包含（2）（3）两项的内容。
（5）SET AUTOTRACE TRACEONLY：与（4）相似，但不显示语句的执行结果。

【例 18.5】通过设置 AUTOTRACE 查看执行计划，命令如下：

```
SQL> set autotrace on;
```

运行上述命令后结果如下：

```
已启用自动跟踪
显示执行计划以及语句的统计信息。
```

执行查询语句，命令如下：

```
SQL> select * from fruits;
```

结果如下：

```
f_id    s_id    f_name      f_price
a1      101     apple       5.20
a2      103     apricot     2.20
b1      101     blackberry  10.20
```

```
b2      104     berry           7.60
b5      107     xxxx            3.60
bs1     102     orange         11.20
bs2     105     melon           8.20
c0      101     cherry          3.20
l2      104     lemon           6.40
m1      106     mango          15.60
m2      105     xbabay          2.60
m3      105     xxtt           11.60
o2      103     coconut         9.20
t1      102     banana         10.30
t2      102     grape           5.30
t4      107     xbababa         3.60
选定了 16 行


Plan hash value: 1063410116

---------------------------------------------------------------------------------------------------------
| Id  | Operation          | Name    | Rows  | Bytes | Cost (%CPU)| Time     |
---------------------------------------------------------------------------------------------------------
|   0 | SELECT STATEMENT   |         |    16 |  2592 |     2   (0)| 00:00:01 |
|   1 |  TABLE ACCESS FULL | FRUITS  |    16 |  2592 |     2   (0)| 00:00:01 |
---------------------------------------------------------------------------------------------------------


Note
-----
   - dynamic statistics used: dynamic sampling (level=2)
     Statistics
----------------------------------------------------------
          0  user rollbacks
          0  global enqueue gets async
          0  physical read total IO requests
          0  physical read partial requests
         23  consistent gets pin
          0  gc current blocks served
          0  gc current block pin time
          0  gc current blocks pinned
          0  gc cr blocks received
          0  gc cr block receive time
```

在查询结果中，ID 表示一个序号，但不是执行的先后顺序，执行的先后根据缩进来判断。Operation 表示当前操作的内容。Rows 表示当前操作的 Cardinality，Oracle 估计当前操作的返回结果集。Cost（%CPU）表示 Oracle 计算出来的一个数值，用于说明 SQL 执行的代价。Time 表示 Oracle 估计当前操作的时间。

2. 使用 EXPLAIN PLAN FOR 语句查看执行计划

使用 EXPLAIN PLAN FOR 语句可以查看执行计划。具体语法格式如下：

```
EXPLAIN PLAN FOR SQL语句;
```

【例 18.6】通过设置 EXPLAIN PLAN FOR 语句查看执行计划，命令如下：

```
SQL> EXPLAIN PLAN FOR SELECT * FROM fruits;
```

结果如下：

```
plan FOR 成功。
Statistics
----------------------------------------------------------
0  user rollbacks
0  global enqueue gets async
0  physical read total IO requests
0  physical read partial requests
5  consistent gets pin
0  gc current blocks served
0  gc current block pin time
0  gc current blocks pinned
0  gc cr blocks received
0  gc cr block receive time
```

18.2.2 索引对查询速度的影响

Oracle 中提高性能的一个最有效的方式就是对数据表设计合理的索引。索引提供了高效访问数据的方法，并且加快查询的速度，因此，索引对查询的速度有着至关重要的影响。使用索引可以快速地定位表中的某条记录，从而提高数据库查询的速度，提高数据库的性能。本小节将为读者介绍索引对查询速度的影响。

如果查询时没有使用索引，查询语句将扫描表中的所有记录。在数据量大的情况下，这样查询的速度会很慢。如果使用索引进行查询，查询语句可以根据索引快速定位到待查询记录，从而减少查询的记录数，达到提高查询速度的目的。

18.2.3 使用索引查询

索引可以提高查询的速度。但并不是使用带有索引的字段查询时，索引都会起作用。本小节将向读者介绍索引的使用。

使用索引有几种特殊情况，在这些情况下，有可能使用带有索引的字段查询时，索引并没有起作用，下面重点介绍这几种特殊情况。

1. 使用 LIKE 关键字的查询语句

在使用 LIKE 关键字进行查询的查询语句中，如果匹配字符串的第一个字符为"%"，索引不会起作用。只有"%"不在第一个位置，索引才会起作用。

2. 使用多列索引的查询语句

Oracle 可以为多个字段创建索引。一个索引可以包括 16 个字段。对于多列索引，只有查询条件中使用了这些字段中第 1 个字段时，索引才会被使用。

3. 使用 OR 关键字的查询语句

查询语句的查询条件中只有 OR 关键字，且 OR 前后的两个条件中的列都是索引时，查询中才使用索引。否则，查询将不使用索引。

18.2.4 优化子查询

Oracle 支持子查询，使用子查询可以进行 SELECT 语句的嵌套查询，即一个 SELECT 查询的结果作为另一个 SELECT 语句的条件。子查询可以一次性完成很多逻辑上需要多个步骤才能完成的 SQL 操作。子查询虽然可以使查询语句很灵活，但执行效率不高。执行子查询时，Oracle 需要为内层查询语句的查询结果建立一个临时表。然后外层查询语句从临时表中查询记录。查询完毕后，再撤销这些临时表。因此，子查询的速度会受到一定的影响。如果查询的数据量比较大，这种影响就会随之增大。

在 Oracle 中，可以使用连接（JOIN）查询来替代子查询。连接查询不需要建立临时表，其速度比子查询要快，如果查询中使用索引的话，性能会更好。连接之所以更有效率，是因为 Oracle 不需要在内存中创建临时表来完成查询工作。

18.3 优化数据库结构

一个好的数据库设计方案对于数据库的性能常常会起到事半功倍的效果。合理的数据库结构不仅可以使数据库占用更小的磁盘空间，而且能够使查询速度更快。数据库结构的设计，需要考虑数据冗余、查询和更新的速度、字段的数据类型是否合理等多方面的内容。本节将为读者介绍优化数据库结构的方法。

18.3.1 将字段很多的表分解成多个表

对于字段较多的表，如果有些字段的使用频率很低，可以将这些字段分离出来形成新表。因为当一个表的数据量很大时，会由于使用频率低的字段的存在而变慢。本小节将为读者介绍这种优化表的方法。

【例 18.7】假设会员表存储会员登录认证信息，该表中有很多字段，如 id、姓名、密码、地址、电话、个人描述字段。其中地址、电话、个人描述等字段并不常用。可以将这些不常用字段分解出另外一个表。将这个表取名叫 members_detail。表中有 member_id、address、telephone、description 等字段。其中，member_id 是会员编号，address 字段存储地址信息，telephone 字段存储电话信息，description 字段存储会员个人描述信息。这样就把会员表分成两个表，分别为 members 表和 members_detail 表。

创建这两个表的 SQL 语句如下：

```sql
CREATE TABLE members (
  Id number(11) NOT NULL,
  username varchar2(255) DEFAULT NULL ,
  password varchar2(255) DEFAULT NULL ,
  last_login_time date DEFAULT NULL ,
  last_login_ip varchar2(255) DEFAULT NULL ,
  PRIMARY KEY (id)
) ;
CREATE TABLE members_detail (
  member_id number (11) DEFAULT 0,
  address varchar2(255) DEFAULT NULL ,
  telephone varchar2(16) DEFAULT NULL ,
  description varchar2(255)
) ;
```

这两个表的结构如下：

```
SQL> desc members;
名称                空值        类型
---------------   --------   --------------
ID                NOT NULL   NUMBER(11)
USERNAME                     VARCHAR2(255)
PASSWORD                     VARCHAR2(255)
LAST_LOGIN_TIME              DATE
LAST_LOGIN_IP                VARCHAR2(255)


SQL> DESC members_detail;
名称           空值 类型
-----------   --   --------------
MEMBER_ID          NUMBER(11)
ADDRESS            VARCHAR2(255)
TELEPHONE          VARCHAR2(16)
DESCRIPTION        VARCHAR2(255)
```

如果需要查询会员的详细信息，可以用会员的 id 来查询。如果需要将会员的基本信息和详细信息同时显示，可以将 members 表和 members_detail 表进行联合查询，查询语句如下：

```sql
SELECT * FROM members LEFT JOIN members_detail ON
members.id=members_detail.member_id;
```

通过这种分解，可以提高表的查询效率。对于字段很多且有些字段使用不频繁的表，可以通过这种分解的方式来优化数据库的性能。

18.3.2 增加中间表

对于需要经常联合查询的表，可以建立中间表以提高查询效率。通过建立中间表，把需要经常联合查询的数据插入到中间表中,然后将原来的联合查询改为对中间表的查询,以此来提高查询效率。本小节将为读者介绍增加中间表优化查询的方法。

首先,分析经常联合查询表中的字段。然后,使用这些字段建立一个中间表,并将原来联合查询的表的数据插入到中间表中。最后,可以使用中间表来进行查询了。

【例 18.8】会员信息表和会员组信息表的 SQL 语句如下:

```
CREATE TABLE vip(
  id number(11) NOT NULL,
  username varchar2(255) DEFAULT NULL,
  password varchar2(255) DEFAULT NULL,
  groupId number (11) DEFAULT 0,
  PRIMARY KEY (Id)
) ;
CREATE TABLE vip_group (
  Id  number(11) NOT NULL,
  name varchar2(255) DEFAULT NULL,
  remark varchar2(255) DEFAULT NULL,
  PRIMARY KEY (Id)
) ;
```

查询会员信息表和会员组信息表。

```
SQL> DESC vip;
名称            空值         类型
--------       --------    --------------
ID             NOT NULL    NUMBER(11)
USERNAME                   VARCHAR2(255)
PASSWORD                   VARCHAR2(255)
GROUPID                    NUMBER(11)

SQL> DESC vip_group;
名称     空值         类型
------  --------    --------------
ID      NOT NULL    NUMBER(11)
NAME                VARCHAR2(255)
REMARK              VARCHAR2(255)
```

已知现在有一个模块需要经常查询带有会员组名称、会员组备注(remark)、会员用户名信息的会员信息。根据这种情况可以创建一个 temp_vip 表。temp_vip 表中存储用户名(user_name),会员组名称(group_name)和会员组备注(group_remark)信息。创建表的语句如下:

```
CREATE TABLE temp_vip (
  id number (11) NOT NULL,
  user_name varchar2(255) DEFAULT NULL,
  group_name varchar2(255) DEFAULT NULL,
  group_remark varchar2(255) DEFAULT NULL,
  PRIMARY KEY (Id)
);
```

接下来，从会员信息表和会员组表中查询相关信息存储到临时表中：

```
SQL> INSERT INTO temp_vip(user_name, group_name, group_remark)
    SELECT v.username,g.name,g.remark
    FROM vip v ,vip_group g
    WHERE v.groupId =g.Id;
```

以后，可以直接从 temp_vip 表中查询会员名、会员组名称和会员组备注，而不用每次都进行联合查询。这样可以提高数据库的查询速度。

18.3.3 增加冗余字段

设计数据库表时应尽量遵循范式理论的规约，尽可能减少冗余字段，让数据库设计看起来精致、优雅。但是，合理地加入冗余字段可以提高查询速度。本小节将为读者介绍通过增加冗余字段来优化查询速度的方法。

表的规范化程度越高，表与表之间的关系就越多，需要连接查询的情况也就越多。例如，员工的信息存储在 staff 表中，部门信息存储在 department 表中。通过 staff 表中的 department_id 字段与 department 表建立关联关系。如果要查询一个员工所在部门的名称，必须从 staff 表中查找员工所在部门的编号（department_id），然后根据这个编号去 department 表查找部门的名称。如果经常需要进行这个操作，连接查询会浪费很多时间。可以在 staff 表中增加一个冗余字段 department_name，该字段用来存储员工所在部门的名称，这样就不用每次都进行连接操作了。

冗余字段会导致一些问题。比如，冗余字段的值在一个表中被修改了，就要想办法在其他表中更新该字段。否则就会使原本一致的数据变得不一致。分解表、增加中间表和增加冗余字段都浪费了一定的磁盘空间。从数据库性能来看，为了提高查询速度而增加少量的冗余大部分时候是可以接受的。是否通过增加冗余来提高数据库性能，这要根据实际需求综合分析。

18.3.4 优化插入记录的速度

插入记录时，影响插入速度的因素主要是索引、唯一性校验、一次插入记录条数等。根据这些情况，可以分别进行优化。本小节将为读者介绍优化插入记录速度的几种方法。

对于 MyISAM 引擎的表，常见的优化方法如下。

1. 禁用索引

对于非空表，插入记录时，Oracle 会根据表的索引对插入的记录建立索引。如果插入大量数据，建立索引会降低插入记录的速度。为了解决这种情况，可以在插入记录之前禁用索引，数据插入完毕后再开启索引。禁用索引的语句如下：

```
ALTER index index_name unusable;
```

其中 index_name 是禁用索引的名称。

重新开启索引的语句如下：

```
ALTER index index_name usable;
```

2. 禁用唯一性检查

插入数据时，Oracle 会对插入的记录进行唯一性校验。这种唯一性校验也会降低插入记录的速度。为了降低这种情况对查询速度的影响，可以在插入记录之前禁用唯一性检查，等到记录插入完毕后再开启。禁用唯一性检查的语句如下：

```
ALTER TABLE table_name
DISABLE CONSTRAINT constraint_name;
```

其中 table_name 是表的名称，constraint_name 是唯一性约束的名称。

开启唯一性检查的语句如下：

```
ALTER TABLE table_name
ENABLE CONSTRAINT constraint_name;
```

3. 使用批量插入

插入多条记录时，可以使用一条 INSERT 语句插入一条记录，也可以使用一条 INSERT 语句插入多条记录。插入一条记录的 INSERT 语句情形如下：

```
INSERT INTO fruits VALUES('x1', '101 ', 'mongo2 ', '5.6');
INSERT INTO fruits VALUES('x2', '101 ', 'mongo3 ', '5.6')
INSERT INTO fruits VALUES('x3', '101 ', 'mongo4 ', '5.6')
```

使用一条 INSERT 语句插入多条记录的情形如下：

```
INSERT INTO fruits VALUES
SELECT 'x1', '101 ', 'mongo2 ', '5.6' from dual
Union all
SELECT 'x2', '101 ', 'mongo3 ', '5.6' from dual
Union all
SELECT 'x3', '101 ', 'mongo4 ', '5.6' from dual;
```

第 2 种情形的插入速度要比第 1 种情形快。

18.4 优化 Oracle 服务器

优化 Oracle 服务器主要从两个方面来优化：一方面是对硬件进行优化；另一方面是对 Oracle 服务的参数进行优化。这部分的内容需要较全面的知识，一般只有专业的数据库管理员才能进行这一类的优化。对于可以定制参数的操作系统，也可以针对 Oracle 进行操作系统优化。本节将为读者介绍优化 Oracle 服务器的方法。

18.4.1 优化服务器硬件

服务器的硬件性能直接决定着 Oracle 数据库的性能。硬件的性能瓶颈，直接决定 Oracle 数据库的运行速度和效率。针对性能瓶颈，提高硬件配置，可以提高 Oracle 数据库的查询、更新的速度。本小节将为读者介绍以下优化服务器硬件的方法。

（1）配置较大的内存。足够大的内存，是提高 Oracle 数据库性能的方法之一。内存的速度比磁盘 I/O 快得多，可以通过增加系统的缓冲区容量，使数据在内存停留的时间更长，以减少磁盘 I/O。

（2）配置高速磁盘系统，以减少读盘的等待时间，提高响应速度。

（3）合理分布磁盘 I/O，把磁盘 I/O 分散在多个设备上，以减少资源竞争，提高并行操作能力。

（4）配置多处理器，Oracle 是多线程的数据库，多处理器可同时执行多个线程。

18.4.2 优化 Oracle 的参数

通过优化 Oracle 的参数可以提高资源利用率，从而达到提高 Oracle 服务器性能的目的。为了访问数据库中的数据，Oracle 数据库为所有用户提供一组后台进程，并且有一些存储结构专门用来存储最近的有关对数据库访问的数据。这些存储区域可以通过减少对数据库文件的 I/O 次数来改善数据库性能。

数据库实例就是用来访问一个数据库文件集的一个存储结构以及后台进程的集合。它使一个单独的数据库可以被多个实例访问。决定实例的组成以及大小的参数存储在文件 init.ora 中。这个文件在实例启动的时候需要装载，也可以在运行中被装载。

通常需要设置的参数如下：

1. DB_BLOCK_BUFFERS

该参数决定了数据库缓冲区的大小，这部分内存的作用主要是在内存中缓存从数据库中读取的数据块，数据库缓冲区越大，为用户已经在内存里的共享数据提供的内存就越大，这样可以减少所需要的磁盘物理读写次数。

2. shared_pool_size

参数 shared_pool_size 的作用是缓存已经被解析过的 SQL 语句，使其能被重用，而不用再解析。SQL 语句的解析非常消耗 CPU 的资源，如果一条 SQL 语句已经存在，则进行的仅是软解析，这将大大提高数据库的运行效率。当然，这部分内存也并非越大越好，如果分配的内存太大，Oracle 数据库为了维护共享结构，将付出更大的管理开销。

这个参数的设置建议在 150MB～500MB。如果系统内存为 1GB，该值可设为 150MB～200MB。如果为 2GB，该值设为 250MB～300MB。每增加 1GB 内存，该值增加 100MB，但该值最大不应超过 500MB。

3. Sort_area_size

该参数是当查询需要排序的时候，Oracle 将使用这部分内存做排序，当内存不足时，使用临时表空间做排序。这个参数是针对会话（session）设置的，不是针对整个数据库。即如果应用有 170 个数据库连接，假设这些连接都做排序操作，则 Oracle 会分配 8×170 等于 1360MB 内存做排序，而这些内存是在 Oracle 的 SGA 区之外分配的，即如果 SGA 区分配了 1.6GB 内存，Oracle 还需要额外的 1.3GB 内存做排序。

建议该值设置不超过 3MB，当物理内存为 1GB 时，该值宜设为 1MB 或更低（如 512KB）；2GB 时可设为 2MB；但不论物理内存多大，该值也不应超过 3M。

4. sort_area_retained_size

这个参数的含义是当排序完成后至少为 session 继续保留的排序内存的最小值，该值最大可设为等于 Sort_area_size。这样设置的好处是可以提高系统性能，因为下次再做排序操作时不需要再临时申请内存，缺点是如果 Sort_ara_size 设得过大并且 session 数很多时，将导致系统内存不足。建议该值设为 Sort_area_size 的 10%~20%，或者不设置（默认为 0）。

5. Log_buffer

Log_buffer 是重做日志缓冲区，对数据库的任何修改都按顺序被记录在该缓冲中，然后由进程将它写入磁盘。当用户提交后、有 1/3 重做日志缓冲区未被写入磁盘、有大于 1MB 重做日志缓冲区未被写入磁盘。建议不论物理内存多大，该值统一设为 1MB。

6. SESSION_CACHED_CURSOR

该参数指定要高速缓存的会话游标的数量。对同一 SQL 语句进行多次语法分析后，它的会话游标将被移到该会话的游标高速缓存中。这样可以缩短语法分析的时间，因为游标被高速缓存，无须被重新打开。设置该参数有助于提高系统的运行效率，建议无论在任何平台都应被设为 50。

7. re_page_sga

该参数表示将把所有 SGA 装载到内存中，以便使该实例迅速达到最佳性能状态。这将增加例程启动和用户登录的时间，但在内存充足的系统上能减少缺页故障的出现。建议在 2GB 以上（含 2GB）内存的系统都将该值设为 true。

8. ML_LOCKS

该参数表示所有用户获取的表锁的最大数量。对每个表执行 DML 操作均需要一个 DML 锁。例如，如果 3 个用户修改 2 个表，就要求该值为 6。该值过小可能会引起死锁问题。建议该参数不应该低于 600。

9. DB_FILE_MULTIBLOCK_READ_ COUNT

该参数主要同全表扫描有关。当 Oracle 在请求大量连续数据块的时候，该参数控制块的读入速率。该参数能对系统性能产生较大的影响，建议把 DB_FILE_MULTIBLOCK_READ_COUNT 设为 8。

10. OPEN_CURSORS

指定一个会话一次可以打开的游标的最大数量，并且限制游标高速缓存的大小，以避免用户再次执行语句时重新进行语法分析。请将该值设置得足够高，这样才能防止应用程序耗尽打开的游标。此值建议设置为 250~300。

合理地配置这些参数可以提高 Oracle 服务器的性能。配置完参数以后，需要重新启动 Oracle 服务才会生效。

18.5 疑难解惑

疑问 1：是不是索引建立得越多越好？

合理的索引可以提高查询的速度，但不是索引越多越好。在执行插入语句的时候，Oracle 要为新插入的记录建立索引。所以过多的索引会导致插入操作变慢。原则上是只有查询用的字段才建立索引。

疑问 2：为什么查询语句中的索引没有起作用？

在一些情况下，查询语句中使用了带有索引的字段，但索引并没有起作用。例如，在 WHERE 条件的 LIKE 关键字匹配的字符串以"%"开头，这种情况下索引不会起作用。又如，WHERE 条件中使用 OR 关键字连接查询条件，如果有 1 个字段没有使用索引，那么其他的索引也不会起作用。如果使用多列索引，但没有使用多列索引中的第 1 个字段，那么多列索引也不会起作用。

18.6 经典习题

（1）练习修改系统全局区。
（2）练习修改进程全局区。
（3）分析查询遇见的执行计划。
（4）练习将很大的表分解成多个表，并观察分解表对性能的影响。
（5）练习使用中间表优化查询。
（6）练习优化 Oracle 服务器的配置参数。

第19章 Java操作Oracle数据库

学习目标 | Objective

Java 是由 Sun 公司开发的面向对象的程序设计语言。Java 技术具有卓越的通用性、高效性、平台移植性和安全性，广泛应用于 PC、数据中心、游戏控制台、科学超级计算机、移动电话和互联网中，同时拥有全球最大的开发者专业社群。使用 Java 语言可以在 Oracle 数据库的接口操作 Oracle 数据库。

内容导航 | Navigation

- 了解 JDBC 基本概念
- 掌握 Java 连接 Oracle 数据库的方法
- 掌握 Java 操作 Oracle 数据库的方法

19.1 JDBC 概述

在 Java 程序中，对数据库的操作都通过 JDBC（Java Data Base Connectivity，Java 数据库连接）组件完成。JDBC 在 Java 程序和数据库之间充当一个桥梁的作用。Java 程序可以通过 JDBC 向数据库发出命令，数据库管理系统获得命令后，执行请求，并将请求结果通过 JDBC 返回给 Java 程序。

JDBC 是一种用于执行 SQL 语句的 Java API，可以为多种关系数据库提供统一访问，它由一组用 Java 语言编写的类和接口组成。JDBC 提供了一种基准，据此可以构建更高级的工具和接口，使数据库开发人员能够使用纯 Java 语言编写完整的数据库应用程序。

JDBC 是 Oracle 提供的一套数据库编程接口 API 函数，由 Java 语言编写的类、接口组成。用 JDBC 写的程序能够自动地将 SQL 语句传送给相应的数据库管理系统。不但如此，使用 Java 编写的应用程序还可以在任何支持 Java 的平台上运行，不必在不同的平台上编写不同的应用。

JDBC 主要完成以下工作。

（1）完成数据库的连接创建。
（2）传送 SQL 命令给数据库，完成数据库操作及数据表。
（3）接受和处理数据库所执行的结果。

JDBC 在使用中常见的有以下 3 类。

1. JDBC-ODBC 桥连接（JDBC-ODBC Bridge）

本套连接是 Oracle 在 JDK 的开发包中提供的最标准的一套 JDBC 操作类库。要将 JDBC 与数据库之间进行有效的连接访问，中间要经过一个 ODBC 的连接，但这意味着整体的性能将会降低，当读者接触的项目很大或者是用户很多的时候，维护 ODBC 所需要的工作量庞大而繁杂，需要 JDBC 在 ODBC 之前做数据之间的传递与转换，容易造成性能的丢失或遗漏。所以在开发中是绝对不会去使用 JDBC-ODBC 的连接方式的。但 ODBC 连接简单易学，所以初学者学习 JDBC 时可以从 ODBC 开始。

2. JDBC 连接

使用各个数据库提供商给定的数据库驱动程序，完成 JDBC 的开发，这个时候需要在 classpath 中配置数据库的驱动程序。此种数据连接方式在性能上比 JDBC-ODBC 桥连接要好很多。Java 是利用本地的函数库与数据库驱动程序的函数库沟通，在效率上能够大大提升。但同样，在进行数据库的连接时，用户必须掌握有 JDBC 的驱动程序以及数据库驱动程序的函数库，而且不同的数据库拥有多个不同的驱动程序。在进行数据维护时，工作量是很大的。

有了 JDBC，向各种关系数据库发送 SQL 语句就是一件很容易的事。只要数据库厂商支持 JDBC，并为数据库预留 JDBC 接口驱动程序；那么就不必为访问 Oracle 数据库专门写一个程序。Java 程序访问 Oracle 数据库的过程如图 19-1 所示。

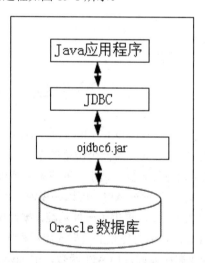

图 19-1　Java 程序访问 Oracle 数据库的过程

其中 ojdbc6.jar 是 JDBC 的驱动程序，由 Oracle 数据库开发商提供。

3. JDBC 网络连接

此种连接方式主要使用网络连接数据库，这就要求驱动程序必须有一个中间层服务器（middleware server）。用户与数据库沟通时会通过此中间层服务器与数据库连接；而且这种连接方式只需要同中间层服务器做出有效连接，便可以连接上数据库，所以在更新维护时会大大地减少工作量。

19.2 Java 连接数据库

连接数据库之前，需要加载数据库驱动程序，然后通过 Connection 接口和 DriverManager 类连接数据库和控制数据源。本节将详细讲述具体的操作方法和技巧。

19.2.1 加载数据库驱动程序

不同的数据库供应商拥有不同数据库的驱动程序。对于 Oracle 这种大型的数据库软件，提供 Java 环境下的数据库驱动程序。首先找到 Oracle 目标目录下的 db_1 文件夹，可以看到提供给 Java 的驱动程序包 jdbc，打开 jdbc 中的 lib 文件夹，其中的 ojdbc6.jar 就是我们需要的驱动程序，如图 19-2 所示。

图 19-2 Oracle 提供的驱动程序

 驱动程序路径：F:\app\test\product\12.1.0\dbhome_1\jdbc\lib\ojdbc6.jar。其中 ojdbc6.jar 针对的是 jdk 1.6 版本，ojdbc7.jar 针对的是 jdk 1.7 版本。

如果此时是使用命令行的方式开发的话，需要在属性中增加 Classpath，具体操作步骤如下：

01 在桌面上右击【计算机】图标，在弹出的快捷菜单中选择【属性】菜单命令，如图 19-3 所示。

02 打开【系统】窗口，并选择【高级系统设置】链接，如图 19-4 所示。

图 19-3 【计算机】属性菜单

图 19-4 【系统】窗口

03 打开【系统属性】对话框,并选择【高级】选项卡,如图 19-5 所示。

图 19-5 【系统属性】对话框

04 单击【环境变量】按钮,打开【环境变量】对话框,在用户变量列表中单击【新建】按钮,如图 19-6 所示。

05 打开【新建用户变量】对话框,在【变量名】中输入"Classpath",在【变量值】中输入驱动的路径(F:\app\test\product\12.1.0\dbhome_1\jdbc\lib\ojdbc6.jar),如图 19-7 所示。

图 19-6 【环境变量】对话框

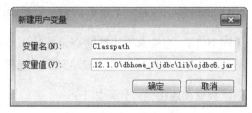

图 19-7 【新建用户变量】对话框

06 添加完成之后，单击【确定】按钮，这样就完成了配置 Classpath 变量的操作。

如果使用 Eclipse 开发工具的话，则直接在项目的属性中增加需要的类库文件即可，如图 19-8 所示。

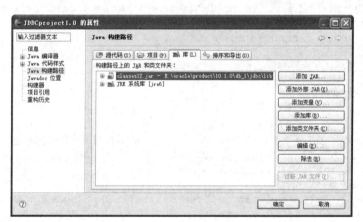

图 19-8 添加数据库驱动程序

如果没有把 ojdbc6.jar 文件加载到工程中，会提示数据库驱动有问题。上面的方法是临时的，用户可以把该包文件直接复制到工程下，然后加载即可。

19.2.2 以 Thin 方式连接 Oracle 数据库

企业中 Java 连接 Oracle 最常用的就是第 4 类驱动，也叫 JDBC Thin 类型。他比较方便，客户投资低，效率高。该方式主要是通过包含在 Java API 包下的 Class 类中的方法进行。在 JDBC 的操作过程中，进行数据库连接的主要步骤如下。

（1）通过 Class.forName()加载数据库的驱动程序。首先需要利用来自 Class 类中的静态方法 forName()，加载需要使用的 Driver 类。

（2）通过 DriverManager 类进行数据库的连接。成功加载 Driver 类以后，Class.forName()会向 DriverManager 注册该类，此时则可通过 DriverManager 中的静态方法 getConnection 进行数据库的创建连接。同时，连接的时候需要输入数据库的链接地址、用户名、密码。

（3）通过 Connection 接口接收连接。当成功进行了数据库的连接之后，getConnection 方法会返回一个 Connection 的对象，而 JDBC 主要就是利用这个 Connection 对象与数据库进行沟通。

（4）此时输出的是一个对象，表示数据库已经连接上了。

【例 19.1】 连接本地计算机 Oracle 数据库，Oracle 使用端口号 1521，连接的数据库为 orcl，使用用户 sys 连接，密码为"fei123456"。连接 Oracle 的语句示例说明如下。

创建数据库连接类。代码如下：

```java
import java.sql.Connection;
import java.sql.DriverManager;
import java.sql.SQLException;

public class ConnectJDBC {
    // 驱动程序就是之前在classpath中配置的jdbc的驱动程序的jar包中
    public static final String DBDRIVER = "oracle.jdbc.driver.OracleDriver";
    // 链接地址是由各个数据库生产商单独提供的，所以需要单独记住
    public static final String DBURL = "jdbc:oracle:thin:@localhost:1521:orcl";
    // 连接数据库的用户名
    public static final String DBUSER = "sys";
    // 连接数据库的密码
    public static final String DBPASS = "fei123456";
    public static void main(String[] args) throws Exception {
        Connection conn = null;          // 表示数据库的连接的对象
        // 1. 使用Class类加载驱动程序
        Class.forName(DBDRIVER);
        // 2. 连接数据库
        conn = DriverManager.getConnection(DBURL, DBUSER, DBPASS);
        System.out.println(conn);
        // 3. 关闭数据库
        conn.close();
    }
}
```

19.2.3 以 JDBC-ODBC 桥方式连接 Oracle 数据库

如果客户计算机上有 ODBC 驱动程序，并且已经安装了 Oracle 客户端程序，就可以使用 JDBC-ODBC 桥方式连接 Oracle 数据库。具体操作步骤如下：

01 单击【开始】按钮，在弹出的菜单中选择【控制面板】选项，打开【控制面板】对话框，如图 19-9 所示。

图 19-9 【控制面板】对话框

02 选择【管理工具】选项，打开【管理工具】对话框，如图 19-10 所示。

图 19-10 【管理工具】对话框

03 双击【数据源（ODBC）】选项，打开【ODBC 数据源管理器】对话框，如图 19-11 所示。

图 19-11 【ODBC 数据源管理器】对话框

04 选择【系统 DSN】选项卡，然后单击【添加】按钮，打开【创建数据源】对话框，如图 19-12 所示。

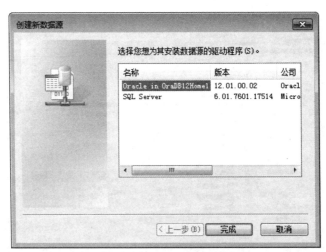

图 19-12 【创建数据源】对话框

05 选择【Oracle in OraDB12Home1】选项，单击【完成】按钮，打开【Oracle ODBC Driver Configuration】对话框，输入相关的信息后，单击【OK】按钮即可，如图 19-13 所示。

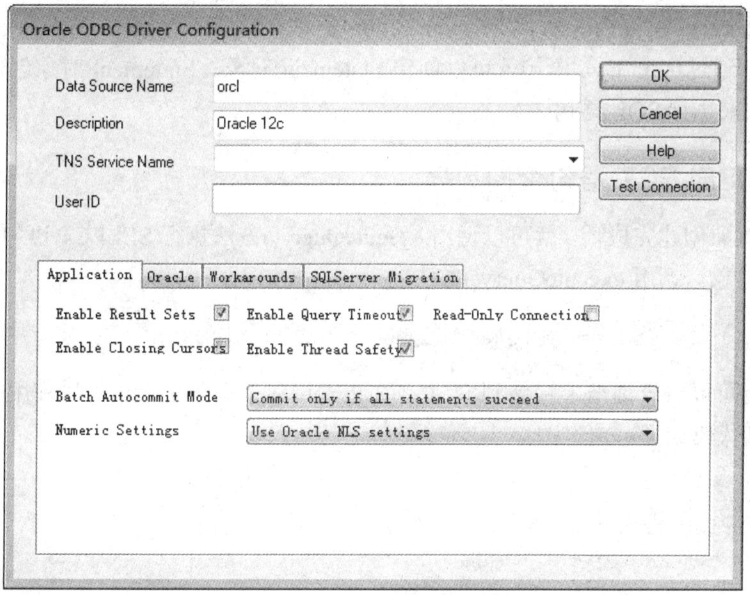

图19-13 【Oracle ODBC Driver Configuration】对话框

在该对话框的【Data Source Name】文本框中输入数据源名称，这个根据实际情况输入，【Description】文本框中输入对数据源的描述。【TNS Service Name】文本框中输入服务器名称，如果 Oracle 服务器和 ODBC 数据源在一台计算机上，在此处输入名称就是 SID。UserID 是指用户名。

06 ODBC 数据源配置完成后，只需要修改数据库连接属性文件，修改如下：

```
#Oracle,jdbc-odbc
drivers=sun.jdbc.odbc.JdbcOdbcDriver
url=jdbc:odbc:Oracle
user=用户名
pwd=用户密码
```

其中 url 对应的值是配置数据源的名称。

19.3 Java 操作 Oracle 数据库

连接 Oracle 数据库以后，就可以对 Oracle 数据库中的数据进行查询、插入、更新和删除等操作。Statement 接口主要用来执行 SQL 语句。SQL 语句执行后返回的结果由 ResultSet 接口管理。Java 主要通过这两个接口来操作数据库。

19.3.1 创建 Statement 对象

Connection 对象调用 createStatement()方法来创建 Statement 对象，该方法的语法格式如下：

```
Statement mystatement=connection.createStatement();
```

其中 mystatement 是 Statement 对象，connection 是 Connection 对象，createStatement()方法返回 Statement 对象。通过这个 Java 语句就可以创建 Statement 对象。Statement 对象创建成功后，可以调用其中的方法来执行 SQL 语句。

19.3.2 使用 SELECT 语句查询数据

Statement 对象创建完成后，就可以调用 executeQuery()方法执行 SELECT 语句，查询结果会返回给 ResultSet 对象。调用 executeQuery()方法的语法格式如下：

```
ResultSet rs = statement.executeQuery("SELECT语句");
```

通过该语句可以将查询结果存储到 rs 中。如果查询包括多条记录，可以使用循环语句来读取所有的记录。其代码如下：

```
while(rs.next()){
    String ss=rs.getString("字段名");
    System.out.print(ss);
}
```

其中"字段名"参数表示查询出来记录的字段名称。使用 getString()函数可以将指定字段的值取出来。

【例 19.2】从 fruits 表中查询水果的名称和价格。部分代码如下：

```
Statement mystatement=connection.createStatement();          //创建Statement对象
//执行SELECT语句，并且将查询结果传递到Statement对象中
ResultSet rs = statement.executeQuery("SELECT f_name,f_price FROM fruits");
while(rs.next()){                                            //判断是否还有记录
    String fn=rs.getString("f_name");                        //获取f_name字段的值
    String fp=rs.getString("f_price");                       //获取f_price字段的值
    System.out.print(fn+" "+ fp);                            //输出字段的值
}
```

19.3.3 插入、更新和删除数据

如果需要插入、更新和删除数据，则需要 Statement 对象调用 executeUpdate()方法来实现，该方法执行后，返回影响表的行数。

使用 executeUpdate()方法的语法格式如下：

```
int result=statement.executeUpdate(sql);
```

其中，sql 参数可以是 INSERT 语句，也可以是 UPDATE 语句或者 DELECT 语句。该语句的结果为数字。

【例 19.3】向 fruits 表中插入一条新记录。部分代码如下：

```
Statement mystatement=connection.createStatement();          //创建Statement对象
String sql="INSERT INTO fruits VALUES ('h1',166,'blackberry',20.2);   //获取INSERT语句
```

```
int result=statement.executeUpdate(sql);      //执行INSERT语句,返回插入的记录数
System.out.print(result);                      //输出插入的记录数
```

上述代码执行后,新记录将插入到 fruits 表中,同时返回数字 1。

【例 19.4】更新 fruits 表中 f_id 为 "h1" 的记录,将该记录的 f_price 改为 33.5。部分代码如下:

```
Statement mystatement=connection.createStatement();      //创建Statement对象
String sql="UPDATE fruits SET f_price=33.5 WHERE f_id='h1';  //获取UPDATE语句
int result=statement.executeUpdate(sql);      //执行UPDATE语句,返回更新的记录数
System.out.print(result);                      //输出更新的记录数
```

上述代码执行后,f_id 为 "h1" 的记录被更新,同时返回数字 1。

【例 19.5】删除 fruits 表中 f_id 为 "h1" 的记录。部分代码如下:

```
Statement mystatement=connection.createStatement();      //创建Statement对象
String sql="DELETE FROM fruits WHERE f_id='h1';          //获取DELETE语句
int result=statement.executeUpdate(sql);      //执行DELETE语句,返回删除的记录数
System.out.print(result);                      //输出删除的记录数
```

上述代码执行后,f_id 为 "h1" 的记录被删除,同时返回数字 1。

19.3.4 执行任意 SQL 语句

如果无法确定 SQL 语句是查询还是更新时,可以使用 execute()函数。该函数的返回结果是 boolean 类型的值,返回值为 true 表示执行查询语句,false 表示执行更新语句。下面是调用 execute() 方法的代码:

```
boolean result=statement.execute(sql);
```

如果要获取 SELECT 语句的查询结果,需要调用 getResultSet()方法。要获取 INSERT 语句、UPDATE 语句或者 DELETE 语句影响表的行数,需要调用 getUpdateCount()方法。这两个方法的调用语句如下:

```
ResultSet result01=statement.getResultSet();
int result02= statement.getUpdate();
```

【例 19.6】使用 execute()函数执行 SQL 语句。部分代码如下:

```
Statement mystatement=connection.createStatement();      //创建Statement对象
sql=("SELECT f_name,f_price FROM fruits");              //定义sql变量,获取SELECT语句
boolean rst=statement.execute(sql);                      //执行SELECT语句
//如果执行SELECT语句,则execute()方法返回TRUE
if(rst==true) {
        ResultSet result=statement.getResultSet();  //将查询结果传递给result
while(result.next()){                              //判断是否还有记录
        String fn=rs.getString("f_name");          //获取f_name字段的值
        String fp=rs.getString("f_price");         //获取f_price字段的值
        System.out.print(fn+" "+ fp);              //输出字段的值
```

```
        }
    }
    //如果执行UPDATE语句、INSERT语句或者DELETE语句,则execute()方法返回FALSE
    else {
        int ss=stat.getUpdateCount();              //获取发生变化的记录数
        System.out.println(ss);                    //输出记录数
    }
```

如果执行的是 SELECT 语句,则 rst 的值为 true,将执行 if 语句中的代码。如果执行的是 INSERT 语句、UPDATE 语句或者 DELETE 语句,将执行 else 语句中的代码。

19.3.5 关闭创建的对象

当所有的语句执行完毕后,需要关闭创建的对象,包括 Connection 对象、Statement 对象和 ResultSet 对象。关闭对象的顺序是先关闭 ResultSet 对象,然后关闭 Statement 对象,最后关闭 connection 对象,这个和创建对象的顺序是相反的。关闭对象使用的是 close()方法,将对象的值设为空。关闭对象的部分代码如下:

```
if(result!=null) {
    result.close();                  //判断ResultSet对象是否为空
    result=null;                     //调用close()方法关闭ResultSet对象
}
if(statement!=null) {
    statement.close();               //判断Statement对象是否为空
    statement=null;                  //调用close()方法关闭Statement对象
}
if(connection!=null) {
    connection.close();              //判断Connection对象是否为空
    connection =null;                //调用close()方法关闭Connection对象
}
```

19.4 疑难解惑

疑问 1:执行查询语句后,如何获取查询的记录数?

在 executeQuery()方法执行 SELECT 语句后,查询结果会返回给 ResultSet 对象,而该对象没有定义获取结果集记录数的方法。如果需要知道记录数,则需要使用循环读取的方法来计算记录数。假如 ResultSet 对象为 rst,可以使用下面的方法来计算记录数:

```
int a=0;
while(rst.next())
    i++;
```

疑问 2:Java 如何备份与还原 Oracle 数据库?

Java 语言的 Runtime 类中的 exec()方法可以运行外部的命令。调用 exec()方法的代码如下:

```
Runtime rr=Runtime.getRuntime();
rr.exec(''外部命令语句'');
```

其中外部命令语句为备份与还原 Oracle 数据库的命令即可。

19.5 经典习题

（1）编写 DB.java 类连接 Oracle 数据库。
（2）操作 test 数据库下的 fruits 数据表，包括查询、插入、更新和删除操作。
（3）练习以 JDBC-ODBC 桥方式连接 Oracle 数据库。

第20章 设计新闻发布系统数据库

学习目标|Objective

Oracle 数据库的使用非常广泛,很多的网站和管理系统使用 Oracle 数据库存储数据。本章主要讲述新闻发布系统的数据库设计过程。通过本章的学习,读者可以在新闻发布系统的设计过程中学会如何使用 Oracle 数据库。

内容导航|Navigation

- 了解新闻发布系统的概述
- 熟悉新闻发布系统的功能
- 掌握如何设计新闻发布系统的表
- 掌握如何设计新闻发布系统的索引
- 掌握如何设计新闻发布系统的视图
- 掌握如何设计新闻发布系统的触发器

20.1 系统概述

本章介绍的是一个小型新闻发布系统,管理员可以通过该系统发布新闻信息,管理新闻信息。一个典型的新闻发布系统网站至少应包含新闻信息管理、新闻信息显示和新闻信息查询 3 种功能。

新闻发布系统所要实现的功能具体包括:新闻信息添加、新闻信息修改、新闻信息删除、显示全部新闻信息、按类别显示新闻信息、按关键字查询新闻信息、按关键字进行站内查询。

本站为一个简单的新闻信息发布系统,该系统具有以下特点。实用:系统实现了一个完整的信息查询过程;简单易用:为使用户尽快掌握和使用整个系统,系统结构简单但功能齐全,简洁的页面设计使操作起来非常简便;代码规范:作为一个实例,文中的代码规范简洁、清晰易懂。

本系统主要用于发布新闻信息、管理用户、管理权限、管理评论等功能。这些信息的录入、查询、修改和删除等操作都是该系统重点解决的问题。

本系统主要功能包括以下几点:

- 具有用户注册及个人信息管理功能。
- 管理员可以发布新闻、删除新闻。

- 用户注册后可以对新闻进行评论、发表留言。
- 管理员可以管理留言和对用户进行管理。

20.2 系统功能

新闻发布系统分为 5 个管理部分，即用户管理、管理员管理、权限管理、新闻管理和评论管理。本系统的功能模块如图 20-1 所示。

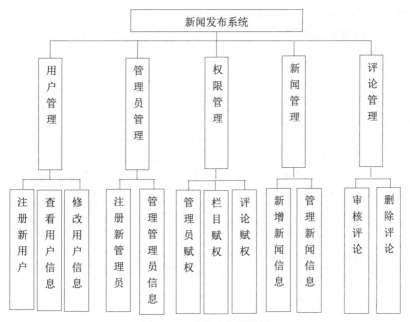

图 20-1 系统功能模块图

图 20-1 中模块的详细介绍如下。

（1）用户管理模块：实现新增用户，查看和修改用户信息功能。
（2）管理员管理模块：实现新增管理员，查看、修改和删除管理员信息功能。
（3）权限管理模块：实现对管理员、对管理的模块和管理的评论赋权功能。
（4）新闻管理模块：实现有相关权限的管理员对新闻的增加、查看、修改和删除功能。
（5）评论管理模块：实现有相关权限的管理员对评论的审核和删除功能。

通过本节的介绍，读者对这个新闻发布系统的主要功能有一定的了解，下一节将向读者介绍本系统所需要的数据库和表。

20.3 数据库设计和实现

数据库设计是开发管理系统的最重要的一个步骤。如果数据库设计得不够合理，将会为后续的开发工作带来很大的麻烦。本节为读者介绍新闻发布系统的数据库开发过程。

数据库设计时要确定设计哪些表、表中包含哪些字段、字段的数据类型和长度。通过本节的学习,读者可以对 Oracle 数据库的知识有个全面的了解。

20.3.1 设计表

数据库下总共存放 9 张表,分别是 user、admin、roles、news、category、comment、admin_Roles、news_Comment 和 users_Comment。

1. user 表

user 表中存储用户 ID、用户名、密码和用户 Email 地址,所以 user 表设计了 4 个字段。user 表每个字段的信息如表 20-1 所示。

表 20-1　user 表的内容

列名	数据类型	允许 NULL 值	说明
userID	NUMBER(9)	否	用户编号
userName	VARCHAR2(20)	否	用户名称
userPassword	VARCHAR2(20)	否	用户密码
userEmail	VARCHAR2(20)	否	用户 Email

根据表 20.1 的内容创建 user 表。创建 user 表的 SQL 语句如下:

```
CREATE TABLE user(
userID NUMBER(9) PRIMARY KEY UNIQUE NOT NULL,
userName VARCHAR2(20) NOT NULL,
userPassword VARCHAR2(20) NOT NULL,
userEmail VARCHAR2(20) NOT NULL
);
```

创建完成后,可以使用 DESC 语句查看 user 表的基本结构。

2. admin 表

管理员信息(admin)表主要用来存放用户账号信息,如表 20-2 所示。

表 20-2　admin 表的内容

列名	数据类型	允许 NULL 值	说明
adminID	NUMBER(9)	否	管理员编号
adminName	VARCHAR2(20)	否	管理员名称
adminPassword	VARCHAR2(20)	否	管理员密码

根据表 20-2 的内容创建 admin 表。创建 admin 表的 SQL 语句如下:

```
CREATE TABLE admin(
adminID NUMBER(9) PRIMARY KEY UNIQUE NOT NULL,
adminName VARCHAR2(20) NOT NULL,
```

```
adminPassword VARCHAR2(20) NOT NULL
);
```

创建完成后，可以使用 DESC 语句查看 admin 表的基本结构。

3. roles 表

权限信息（roles）表主要用来存放权限信息，如表 20-3 所示。

表 20-3 roles 表的内容

列名	数据类型	允许 NULL 值	说明
roleID	NUMBER(9)	否	权限编号
roleName	VARCHAR2(20)	否	权限名称

根据表 20-3 的内容创建 roles 表。创建 roles 表的 SQL 语句如下：

```
CREATE TABLE roles(
roleID NUMBER(9) PRIMARY KEY UNIQUE NOT NULL,
roleName VARCHAR2(20) NOT NULL
);
```

创建完成后，可以使用 DESC 语句查看 roles 表的基本结构。

4. news 表

新闻信息（news）表主要用来存放新闻信息，如表 20-4 所示。

表 20-4 news 表的内容

列名	数据类型	允许 NULL 值	说明
newsID	NUMBER(9)	否	新闻编号
newsTitle	VARCHAR2(50)	否	新闻标题
newsContent	VARCHAR2(500)	否	新闻内容
newsDate	DATE	是	发布时间
newsDesc	VARCHAR2(50)	否	新闻描述
newsImagePath	VARCHAR2(50)	是	新闻图片路径
newsRate	NUMBER(9)	否	新闻级别
newsIsCheck	VARCHAR2(2)	否	新闻是否检验
newsIsTop	VARCHAR2(2)	否	新闻是否置顶

根据表 20-4 的内容创建 news 表。创建 news 表的 SQL 语句如下：

```
CREATE TABLE news(
newsID NUMBER(9) PRIMARY KEY UNIQUE NOT NULL,
newsTitle VARCHAR2(50) NOT NULL,
newsContent VARCHAR2(500) NOT NULL,
newsDate DATE,
newsDesc VARCHAR2(50) NOT NULL,
```

```
newsImagePath VARCHAR2(50),
newsRate NUMBER(9),
newsIsCheck VARCHAR2(2),
newsIsTop VARCHAR2(2)
);
```

创建完成后，可以使用 DESC 语句查看 news 表的基本结构。

5. category 表

栏目信息（categroy）表主要用来存放新闻栏目信息，如表 20-5 所示。

表 20-5　category 表的内容

列名	数据类型	允许 NULL 值	说明
categroyID	NUMBER(9)	否	栏目编号
categroyName	VARCHAR2(50)	否	栏目名称
categroyDesc	VARCHAR2(50)	否	栏目描述

根据表 20-5 的内容创建 categroy 表。创建 categroy 表的 SQL 语句如下：

```
CREATE TABLE categroy (
categoryID NUMBER(9) PRIMARY KEY UNIQUE NOT NULL,
categoryName VARCHAR2(50) NOT NULL,
categoryDesc VARCHAR2(50) NOT NULL
);
```

创建完成后，可以使用 DESC 语句查看 categroy 表的基本结构。

6. comment 表

评论信息（comment）表主要用来存放新闻评论信息，如表 20-6 所示。

表 20-6　comment 表的内容

列名	数据类型	允许 NULL 值	说明
categroyID	NUMBER(9)	否	评论信息编号
commentTitle	VARCHAR2(50)	否	评论标题
commentContent	TEXT	否	评论内容
commentDate	DATE	否	评论日期

根据表 20-6 的内容创建 comment 表。创建 comment 表的 SQL 语句如下：

```
CREATE TABLE comment (
commentID NUMBER(9) PRIMARY KEY UNIQUE NOT NULL,
commentTitle VARCHAR2(50) NOT NULL,
commentContent TEXT NOT NULL,
commentDate DATE NOT NULL
);
```

创建完成后，可以使用 DESC 语句查看 comment 表的基本结构。

7. admin_Roles 表

管理员_权限（admin_Roles）表主要用来存放管理员和权限的关系，如表 20-7 所示。

表 20-7　admin_Roles 表的内容

列名	数据类型	允许 NULL 值	说明
aRID	NUMBER(9)	否	管理员_权限编号
adminID	NUMBER(9)	否	管理员编号
roleID	NUMBER(9)	否	权限编号

根据表 20-7 的内容创建 admin_Roles 表。创建 admin_Roles 表的 SQL 语句如下：

```
CREATE TABLE admin_Roles (
aRID NUMBER(9) PRIMARY KEY UNIQUE NOT NULL,
adminID NUMBER(9) NOT NULL,
roleID NUMBER(9) NOT NULL
);
```

创建完成后，可以使用 DESC 语句查看 admin_Roles 表的基本结构。

8. news_Comment 表

新闻_评论（news_Comment）表主要用来存放新闻和评论的关系，如图 20-8 所示。

表 20-8　news_Comment 表

列名	数据类型	允许 NULL 值	说明
nCommentID	NUMBER(9)	否	新闻_评论编号
newsID	NUMBER(9)	否	新闻编号
commentID	NUMBER(9)	否	评论编号

根据表 20-8 的内容创建 news_Comment 表。创建 news_Comment 表的 SQL 语句如下：

```
CREATE TABLE news_Comment (
nCommentID NUMBER(9)  PRIMARY KEY UNIQUE NOT NULL,
newsID NUMBER(9)  NOT NULL,
commentID NUMBER(9)  NOT NULL
);
```

创建完成后，可以使用 DESC 语句查看 news_Comment 表的基本结构。

9. users_Comment 表

用户_评论（users_Comment）表主要用来存放用户和评论的关系，如表 20-9 所示。

表 20-9 users_Comment 表

列名	数据类型	允许 NULL 值	说明
uCID	NUMBER(9)	否	用户_评论编号
userID	NUMBER(9)	否	用户编号
commentID	NUMBER(9)	否	评论编号

根据表 20-9 的内容创建 users_Comment 表。创建 users_Comment 表的 SQL 语句如下：

```
CREATE TABLE news_Comment (
uCID NUMBER(9) PRIMARY KEY UNIQUE NOT NULL,
userID NUMBER(9) NOT NULL,
commentID NUMBER(9) NOT NULL
);
```

创建完成后，可以使用 DESC 语句查看 users_Comment 表的基本结构。

20.3.2 设计索引

索引是根据表创建的，是对数据库中一列或者多列的值进行排序的一种结构。索引可以提高查询的速度。新闻发布系统需要查询新闻的信息，这就需要在某些特定字段上建立索引，以便提高查询速度。

1. 在 news 表上建立索引

新闻发布系统中需要按照 newsTitle 字段、newsDate 字段和 newsRate 字段查询新闻信息。在本书的前面的章节中介绍了几种创建索引的方法。本小节将使用 CREATE INDEX 语句和 ALTER TABLE 语句创建索引。

使用 CREATE INDEX 语句在 newsTitle 字段上创建名为 index_new_title 的索引。SQL 语句如下：

```
CREATE INDEX index_new_title ON news(newsTitle);
```

然后，使用 CREATE INDEX 语句在 newsDate 字段上创建名为 index_new_date 的索引。SQL 语句如下：

```
CREATE INDEX index_new_date ON news(newsDate);
```

最后，使用 ALTER TABLE 语句在 newsRate 字段上创建名为 index_new_rate 的索引。SQL 语句如下：

```
ALTER TABLE news ADD INDEX index_new_rate (newsRate);
```

2. 在 categroy 表上建立索引

新闻发布系统中需要通过栏目名称查询该栏目下的新闻，因此需要在这个字段上创建索引。创建索引的语句如下：

```
CREATE INDEX index_categroy_name ON categroy (categroyName);
```

代码执行完成后，读者可以使用 SHOW CREATE TABLE 语句查看 categroy 表的详细信息。

3. 在 comment 表上建立索引

新闻发布系统需要通过 commentTitle 字段和 commentDate 字段查询评论内容。因此可以在这两个字段上创建索引。创建索引的语句如下：

```
CREATE INDEX index_comment_title ON comment (commentTitle);
CREATE INDEX index_comment_date ON comment (commentDate);
```

代码执行完成后，读者可以通过 SHOW CREATE TABLE 语句查看 comment 表的结构。

20.3.3 设计视图

视图是由数据库中一个表或者多个表导出的虚拟表，其作用是方便用户对数据进行操作。在这个新闻发布系统中，也设计了一个视图改善查询操作。

在新闻发布系统中，如果直接查询 news_Comment 表，显示信息时会显示新闻编号和评论编号。这种显示不直观，为了以后查询方面，可以建立一个视图 news_view。这个视图显示评论编号、新闻编号、新闻级别、新闻标题、新闻内容和新闻发布时间。创建视图 news_view 的 SQL 代码如下：

```
CREATE VIEW news_view
AS SELECT
c.commentID,n.newsID,n.newsRate,n.newsTitle,n.newsContent,n.newsDate
   FROM news_Comment c,news n
   WHERE news_Comment.newsID=news.newsID;
```

上面 SQL 语句中每个表都取了别名，news_Comment 表的别名为 c，news 表的别名为 n，这个视图从这两个表中取出相应的字段。视图创建完成后，可以使用 SHOW CREATE VIEW 语句查看 news_view 视图的详细信息。

20.3.4 设计触发器

触发器是由 INSERT、UPDATE 和 DELETE 等事件来触发某种特定的操作。满足触发器的触发条件时，数据库系统就会执行触发器中定义的程序语句。这样做可以保证某些操作之间的一致性。为了使新闻发布系统的数据更新更加快速和合理，可以在数据库中设计几个触发器。

1. 设计 UPDATE 触发器

在设计表时，news 表和 news_Comment 表的 newsID 字段的值是一样的。如果 news 表中的 newsID 字段的值更新了，那么 news_Comment 表中的 newsID 字段的值也必须同时更新。这可以通过一个 UPDATE 触发器来实现。创建 UPDATE 触发器 UPDATE_NEWSID 的 SQL 代码如下：

```
CREATE TRIGGER UPDATE_NEWSID
AFTER UPDATE
ON news
FOR EACH ROW
  BEGIN
```

```
      UPDATE news_Comment SET newsID=NEW. newsID;
   END
```

其中 NEW.newsID 表示 news 表中更新的记录的 newsID 值。

2. 设计 DELETE 触发器

如果从 user 表中删除一个用户的信息，那么这个用户在 users_Comment 表中的信息也必须同时删除。这也可以通过触发器来实现。在 user 表上创建 DELETE_USER 触发器，只要执行 DELETE 操作，那么就删除 users_Comment 表中相应的记录。创建 DELETE_USER 触发器的 SQL 语句如下：

```
CREATE TRIGGER DELETE_USER
AFTER DELETE
ON user
FOR EACH ROW
  BEGIN
     DELETE FROM users_Comment WHERE userID=OLD. userID;
  END
```

其中，OLD.userID 表示新删除的记录的 userID 值。

20.4 小 结

本章节介绍了设计新闻发布系统数据库的方法。本章的重点是数据库的设计部分。因为本书主要介绍 Oracle 数据库的使用，所以数据库设计部分是本章的主要的内容。在数据库设计方面，不仅设计了表和字段，还设计了索引、视图和触发器等内容。其中，为了提高表的查询速度，有意识在表中增加了冗余字段，这是数据库的性能优化的内容。希望通过本章的学习，读者可以对 Oracle 数据库有了一个全新的认识。

第21章 设计论坛管理系统数据库

学习目标|Objective

随着论坛的出现，人们的交流有了新的变化。在论坛里，人们之间的交流打破了空间、时间的限制。在论坛系统中，用户可以注册成为论坛会员，取得发表言论的资格，也需要论坛信息管理工作系统化、规范化、自动化。通过这样的系统，可以做到信息的规范管理、科学统计和快速地发表言论。为了实现论坛系统规范和运行稳健，这就需要数据库的设计非常合理才行。本章主要讲述论坛管理系统数据库的设计方法。

内容导航|Navigation

- 了解论坛系统的概述
- 熟悉论坛系统的功能
- 掌握如何设计论坛系统的方案图表
- 掌握如何设计论坛发布系统的表
- 掌握如何设计论坛发布系统的索引
- 掌握如何设计论坛发布系统的视图
- 掌握如何设计论坛发布系统的触发器

21.1 系统概述

论坛又名 BBS，全称为 Bulletin Board System（电子公告板）或者 Bulletin Board Service（公告板服务）。它是 Internet 上的一种电子信息服务系统。它提供一块公共电子白板，每个用户都可以在上面书写，可发布信息或提出看法。

论坛是一种交互性强，内容丰富而及时的电子信息服务系统。用户在 BBS 站点上可以获得各种信息服务、发布信息、进行讨论、聊天等。像日常生活中的黑板报一样，论坛按不同的主题分为许多板块，版面的设立依据是大多数用户的要求和喜好，用户可以阅读别人关于某个主题的看法，也可以将自己的想法毫无保留地复制到论坛中。随着计算机网络技术的不断发展，BBS 论坛的功能越来越强大，目前 BBS 的主要功能有以下几点：

（1）供用户自我选择阅读若干感兴趣的专业组和讨论组内的信息。

（2）可随意检查是否有新消息发布并选择阅读。
（3）用户可在站点内发布消息或文章供他人查阅。
（4）用户可就站点内其他人的消息或文章进行评论。
（5）同一站点内的用户互通电子邮件，设定好友名单。

现实生活中的交流存在时间和空间上的局限性，交流人群范围的狭小，以及间断的交流，不能保证信息的准确性和可取性。因此，用户需要通过网上论坛也就是 BBS 的交流扩大交流面，从多方面获得自己的及时需求。同时信息时代迫切要求信息传播速度加快，局部范围的信息交流只会减缓前进的步伐。

BBS 系统的开发为分散于五湖四海的人提供一个共同交流、学习、倾吐心声的平台，实现来自不同地方用户的极强的信息互动性,用户在获得自己所需要的信息的同时也可以广交朋友拓展自己的视野和扩大自己的社交面。

论坛系统的基本功能包括用户信息的录入、查询、修改、删除、用户留言及头像的前台显示，其中还包括管理员的登录信息。

21.2　系统功能

论坛管理系统重要功能是管理论坛帖子的基本信息。通过本管理系统，可以提高论坛管理员的工作效率。本节将详细介绍本系统的功能。

论坛系统主要分为 5 个管理部分，包括用户管理、管理员管理、板块管理、主贴管理和回复贴管理。本系统的功能模块图如图 21-1 所示。

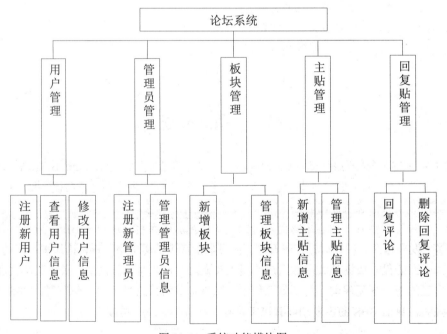

图 21-1　系统功能模块图

设计论坛管理系统数据库 第 21 章

图 21-1 中模块的详细介绍如下。

（1）用户管理模块：实现新增用户，查看和修改用户信息功能。
（2）管理员管理模块：实现新增管理员，查看、修改和删除管理员信息功能。
（3）板块管理模块：实现新增板块，管理板块信息功能。
（4）主贴管理模块：实现对主贴的增加、查看、修改和删除功能。
（5）回复贴管理模块：实现有相关权限的管理员对回复贴的审核和删除功能。

通过本节的介绍，读者对这个论坛系统的主要功能将有一定的了解，下一节会向读者介绍本系统所需要的数据库和表。

21.3 数据库设计和实现

数据库设计时要确定设计哪些表、表中包含哪些字段、字段的数据类型和长度。本章节主要讲述论坛数据库设计和实现过程。

21.3.1 设计方案图表

在设计表之前，用户可以先设计出方案图表。

1. 用户表的 E-R 图

用户管理的表为 user，E-R 图如图 21-2 所示。

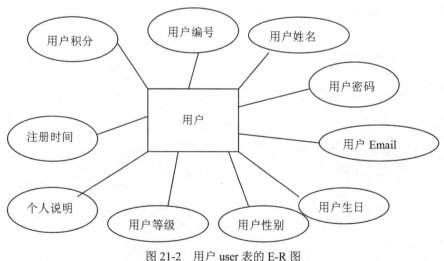

图 21-2　用户 user 表的 E-R 图

2. 管理员表的 E-R 图

管理员管理的表为 admin，E-R 图如图 21-3 所示。

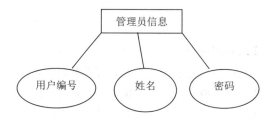

图 21-3 管理员 admin 表的 E-R 图

3. 板块表的 E-R 图

板块管理的表为 section，E-R 图如图 21-4 所示。

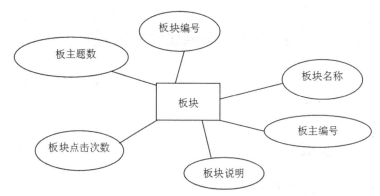

图 21-4 板块 section 表的 E-R 图

4. 主贴表的 E-R 图

主贴管理的表为 topic，E-R 图如图 21-5 所示。

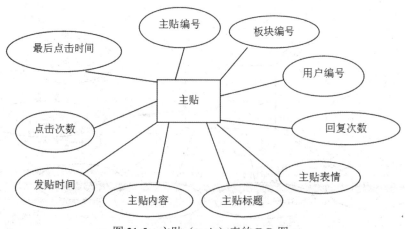

图 21-5 主贴（topic）表的 E-R 图

5. 回复贴表的 E-R 图

回复贴管理的表为 reply，E-R 图如图 21-6 所示。

设计论坛管理系统数据库 第 21 章

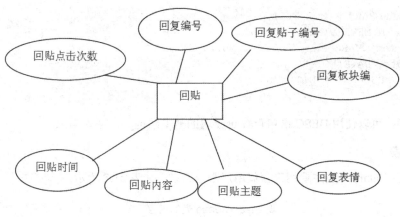

图 21-6 回复贴 reply 表的 E-R 图

21.3.2 设计表

数据库下总共存放 5 张表，分别是 user、admin、section、topic 和 reply。

1. user 表

user 表中存储用户 ID、用户名、密码和用户 Email 地址等，所以 user 表设计了 10 个字段。user 表每个字段的信息如表 21-1 所示。

表 21-1 user 表的内容

列名	数据类型	允许 NULL 值	说明
uID	NUMBER(9)	否	用户编号
userName	VARCHAR2(20)	否	用户名称
userPassword	VARCHAR2(20)	否	用户密码
userEmail	VARCHAR2(20)	否	用户 Email
userBirthday	DATE	否	用户生日
userSex	VARCHAR2(2)	否	用户性别
userClass	NUMBER(9)	否	用户等级
userStatement	VARCHAR2(150)	否	用户个人说明
userRegDate	DATE	否	用户注册时间
userPoint	NUMBER(9)	否	用户积分

根据表 21.1 的内容创建 user 表。创建 user 表的 SQL 语句如下：

```
CREATE TABLE user(
uID NUMBER(9) PRIMARY KEY UNIQUE NOT NULL,
userName VARCHAR2(20) NOT NULL,
userPassword VARCHAR2(20) NOT NULL,
userEmail VARCHAR2(20) NOT NULL,
userBirthday DATE NOT NULL,
```

```
userSex VARCHAR(2) NOT NULL,
userClass NUMBER(9) NOT NULL,
userStatement VARCHAR2(150) NOT NULL,
userRegDate DATE NOT NULL,
userPoint NUMBER(9) NOT NULL
);
```

创建完成后，可以使用 DESC 语句查看 user 表的基本结构。

2. admin 表

管理员信息（admin）表主要用来存放用户账号信息，如表 21-2 所示。

表 21-2 admin 表的内容

列名	数据类型	允许 NULL 值	说明
adminID	NUMBER(9)	否	管理员编号
adminName	VARCHAR2(20)	否	管理员名称
adminPassword	VARCHAR2(20)	否	管理员密码

根据表 21-2 的内容创建 admin 表。创建 admin 表的 SQL 语句如下：

```
CREATE TABLE admin(
adminID NUMBER(9) PRIMARY KEY UNIQUE NOT NULL,
adminName VARCHAR2(20) NOT NULL,
adminPassword VARCHAR2(20) NOT NULL
);
```

创建完成后，可以使用 DESC 语句查看 admin 表的基本结构。

3. section 表

板块信息（section）表主要用来存放板块信息，如表 21-3 所示。

表 21-3 section 表的内容

列名	数据类型	允许 NULL 值	说明
sID	NUMBER(9)	否	板块编号
sName	VARCHAR2(20)	否	板块名称
sMasterID	NUMBER(9)	否	板主编号
sStatement	VARCHAR2(20)	否	板块说明
sClickCount	NUMBER(9)	否	板块点击次数
sTopicCount	NUMBER(9)	否	板块主题数

根据表 21-3 的内容创建 section 表。创建 section 表的 SQL 语句如下：

```
CREATE TABLE section (
sID NUMBER(9) PRIMARY KEY UNIQUE NOT NULL,
sName VARCHAR2(20) NOT NULL,
```

```
sMasterID NUMBER2(9) NOT NULL,
sStatement VARCHAR2(20) NOT NULL,
sClickCount NUMBER(9) NOT NULL,
sTopicCount NUMBER(9) NOT NULL
);
```

创建完成后，可以使用 DESC 语句查看 section 表的基本结构。

4. topic 表

主贴信息（topic）表主要用来存放主贴信息，如表 21-4 所示。

表 21-4 topic 主贴信息表的内容

列名	数据类型	允许 NULL 值	说明
tID	NUMBER(9)	否	主贴编号
tSID	NUMBER(9)	否	主贴版块编号
tuid	NUMBER(9)	否	主贴用户编号
tReplyCount	NUMBER(9)	否	主贴回复次数
tEmotion	VARCHAR2(20)	否	主贴表情
tTopic	VARCHAR2(20)	否	主贴标题
tContents	VARCHAR2(500)	否	主贴内容
tTime	DATE	否	发贴时间
tClickCount	NUMBER(9)	否	主贴点击次数
tLastClickT	DATE	否	主贴最后点击时间

根据表 21-4 的内容创建 topic 表。创建 topic 表的 SQL 语句如下：

```
CREATE TABLE topic (
tID NUMBER(9) PRIMARY KEY UNIQUE NOT NULL,
tSID NUMBER(9) NOT NULL,
tuid NUMBER(9) NOT NULL,
tReplyCount NUMBER(9) NOT NULL,
tEmotion VARCHAR2(20) NOT NULL,
tTopic VARCHAR2(20) NOT NULL,
tContents VARCHAR2(500) NOT NULL,
tTime  DATE NOT NULL,
tClickCount  NUMBER(9) NOT NULL,
tLastClickT DATE NOT NULL
);
```

创建完成后，可以使用 DESC 语句查看 topic 表的基本结构。

5. reply 表

回复贴信息（reply）表主要用来存放回复贴的信息，如表 21-5 所示。

表 21-5　reply 表的内容

列名	数据类型	允许 NULL 值	说明
rID	NUMBER(9)	否	回复编号
tID	NUMBER(9)	否	回复贴子编号
uID	NUMBER(9)	否	回复用户编号
rEmotion	VARCHAR2（4）	否	回贴表情
rTopic	VARCHAR2（20）	否	回贴主题
rContents	VARCHAR2（200）	否	回贴内容
rTime	DATE	否	回贴时间
rClickCount	NUMBER(9)	否	回贴点击次数

根据表 21-5 的内容创建 reply 表。创建 reply 表的 SQL 语句如下：

```
CREATE TABLE reply (
rID NUMBER(9) PRIMARY KEY UNIQUE NOT NULL,
rtID NUMBER(9) NOT NULL,
ruID NUMBER(9) NOT NULL,
rEmotion VARCHAR2(4) NOT NULL,
rTopic VARCHAR2(20) NOT NULL,
rContents VARCHAR2(200) NOT NULL,
rTime DATE NOT NULL,
rClickCount NUMBER(9) NOT NULL
);
```

创建完成后，可以使用 DESC 语句查看 reply 表的基本结构。

21.3.3　设计索引

索引是创建在表上的，是对数据库中一列或者多列的值进行排序的一种结构。索引可以提高查询的速度。论坛系统需要查询论坛的信息，这就需要在某些特定字段上建立索引，以便提高查询速度。

1. 在 topic 表上建立索引

新闻发布系统中需要按照 tTopic 字段、tTime 字段和 tContents 字段查询新闻信息。在本书的前面的章节中介绍了几种创建索引的方法。本小节将使用 CREATE INDEX 语句和 ALTER TABLE 语句创建索引。

下面使用 CREATE INDEX 语句在 tTopic 字段上创建名为 index_topic_title 的索引。SQL 语句如下：

```
CREATE INDEX index_topic_title ON topic(tTopic);
```

然后，使用 CREATE INDEX 语句在 tTime 字段上创建名为 index_topic_date 的索引。SQL 语句如下：

```
CREATE INDEX index_topic_date  ON topic(tTime);
```

最后，使用 ALTER TABLE 语句在 tContents 字段上创建名为 index_new_contents 的索引。SQL 语句如下：

```
ALTER TABLE topic  ADD INDEX index_new_contents (contents);
```

2. 在 section 表上建立索引

论坛系统中需要通过板块名称查询该板块下的贴子信息，因此需要在这个字段上创建索引。创建索引的语句如下：

```
CREATE INDEX index_section_name ON section (sName);
```

代码执行完成后，读者可以使用 SHOW CREATE TABLE 语句查看 section 表的详细信息。

3. 在 reply 表上建立索引

论坛系统需要通过 rTime 字段、rTopic 字段和 tID 字段查询回复帖子的内容。因此可以在这 3 个字段上创建索引。创建索引的语句如下：

```
CREATE INDEX index_reply_rtime  ON comment (rTime);
CREATE INDEX index_reply_rtopic  ON comment (rTopic);
CREATE INDEX index_reply_rid  ON comment (tID);
```

代码执行完成后，读者可以通过 SHOW CREATE TABLE 语句查看 reply 表的结构。

21.3.4　设计视图

在论坛系统中，如果直接查询 section 表，显示信息时会显示板块编号和板块名称等信息。这种显示不直观显示主贴的标题和发布时间，为了以后查询方面，可以建立一个视图 topic_view。这个视图显示板的编号、板块的名称、同一板块下主贴的标题、主贴的内容和主贴的发布时间。创建视图 topic_view 的 SQL 代码如下：

```
CREATE VIEW topic_view
AS SELECT s.ID,s.Name,t.tTopic,t.tContents,t.tTime
FROM section s,topic t
WHERE section.sID=topic.sID;
```

上次 SQL 语句中给每个表都取了别名，section 表的别名为 s，topic 表的别名为 t，这个视图从这两个表中取出相应的字段。视图创建完成后，可以使用 SHOW CREATE VIEW 语句查看 topic_view 视图的详细信息。

21.3.5　设计触发器

触发器是由 INSERT、UPDATE 和 DELETE 等事件来触发某种特定的操作。满足触发器的触发条件时，数据库系统就会执行触发器中定义的程序语句。这样做可以保证某些操作之间的一致性。为了使论坛系统的数据更新更加快速和合理，可以在数据库中设计几个触发器。

1. 设计 INSERT 触发器

如果向 section 表插入记录，说明板块的主题数目要相应地增加。这可以通过触发器来完成。在 section 表上创建名为 SECTION_COUNT 的触发器，其 SQL 语句如下：

```
CREATE TRIGGER SECTION_COUNT
AFTER INSERT
ON section
FOR EACH ROW
  BEGIN
     UPDATE section SET sTopicCount= sTopicCount+1
     WHERE sID=NEW.sID;
  END
```

其中 NEW.sID 表示 section 表中增加的记录 sID 值。

2. 设计 UPDATE 触发器

在设计表时，user 表和 reply 表的 uID 字段的值是一样的。如果 user 表中的 uID 字段的值更新了，那么 reply 表中的 uID 字段的值也必须同时更新。这可以通过一个 UPDATE 触发器来实现。创建 UPDATE 触发器 UPDATE_USERID 的 SQL 代码如下：

```
CREATE TRIGGER UPDATE_USERID
AFTER UPDATE
ON user
FOR EACH ROW
  BEGIN
     UPDATE reply SET uID=NEW.uID;
  END
```

其中 NEW.uID 表示 user 表中更新的记录的 uID 值。

3. 设计 DELETE 触发器

如果从 user 表中删除一个用户的信息，那么这个用户在 topic 表中的信息也必须同时删除。这也可以通过触发器来实现。在 user 表上创建 DELETE_USER 触发器，只要执行 DELETE 操作，那么就删除 topic 表中相应的记录。创建 DELETE_USER 触发器的 SQL 语句如下：

```
CREATE TRIGGER DELETE_USER
AFTER DELETE
ON user
FOR EACH ROW
  BEGIN
     DELETE FROM top WHERE uID=OLD.uID;
  END
```

其中，OLD.uID 表示新删除的记录的 uID 值。

21.4 小 结

本章节介绍了设计论坛系统数据库的方法。本章的重点是数据库的设计。在数据库设计方面，不仅涉及了表和字段的设计，还设计了索引、视图和触发器等内容。特别是新增加了设计方案图表，通过图表的设计，用户可以清晰地看到各个表的设计字段和各个字段的关系。希望通过本章的学习，读者可以对论坛数据库的设计有一个清晰的思路。

第22章 开发综合购物网站系统

学习目标 | Objective

在线购物网站是当前比较流行的一类网站。随着网络购物、互联网交易的普及，如淘宝、阿里巴巴、亚马逊等类型的在线网站在近几年的风靡，越来越多的公司和企业都已经着手架设在线购物网站平台。通过这样的系统，可以做到商品信息的规范管理、科学统计和快速实现商品交易。为了实现在线购物网站系统规范和运行稳健，这就需要数据库的设计非常合理才行。本章主要讲述在线购物网站系统的开发过程。

内容导航 | Navigation

- 了解在线购物网站系统的总体设计知识
- 熟悉在线购物网站系统的界面设计
- 熟悉在线购物网站系统的主要功能
- 了解在线购物网站系统的文件结构
- 掌握在线购物网站系统的数据库设计方法
- 掌握在线购物网站系统实现的主要技术方法
- 掌握在线购物网站系统的测试方法

22.1 在线购物网站系统分析

该案例介绍一个在线购物网站系统，是一个基于 Java + Oracle 为后台的 B/S 系统，包括前台的分级搜索商品功能。游客可以浏览商品，普通顾客可以进入前台购买界面购买商品，系统管理人员可以进入后台管理界面进行管理操作。

22.1.1 系统总体设计

在线购物系统在移动互联时代案例层出不穷，是应用广泛的一个项目，本例从买家的角度去实现相关管理功能。

在前台购买界面，首先会按分类显示商品信息，包括商品的名称、品牌、图片以及价格等基本信息。游客可以浏览商品信息，也可以将其加入购物车，并且在重新登录之后购物车信息不变化。游客通过输入用户名和密码登录系统成为普通用户。普通用户可以选择将商品加入购物车，可以返回继续添加商品。选择完要购买的商品后，进入购物车界面，点击购买按钮，系统会将购物车内的商品以及用户信息生成一个订单。普通用户还可以进入订单界面查看订单是否发货。

如图 22-1 所示是在线购物系统设计功能图。

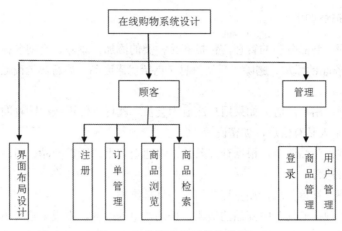

图 22-1 在线购物系统结构图

22.1.2 系统界面设计

在业务操作类型系统界面设计过程中，一般使用单色调。在考虑使用习惯时，不能对系统使用产生影响，要以行业特点为依据，用户习惯为基础。基于以上考虑，在线购物系统设计主界面如图 22-2 所示。

图 22-2 在线购物系统主界面

22.2 在线购物网站系统功能分析

本节将对在线购物系统的功能进行简单的分析和探讨。

22.2.1 系统主要功能

可以在线购物进行交易，其主要功能应包括商品管理、用户管理、商品查询、订单管理、购物车管理等。具体描述如下。

（1）商品管理：商品分类的管理，包括商品种类的添加、删除、类别名称更改等功能；商品信息的管理，包括商品的添加、删除、商品信息（包括优惠商品、最新热销商品等信息）的变更等功能。

（2）用户管理：用户注册，如果用户注册为会员，就可以使用在线购物的功能；用户信息管理，用户可以更改个人私有信息，如密码等。

（3）商品查询：商品速查，根据查询条件，快速查询用户所需商品；商品分类浏览，按照商品的类别列出商品目录。

（4）订单管理：订单信息，浏览订单结算，订单维护。

（5）购物车管理：购物车中商品的增删，采购数量的改变，生成采购订单。

（6）后台管理：商品分类管理、商品基本信息管理、订单处理、会员信息管理。

22.2.2 系统文件结构图

项目开发为了方便对文件进行管理，对文件进行了分组管理，这样做的好处是方便开发管理和团队合作。在编写代码前，规划好系统文件组织结构，把窗体、公共类、数据模型、工具类或者图片资源放到不同的文件包中。本项目文件包如图 22-3 所示。

图 22-3　系统文件结构图

22.3 数据库与数据表设计

在线购物系统是购物信息系统,数据库是其基础组成部分,系统的数据库是由基本功能需求制定的。

22.3.1 数据库分析

本系统采用一个数据库,数据库命名为 orcl。整个数据库包含了系统几大模块的所有数据信息。orcl 数据库总共分 6 张表,如表 22-1 所示。

表 22-1 orcl 数据库中的数据表

表名称	说明
Adminuser	管理员表
category	商品类别表
categorysecond	二级分类表
orderitem	订单表
product	商品表
user	用户表

22.3.2 创建数据库和数据表

数据设计创建是系统开发的首要步骤,在 Oracle 中创建数据库 orcl,然后在已创建的数据库 orcl 中创建 6 个需要的数据表,它们的表结构如下。

1. 管理员表

管理员表用于存储后台管理用户信息,表名为 adminuser,结构如表 22-2 所示。

表 22-2 adminuser 表的内容

字段名称	字段类型	说明	允许 NULL 值
uid	NUMBER(11)	唯一标示符	否
username	NVARCHAR2(255)	用户名	是
password	NVARCHAR2(255)	用户密码	是

根据表 22-1 的内容创建 adminuser 表。创建 adminuser 表的 SQL 语句如下:

```
CREATE TABLE adminuser(
uid NUMBER(11) NOT NULL ,
username NVARCHAR2(255) NULL ,
password NVARCHAR2(255) NULL
);
```

创建完成后,可以使用 DESC 语句查看 user 表的基本结构。

2. 商品分类表

商品分类表用于存储商品大类信息，表名为 category，结构如表 22-3 所示。

表 22-3 category 表

字段名称	字段类型	说明	允许 NULL 值
cid	NUMBER(11)	一级商品目录唯一标示符	否
cname	NVARCHAR2(255)	一级商品目录名称	是

根据表 22-3 的内容创建 category 表。创建 category 表的 SQL 语句如下：

```
CREATE TABLE category (
cid NUMBER(11) NOT NULL ,
cname NVARCHAR2(255) NULL
);
```

3. 二级商品分类表

二级商品分类表用来存储商品大类下的小类信息，表名为 categorysecond，结构如表 22-4 所示。

表 22-4 categorysecond 表

字段名称	字段类型	说明	允许 NULL 值
csid	NUMBER(11)	二级商品目录唯一标示符	否
csname	NVARCHAR2(255)	二级商品目录名称	是
cid	NUMBER(11)	一级商品目录唯一标示符	是

根据表 22-4 的内容创建 categorysecond 表。创建 categorysecond 表的 SQL 语句如下：

```
CREATE TABLE categorysecond (
csid NUMBER(11) NOT NULL ,
csname NVARCHAR2(255) NULL ,
cid NUMBER(11) NULL
);
```

4. 订单表

订单表用来存储用户下单信息，表名为 orderitem，结构如表 22-5 所示。

表 22-5 orderitem 表

字段名称	字段类型	说明	允许 NULL 值
itemid	NUMBER(11)	唯一标示符	否
count	NUMBER(11)	商品数量	是
subtotal	NUMBER	商品总计	是
pid	NUMBER(11)	商品 id	是
oid	NUMBER(11)	订单 id	是

根据表 22-5 的内容创建 orderitem 表。创建 orderitem 表的 SQL 语句如下：

```
CREATE TABLE orderitem(
itemid NUMBER(11) NOT NULL ,
count NUMBER(11) NULL ,
subtotal NUMBER NULL ,
pid NUMBER(11) NULL ,
oid NUMBER(11) NULL
);
```

5. 商品明细表

商品明细表用于存储出售的商品信息，表名为 product，结构如表 22-6 所示。

表 22-6 product 表

字段名称	字段类型	说明	允许 NULL 值
pid	NUMBER(11)	商品 id	否
pname	NVARCHAR2(255)	商品名称	是
market_price	NUMBER	商品单价	是
shop_price	NUMBER	商品售价	是
image	NVARCHAR2(255)	订单 id	是
pdesc	NVARCHAR2(255)	商品描述	是
is_hot	NUMBER(11)	是否热卖商品	是
pdate	DATE	商品生产日期	是
csid	NUMBER(11)	一级商品分类目录	是

根据表 22-6 的内容创建 product 表。创建 product 表的 SQL 语句如下：

```
CREATE TABLE product (
pid NUMBER(11) NOT NULL ,
pname NVARCHAR2(255) ,
market_price NUMBER,
shop_price NUMBER,
image NVARCHAR2(255) ,
pdesc NVARCHAR2(255) ,
is_hot NUMBER(11) ,
pdate DATE,
csid NUMBER(11)
);
```

6. 用户表

用户表存储买家个人信息，表名为 User，结构如表 22-7 所示。

表 22-7 User 表

字段名称	字段类型	说明	允许 NULL 值
uid	NUMBER(11)	唯一标示符	否
username	NVARCHAR2(255)	用户名	是
password	NVARCHAR2(255)	用户密码	是
name	NVARCHAR2(255)	用户姓名	是
email	NVARCHAR2(255)	用户邮箱	是
phone	NVARCHAR2(255)	用户电话	是
addr	NVARCHAR2(255)	用户地址	是
state	DATE	注册日期	是
code	NVARCHAR2(64)	用户身份标识码	是

根据表 22-7 的内容创建 User 表。创建 User 表的 SQL 语句如下：

```
CREATE TABLE User (
uid NUMBER(11) NOT NULL ,
username NVARCHAR2(255),
password NVARCHAR2(255),
name NVARCHAR2(255),
email NVARCHAR2(255),
phone NVARCHAR2(255),
addr NVARCHAR2(255),
state DATE
code NVARCHAR2(64)
);
```

22.4 系统主要功能实现

本节将对在线购物系统功能的实现方法进行分析和探讨，引领大家学习如何使用 Java+Oracle 开发在线购物网站系统。

22.4.1 实体类创建

实体类是用于对必须存储的信息和相关行为建模的类。实体对象（实体类的实例）用于保存和更新一些现象的有关信息。在本项目中实体类放在 cn.CITCfy.shop.vo 类包中的 cn.CITCfy.shop.vo 类，vo 类中含有 cart.java 购物车实体、category.java 一级目录实体、categorysecond.java 二级目录实体、product.java 商品实体、user.java 用户实体。

如用户实体 user.java 代码如下：

```
public class User {
    private Integer uid;
    private String username;
```

```java
    private String password;
    private String name;
    private String email;
    private String phone;
    private String addr;
    private Integer state;
    private String code;
    public Integer getUid() {
        return uid;
    }
    public void setUid(Integer uid) {
        this.uid = uid;
    }
    public String getUsername() {
        return username;
    }
    public void setUsername(String username) {
        this.username = username;
    }
    public String getPassword() {
        return password;
    }
    public void setPassword(String password) {
        this.password = password;
    }
    public String getName() {
        return name;
    }
    public void setName(String name) {
        this.name = name;
    }
    public String getEmail() {
        return email;
    }
    public void setEmail(String email) {
        this.email = email;
    }
    public String getPhone() {
        return phone;
    }
    public void setPhone(String phone) {
        this.phone = phone;
    }
    public String getAddr() {
        return addr;
    }
    public void setAddr(String addr) {
        this.addr = addr;
    }
```

```
    public Integer getState() {
        return state;
    }
    public void setState(Integer state) {
        this.state = state;
    }
    public String getCode() {
        return code;
    }
    public void setCode(String code) {
        this.code = code;
    }
}
```

22.4.2 数据库访问类

数据库访问使用 Dao 包,用来操作数据库驱动、连接、关闭等,包括不同数据表的操作方法。本例使用 Hibernate 框架操作数据库,在数据访问层需要继承 HibernateDaoSupport,其中 UserDao.java 实现代码如下:

```
public class UserDao extends HibernateDaoSupport{

    // 按名次查询是否有该用户:
    public User findByUsername(String username){
        String hql = "from User where username = ?";
        List<User> list = this.getHibernateTemplate().find(hql, username);
        if(list != null && list.size() > 0){
            return list.get(0);
        }
        return null;
    }

    // 注册用户存入数据库代码实现
    public void save(User user) {
        this.getHibernateTemplate().save(user);
    }

    // 根据激活码查询用户
    public User findByCode(String code) {
        String hql = "from User where code = ?";
        List<User> list = this.getHibernateTemplate().find(hql,code);
        if(list != null && list.size() > 0){
            return list.get(0);
        }
        return null;
    }

    // 修改用户状态的方法
    public void update(User existUser) {
```

```java
            this.getHibernateTemplate().update(existUser);
        }

        // 用户登录的方法
        public User login(User user) {
            String hql = "from User where username = ? and password = ? and state = ?";
            List<User> list = this.getHibernateTemplate().find(hql,
user.getUsername(),user.getPassword(),1);
            if(list != null && list.size() > 0){
                return list.get(0);
            }
            return null;
        }
    }
```

24.4.3 控制器实现

控制器使用 Action 包，存放在 cn.CITCfy.shop.action 类包中，设置各个类的响应类，如 user.java 实体的响应实现代码如下：

```java
/**
 *
 * @项目名称:UserAction.java
 * @java类名:UserAction
 * @描述:
 * @时间:2017-10-20下午6:44:17
 * @version:
 */
public class UserAction extends ActionSupport implements ModelDriven<User> {
    // 模型驱动使用的对象
    private User user = new User();

    public User getModel() {
        return user;
    }
    // 接收验证码:
    private String checkcode;

    public void setCheckcode(String checkcode) {
        this.checkcode = checkcode;
    }
    // 注入UserService
    private UserService userService;

    public void setUserService(UserService userService) {
        this.userService = userService;
    }
```

```java
/**
 * 跳转到注册页面的执行方法
 */
public String registPage() {
    return "registPage";
}


/**
 * AJAX进行异步校验用户名的执行方法
 *
 * @throws IOException
 */
public String findByName() throws IOException {
    // 调用Service进行查询:
    User existUser = userService.findByUsername(user.getUsername());
    // 获得response对象,向页面输出:
    HttpServletResponse response = ServletActionContext.getResponse();
    response.setContentType("text/html;charset=UTF-8");
    // 判断
    if (existUser != null) {
        // 查询到该用户:用户名已经存在
        response.getWriter().println("<font color='red'>用户名已经存在</font>");
    } else {
        // 没查询到该用户:用户名可以使用
        response.getWriter().println("<font color='green'>用户名可以使用</font>");
    }
    return NONE;
}

/**
 * 用户注册的方法:
 */
public String regist() {
    // 判断验证码程序:
    // 从session中获得验证码的随机值:
    String checkcode1 = (String) ServletActionContext.getRequest()
            .getSession().getAttribute("checkcode");
    if(!checkcode.equalsIgnoreCase(checkcode1)){
        this.addActionError("验证码输入错误!");
        return "checkcodeFail";
    }
    userService.save(user);
    this.addActionMessage("注册成功!请去邮箱激活!");
    return "msg";
}

/**
```

```java
 * 用户激活的方法
 */
public String active() {
    // 根据激活码查询用户:
    User existUser = userService.findByCode(user.getCode());
    // 判断
    if (existUser == null) {
        // 激活码错误的
        this.addActionMessage("激活失败:激活码错误!");
    } else {
        // 激活成功
        // 修改用户的状态
        existUser.setState(1);
        existUser.setCode(null);
        userService.update(existUser);
        this.addActionMessage("激活成功:请去登录!");
    }
    return "msg";
}

/**
 * 跳转到登录页面
 */
public String loginPage() {
    return "loginPage";
}

/**
 * 登录的方法
 */
public String login() {
    User existUser = userService.login(user);
    // 判断
    if (existUser == null) {
        // 登录失败
        this.addActionError("登录失败:用户名或密码错误或用户未激活!");
        return LOGIN;
    } else {
        // 登录成功
        // 将用户的信息存入到session中
        ServletActionContext.getRequest().getSession()
                .setAttribute("existUser", existUser);
        // 页面跳转
        return "loginSuccess";
    }
}

/**
```

```
 * 用户退出的方法
 */
public String quit(){
    // 销毁session
    ServletActionContext.getRequest().getSession().invalidate();
    return "quit";
}
}
```

24.4.4 业务数据处理

业务逻辑使用 Service 包，存放在 cn.CITCfy.shop.service 类包中，如 UserService.java 定义了用户实体所有数据访问操作，并实现对 UserDao 的调用，实现代码如下：

```
/**
 *
 * @项目名称:UserService.java
 * @java类名:UserService
 * @描述:
 * @时间:2017-10-20下午6:44:39
 * @version:
 */
@Transactional
public class UserService {
    // 注入UserDao
    private UserDao userDao;

    public void setUserDao(UserDao userDao) {
        this.userDao = userDao;
    }

    // 按用户名查询用户的方法:
    public User findByUsername(String username){
        return userDao.findByUsername(username);
    }

    // 业务层完成用户注册代码:
    public void save(User user) {
        // 将数据存入到数据库
        user.setState(0); // 0:代表用户未激活.  1:代表用户已经激活.
        String code = UUIDUtils.getUUID()+UUIDUtils.getUUID();
        user.setCode(code);
        userDao.save(user);
        // 发送激活邮件;
        MailUitls.sendMail(user.getEmail(), code);
    }

    // 业务层根据激活码查询用户
    public User findByCode(String code) {
        return userDao.findByCode(code);
    }

    // 修改用户的状态的方法
    public void update(User existUser) {
```

```
        userDao.update(existUser);
    }

    // 用户登录的方法
    public User login(User user) {
        return userDao.login(user);
    }
}
```

22.5 系统的测试

本节主要通过一个在线购物网站系统来讲述 Oracle 在项目开发的应用技巧。下面讲述案例运行中环境的配置方法。

22.5.1 系统运行

首先大家要学会如何运行本系统，可对本程序的功能有所了解。下面简述案例运行的具体步骤。

1. 安装服务器软件

安装 Tomcat 8.0 版本在 E:\Program Files\Apache Software Foundation\Tomcat 8.0，该目录记为 TOMCAT_HOME。

2. 部署程序文件

01 把素材中 ch22/shop 文件夹复制到 TOMCAT_HOME\webapps\。

02 运行 Tomcat，进入目录 TOMCAT_HOME\bin，运行 startup.bat，终端打印"Info: Server startup in xxx ms"，表明 Tomcat 启动成功，如图 22-4 所示。

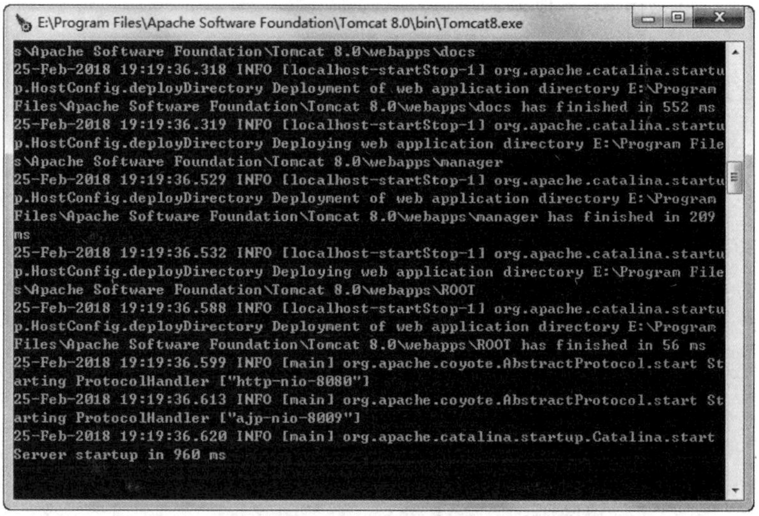

图 22-4　正确运行 tomcat

03 安装 Oracle 数据库管理工具 PLSQL Developer 软件。

04 运行 PLSQL Developer 软件，双击桌面【PLSQL Developer 快捷方式】图标，如图 22-5 所示。

图 22-5　启动 PLSQL Developer 软件

05 在 Oracle Logon 界面中【Username】文本框中选择【System】选项，在【Password】文本框中输入【orcl】，在【Database】下拉列表框中选择【ORCL】选项（密码和数据库名在数据库安装时设置），在【Connect as】下拉列表框中选择【SYSDBA】选项，完成设置后单击【OK】按钮登录数据库，如图 22-6 所示。

图 22-6　登录数据库

06 数据库登录成功后，右键单击【Object】选项卡下的【Users】选项，在弹出的快捷菜单中选择【New】选项，如图 22-7 所示。

图 22-7　新建用户

07 在打开的【Create user】对话框的【Name】文本框中输入用户名 shop，在【Password】文本框中输入密码：1234，其他选择项如图 22-8 所示设置，单击【Apply】按钮应用设置。

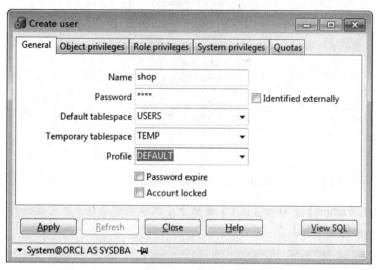

图 22-8　新建用户

08 在【Role privileges】选项卡做如图 22-9 所示设置，赋予新用户角色权限：connect、resource、dba，这样用户才能登录操作数据库。

图 22-9　设置用户权限

09 使用新建用户登录 PLSqplus 数据库管理工具后，单击此工具项并在展开的菜单中选择【SQL Window】菜单项，如图 22-10 所示。

图 22-10　选择【SQL Window】菜单项

10 在【SQL Window】窗口的【SQL】选项卡中把本例创建数据表与数据的 SQL 语句（素材 ch22/dbsql 下）粘贴进来，如图 22-11 所示。

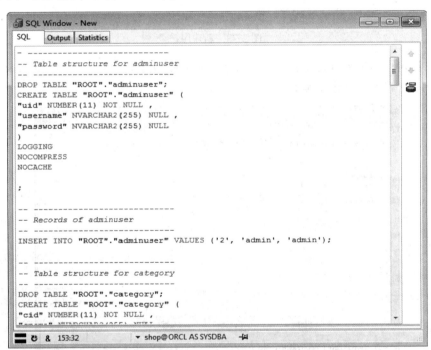

图 22-11　复制 SQL 语句

11 单击【执行】按钮，完成数据表与数据的创建，如图 22-12 所示。

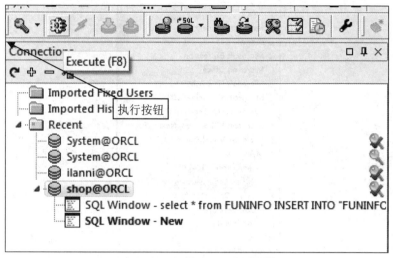

图 22-12　创建数据表与数据

⑫ 打开浏览器，访问 http://localhost:8080/shop，登录进入主界面，如图 22-13 所示。

图 22-13　【在线购物系统】主界面

22.5.2　项目开发及导入步骤

下面讲述如何在 MyEclipse Professional 2014 中导入开发项目。具体操作步骤如下：

01 把素材中的 ch22 目录复制到硬盘中，本例使用"D:\ts\"。

02 单击 Windows 窗口中的【开始】按钮，在展开的【所有程序】菜单项中，依次展开并选择"MyEclipse Professional 2014"程序名称，如图 22-14 所示。

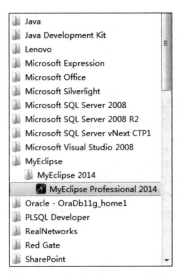

图 22-14　启动 MyEclipse 程序

03 双击"MyEclipse Professional 2014"程序名称,启动 MyEclipse 开发工具,如图 22-15 所示。

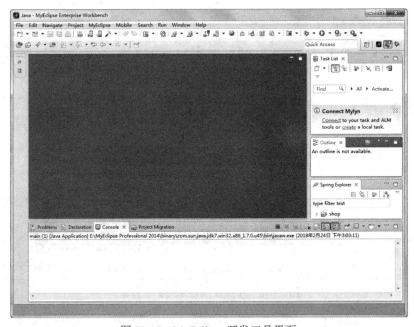

图 22-15　MyEclipse 开发工具界面

04 在菜单栏中执行【File】>【Import】菜单命令,如图 22-16 所示。

开发综合购物网站系统 第22章

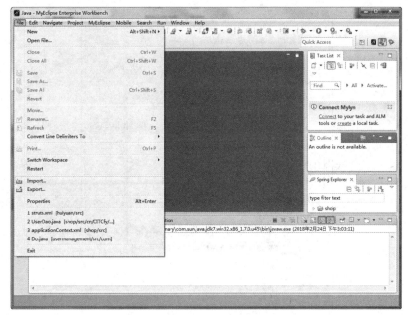

图 22-16 执行 Import 菜单命令

05 在打开的窗口中，选择【Existing Projects into Workspace】选项并单击【Next】按钮，执行下一步操作，如图 22-17 所示。

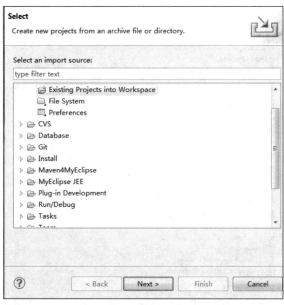

图 22-17 选择项目工作区

06 在【Import Projects】选项中，单击【Select root directory】单选按钮右边的【Browse】按钮，在打开的【浏览文件夹】对话框中依次选择项目源码根目录，本例选择 D:\ts\ ch22\shop 目录，单击【确定】按钮，确认选择，如图 22-18 所示。

· 349 ·

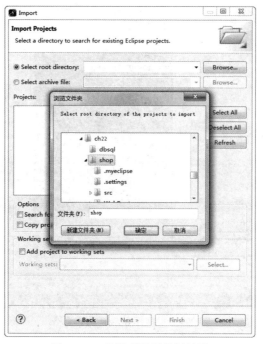

图 22-18　选择项目源码根目录

07 完成项目源码根目录的选择后，单击【Finish】按钮，完成项目导入操作，如图 22-19 所示。

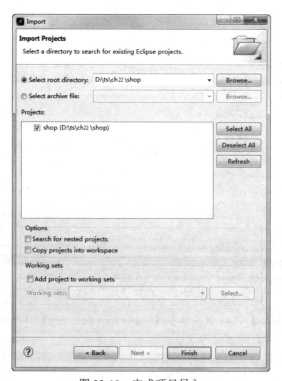

图 22-19　完成项目导入

08 在MyEclipse项目现有包资源管理器中,可发现和展开shop项目包资源管理器,如图22-20所示。

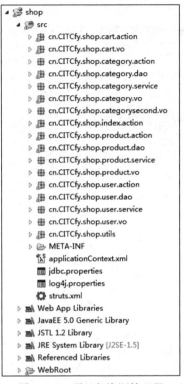

图22-20 项目包资源管理器

09 加载项目到Web服务器。在MyEclipse主界面中,单击【Manage Deployments】按钮,打开【Manage Deployments】窗口,如图22-21所示。

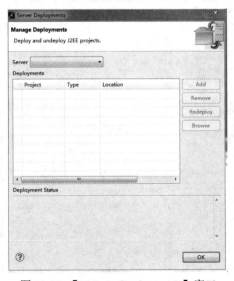

图22-21 【Manage Deployments】窗口

⑩ 单击【Manage Deployments】窗口【Server】选项右边的下三角按钮，并在弹出的选项菜单中选择【MyEclipse Tomcat 7】选项。单击【Add】按钮，打开【New Deployment】窗口，如图 22-22 所示。

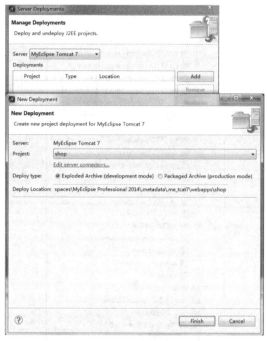

图 22-22　【New Deployment】窗口

⑪ 在【New Deployment】选项卡 Project 项目中选择 shop 后，单击【Finish】按钮，再单击【OK】按钮，如图 22-23 所示。

图 22-23　完成项目加载

⓬ 在 MyEclipse 主界面中，单击【Run/Stop/Restart MyEclipse Servers】菜单，在展开的菜单中执行【MyEclipse Tomcat7】>【Start】菜单命令，启动 Tomcat，如图 22-24 所示。

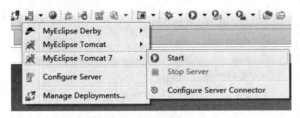

图 22-24　启动 Tomcat

⓭ Tomcat 启动成功，如图 22-25 所示。

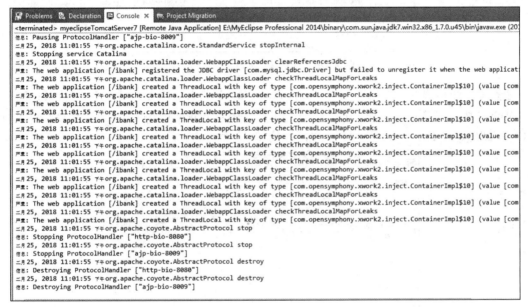

图 22-25　Tomcat 启动成功

22.6　项目的打包发行

经过以上章节学习，读者了解了不少开发的知识。下面讲述项目如何打包发行。打包发行的具体操作步骤说明如下。

⓵ 右击需要打包发行的项目，选择【Export】菜单命令，如图 22-26 所示。

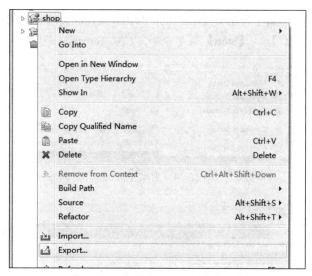

图 22-26 选择【Export】菜单命令

02 在 Export 窗口中：如果是 Java Application 项目，需要选择【Java】>【JAR file】；如果是 Java Web 项目，选择【MyEclipse JEE】>【WAR file】。本例是个 Java Web 项目，这里选择【MyEclipse JEE】>【WAR file】，单击【Next】按钮，如图 22-27 所示。

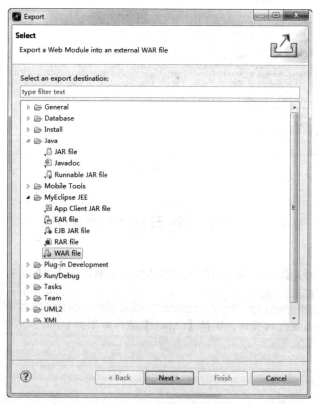

图 22-27 选择导出格式

03 在窗口中设定 Destination 的文本框值为 D:\ts\ch22\shop.war，单击【Finish】按钮完成项目打包，如图 22-28 所示。

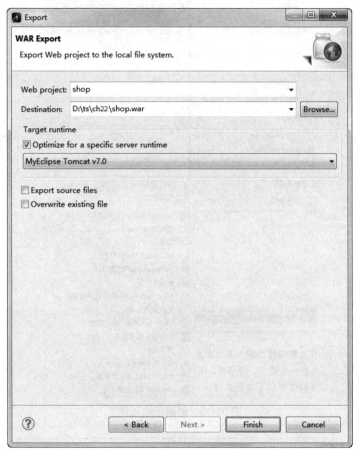

图 22-28　导出完成

04 将打包后的 shop.war 复制到 TOMCAT_HOME\webapps\目录下，如图 22-29 所示。

图 22-29　部署包文件到 Web 服务器

05 在该目录下使用 WinRAR 创建一个 ZIP 文件，如图 22-30 和图 22-31 所示。

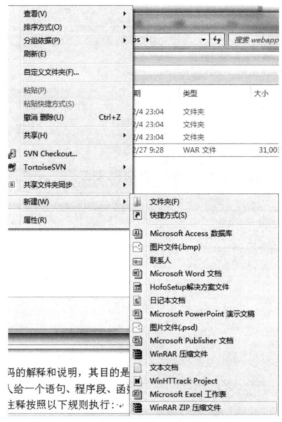

图 22-30　创建压缩文件

图 22-31　创建压缩文件

06 双击新建的 WinRAR ZIP 压缩文件，在打开的界面单击【向上】按钮，如图 22-32 所示。

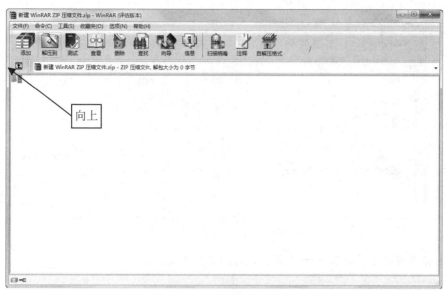

图 22-32　导航到包文件目录

07 选中项目文件 shop.war，单击【解压到】按钮，在弹出窗口中单击【确定】按钮，如图 22-33 所示。

图 22-33　解压包文件

08 文件解压到相应目录中，如图 22-34 所示。

图 22-34　解压后的项目文件夹

至此，读者就可以启动 Tomcat 服务器，在浏览器上浏览相应项目了。